黑龙江省哲学社会科学研究规划项目：汉朝边疆社会治安问题研究。

光明社科文库
GUANGMING DAILY PRESS:
A SOCIAL SCIENCE SERIES

·历史与文化书系·

德治与法治研究
五帝至秦汉

林永强 ┃ 著

光明日报出版社

图书在版编目（CIP）数据

德治与法治研究：五帝至秦汉 / 林永强著 . -- 北
京：光明日报出版社，2024.5
ISBN 978 - 7 - 5194 - 7994 - 7

Ⅰ.①德… Ⅱ.①林… Ⅲ.①社会公德—研究—中国
—古代②法治—研究—中国—古代 Ⅳ.①B824
②D920.4

中国国家版本馆 CIP 数据核字（2024）第 110494 号

德治与法治研究：五帝至秦汉

DEZHI YU FAZHI YANJIU：WUDI ZHI QINHAN

著　　者：林永强

责任编辑：房　蓉　　　　　　　责任校对：郭玫君　贾　丹
封面设计：中联华文　　　　　　责任印制：曹　净

出版发行：光明日报出版社
地　　址：北京市西城区永安路 106 号，100050
电　　话：010-63169890（咨询），010-63131930（邮购）
传　　真：010-63131930
网　　址：http：// book. gmw. cn
E - mail：gmrbcbs@ gmw. cn
法律顾问：北京市兰台律师事务所龚柳方律师

印　　刷：三河市华东印刷有限公司
装　　订：三河市华东印刷有限公司
本书如有破损、缺页、装订错误，请与本社联系调换，电话：010-63131930

开　　本：170mm×240mm
字　　数：268 千字　　　　　　印　　张：14.5
版　　次：2024 年 5 月第 1 版　　印　　次：2024 年 5 月第 1 次印刷
书　　号：ISBN 978 - 7 - 5194 - 7994 - 7
定　　价：89.00 元

目　录
CONTENTS

第二部分　西楚霸王的心路与秦汉之际的社会伦理道德

第三部分　汉朝的德治与法治问题

第一部分 **01**

《**史记**》**中人物、礼乐制度述论**

绪　论

　　在研究生时代读过中国台湾著名学者南怀瑾先生撰写的《论语别裁》，这本书的写作格式新颖，先生撮编之历史故事蕴意深邃且妙趣横生。书中内容论述可谓旁征博引，钩深致远。在阅读和欣赏《论语别裁》之余，我也一直在认真研究、学习模仿这种别具一格的写作方式。由于研究方向是秦汉史，所以经常研读《史记》，一直到现在。由于长期研读《史记》，有时也想将自己研读《史记》的一点儿体会书写出来，尤其想谈一谈和论一论史料中有关实施德治和法治的历史人物言行，更是一个时期以来想做的事情。其中一人一事的论述方式，不能不说是深受南怀瑾先生《论语别裁》潜移默化的影响。《史记》是一部我颇爱阅读的古籍，也是颇为欣赏的一部史书，为此，除了相关研究，我还专门为全校本科生设置了一门相关选修课——"项羽文化赏析"，在司马迁笔下，项羽等人的形象跃然纸上、栩栩如生，仿佛亲身经历般历历在目。《史记》不仅记录了西汉司马迁时期的人物，而且一直追溯到炎黄时代的历史人物，不仅记载了西汉初期德治和法治方面的案例，甚至记载了炎黄时代以来德治与法治方面的案例，留给后世许多的治世经验，同时也留给历史时期政治家们宝贵的"资政新篇"。应该说，在学术研究方面虽然也有一定见贤思齐的想法和努力，但是学到的还只是些皮毛，谈及的问题难免存在挂一漏万的情况。然而，正所谓"'高山仰止，景行行止'。虽不能至，然心向往之"（《史记·孔子世家》）。

　　《史记》是中国历史上第一部纪传体通史。《史记》原名《太史公书》，字里行间体现了作者司马迁严谨的治学风格和求真求实的精神，以及其深厚的文学底蕴和浓重的传统伦理道德思想。就《史记》的时间段限而言，其记述了上自传说中的黄帝，下迄汉武帝太初年间，前后几千年的历史。《史记》的纪传体开创了此后我国2000年间历史编纂的先河。司马迁以其"究天人之际，通古今之变，成一家之言"的恢宏志向和号称"史家之绝唱，无韵之《离骚》"的伟大巨著，树立了一座巍峨而永恒的历史丰碑。本书许多历史人物和历史事件的史料都出自《史记》，尤其是史前和先秦有关"德治"部分的史料，为本书第一部分考察研究奠定了坚实基础。

五帝时代是我国原始社会晚期，那时相传有五位杰出的部落联盟首领，也就是传说中的五位圣明君主。关于五帝说法不一，根据史籍记载，五位帝王的名号有六种说法。

第一种说法，是黄帝、颛顼、帝喾、尧、舜五位。（《大戴礼记》《史记》）

第二种说法，是庖牺氏、神农氏、黄帝、尧、舜五位。（《战国策》）

第三种说法，是太昊、炎帝、黄帝、少昊、颛顼五位。（《吕氏春秋》）

第四种说法，是黄帝、少昊、颛顼、帝喾、尧五位。（《资治通鉴·外纪》）

第五种说法，是少昊、颛顼、帝喾、尧、舜五位。（伪《尚书·序》）此说法以其经书地位之尊，以后史籍皆承用此说，于是这一五帝说被奉为古代的信史。

第六种说法，是黄帝（轩辕）、青帝（伏羲）、炎帝（神农）、白帝（少昊）、黑帝（颛顼）五位。（《周礼》）

尽管这六种关于"五帝"的说法各有依据，但是在这里我们仅以《史记》记载的相关内容作为考察和分析的依托。关于黄帝、颛顼、帝喾、尧、舜五位远古时代的圣明君主，他们的事迹虽然是传说，但笔者认为这些传说中的历史人物及其事迹必有历史的影子，只不过其中同时寄托了后人对他们治国理政的许多美好期待和日益完善的理想。他们仿佛是暗夜中为人们引路的明灯，又如暴风骤雨中指引迷航客船归来的灯塔，将远古时代的人们渐渐带入了一个更加人文、更加富足的文明时代。

先秦时期，是一个跌宕起伏、风云变幻的时期，也是群雄逐鹿、人才辈出的时代。在中国这片土地上相继演绎着礼崩乐坏、尊王攘夷、春秋争霸、弭兵会盟、七国并立、变法图强、战国争雄、百家争鸣、朝秦暮楚、合纵连横等时代话剧。中国传统伦理道德观念不断孕育发展并形成体系，而且广泛地被人们遵循和接受。德治和法治思想也不断发展且日益完善。统治阶级不仅重视伦理道德建设，也不断加强法治建设。德治和法治都成为维护统治秩序和社会秩序的主要手段，当然各个国家及各国不同时期的情况也不尽相同，而各国历史人物不会脱离时代，不会脱离曾经生活国度的文化，他们的所思所想、德治和法治观念也一定带着时代的烙印和所属文化的氛围。考察分析这些历史人物有关治国理政之所思所想、其言其行，不仅是在努力了解历史的真相，更是在丰富人类的历史经验，尤其是充满人文关怀的治国理政经验。

生于斯，长于斯，汲取于斯，奉献于斯，这似乎是中国人天经地义的行为准则。不仅如此，在历史时期中国涌现过无数仁人志士，他们曾为国为民，充满着忧患意识，献智献策，甚至献出鲜血和生命。这闪耀着中华优秀传统文化的光辉，闪耀着历史时期综合德治和法治思想治国理政的智慧。

秦代崇法重刑，这毫无疑问，也确实存在，这是一般人的认识。其实秦代也是比较重视道德教化的，这需要进一步强调和更广泛地普及。在秦代《会稽刻石》中就讲到始皇帝"亲巡天下，周览远方。遂登会稽，宣省习俗，黔首斋庄"，教化民众以整齐风俗。要树立起"有子而嫁，倍死不贞。防隔内外，禁止淫泆，男女絜诚"的道德观念，出现"妻为逃嫁，子不得母"（《史记·秦始皇本纪》）的现象，就要"咸化廉清"，即要进行教育和谴责。在道德上，秦律要求双方都要相互忠贞，若犯禁，都要受到处罚。例如，"夫为寄豭，杀之无罪"（《史记·秦始皇本纪》）就是说有妇之夫淫人妻，则杀死奸夫不算犯罪。湖北江陵张家山汉墓竹简《奏谳书》案例可知，秦时法律规定，"夫死而妻自嫁，取者毋罪"，就是说秦律不保护生者和死者的婚姻关系。

汉代既是一个充满理性的法治社会，也是一个极为重视德教的伦理型社会。[1] 就后者而言，作为中国传统伦理道德的基本原则和规范的"三纲五常"思想和观念正是在西汉时期得到了明显的强化。西汉中期的董仲舒不仅提出了"三纲"[2] 一词，还论证了其永恒与神圣性。而"五常"作为一套道德规范体系也是由董仲舒正式提出的。他说："夫仁、谊（义）、礼、知（智）、信五常之道，王者所当修饬也。"（《举贤良对策》一）于是在汉代"忠""孝"伦理思想的提倡进一步强化，而"五常之道"也开始进一步流行。

汉代是最早标榜"以孝治天下"的朝代，到东汉时期又将全文仅有2000余字的《孝经》列为"七经"[3] 之一，故十分重视伦理道德的教化。汉代皇帝的谥号除刘邦、刘秀，均冠以"孝"字，同时又将"孝廉""孝悌力田"列为选拔官吏的科目之一。以此进行宣传并极力表彰孝行，从而对整个汉代社会产生了很大的影响。作为伦理思想观念的"孝"之所以受到汉代统治阶级的高度重视和极力推崇，其根本原因为"顺"是孝的基本要求，提倡孝则

---

[1] "汉家自有制度，本以霸王道杂之，奈何纯任德教，用周政乎！"参见班固．汉书［M］．北京：中华书局，1962：277.

[2] "三纲"一词始见于西汉中期董仲舒著作《春秋繁露·基义》，他说："王道之三纲，可求于天。"他还进一步谈道："君臣、父子、夫妇之义，皆取诸阴阳之道。"从而论证了"三纲"的合理性。

[3] 西汉时期通行今文经学。在所谓"六经"中，《乐经》已不存在，而只有《诗》《书》《礼》《易》《春秋》五经，所以汉武帝时只设立了五经博士。东汉时期，除了五经，又增加了《孝经》《论语》，于是合计为"七经"。

可以起到"安百姓"的效果①，人们常说"家国一体"，而"一旦在人民中树立起顺德，则天下就不会发生'犯上作乱'之事，也就治了"②。当然，汉代统治阶级推崇的伦理道德具有一定的阶级局限性和时代性特点。

---

① 董仲舒说："百姓不安，则力其孝弟（悌），孝弟（悌）者，所以安百姓也。"参见董仲舒. 诸子百家丛书：春秋繁露［M］. 上海：上海古籍出版社，1989：65.
② 张锡勤. 中国传统道德举要［M］. 哈尔滨：黑龙江大学出版社，2009：98.

第一章

《五帝本纪》中部落联盟首领和德治论鉴

第一节　黄帝是一位远古英雄人物

《史记》卷一《五帝本纪》载：

> 轩辕之时，神农氏世衰。诸侯相侵伐，暴虐百姓，而神农氏弗能征。于是轩辕乃习用干戈，以征不享，诸侯咸来宾从。而蚩尤最为暴，莫能伐。炎帝欲侵陵诸侯，诸侯咸归轩辕。轩辕乃修德振兵，治五气，蓺五种，抚万民，度四方，教熊罴貔貅貙虎，以与炎帝战于阪泉之野。三战，然后得其志。蚩尤作乱，不用帝命。于是黄帝乃征师诸侯，与蚩尤战于涿鹿之野，遂禽杀蚩尤。而诸侯咸尊轩辕为天子，代神农氏，是为黄帝。天下有不顺者，黄帝从而征之，平者去之，披山通道，未尝宁居。

【论说】黄帝，号轩辕氏，远古华夏部落联盟的首领，五帝之首，被尊为中华"人文初祖"。黄帝以统一华夏部落与征服东夷、九黎部落完成了统一中华的伟业，从而被载入中华民族的史册。根据史书记载，黄帝推算历法，教导百姓播种五谷、兴文字、做干支、制乐器、创医学，其事迹千古流传。在原始社会军事民主制时期，面对掌权的炎帝神农氏的管治，中原各部落相互征伐，社会出现混乱局面，轩辕氏为建立新的公正合理的社会秩序，坚决地担负起历史赋予的重任，向作乱的蚩尤、炎帝展开了激烈而残酷的军事斗争。了解史前史的学者都比较熟悉，炎帝、蚩尤都曾是强大的部落首领。炎帝，即神农氏。《吕氏春秋·慎势》记载神农"十七世有天下"，曾"作耒耜，教天下种谷，立历日，辨水泉甘苦"（《竹书纪年·前篇》）。为寻找治病药物，炎帝神农氏"一日而遇七十毒"（《淮南子·修务训》），曾一度创造了发达的原始农业和原始手工业。蚩尤是东夷中九黎族的首领①，传说"蚩尤兄弟八十一人……威震天下"（《龙鱼河图》）。二位均是帝王级别人物，是黄帝时代无法回避的两位强大竞争对手，这给黄帝部落带来了严峻的问题，也带来了充满惊险的挑战。

为此，黄帝修行德业，整顿军旅，努力发展农业生产，安抚民众，以取得人民的支持和信任。有了广大群众的支持，黄帝有惊无险地先在阪泉战胜了强大的炎帝神农氏，后在涿鹿战胜了强大的蚩尤，由此全面取得诸侯的信服而被立为天子，从此进入繁荣发展的黄帝时代，这充分展示了一位以天下为公的远古英雄人物的高大形象。

黄帝是当时社会秩序的坚决维护者和捍卫者。为了天下和平与安宁，他不停地征讨作乱者；为了交通的通畅，他不惧危险逢山开路；为了人民的安居乐业，他没有停下忙碌的脚步，不去享受安居带来的其乐融融，不去享受安逸带来的奢靡生活，从而成为部落民众永远忠心爱戴的领袖。

第二节　黄帝治理国家能以身作则

《史记》卷一《五帝本纪》载：

> 东至于海，登丸山，及岱宗。西至于空桐，登鸡头。南至于江，登熊、湘。北逐荤粥，合符釜山，而邑于涿鹿之阿。迁徙往来无常处，以师兵为营卫。官名皆以云命，为云师。置左右大监，监于万国。万国和，而鬼神山川封禅与为多焉。获宝鼎，迎日推筴。举风后、力牧、常先、大鸿以治民。顺天地之纪，幽明之占，生死之说，存亡之难。时播百谷草木，淳化鸟兽虫蛾，旁罗日月星辰水波土石金玉，劳勤心力耳目，节用水火材物。有土德之瑞，故号黄帝。

【论说】黄帝为治理好国家，以身作则，不贪图享受，终年四处巡狩。他还设官分职，先后设置"左右大监，监于万国""举风后、力牧、常先、大鸿"等治理民众，从而使各国诸侯和睦相处、社会稳定。他遵循客观规律，

---

① 徐旭生认为，九黎属于东夷，而不属于三苗。参见徐旭生.中国古史的传说时代［M］.北京：科学出版社，1960：48-54.

向人民讲解生死存亡的人生哲理，以教化民众，并制定历法，教导人们按季节发展农业、畜牧业和养殖业。在开发利用自然以供民用的同时，还告诫人们要有节度地使用自然界的各项物质。

之后，为了国家的稳定，黄帝继续励精图治，不辞劳苦。黄帝除了征伐蚩尤、炎帝，其还尊天地敬鬼神，尽心尽力、夜以继日地保护着部落生产和生活的安定。因此，根据记载，自古以来，祭祀鬼神山川的次数要数黄帝时最多。

此外，黄帝还获得上天赐给的宝鼎，于是他开始观测太阳的运行，用占卜用的蓍（shī）草推算历法，预知节气日辰。他任用风后、力牧、常先、大鸿等治理民众。黄帝顺应天地四时的规律，推测阴阳的变化，讲解生死的道理，论述存亡的原因，按照季节播种百谷草木、驯养鸟兽蚕虫，测定日月星辰以定历法，收取土石金玉以供民用，有节度地使用水、火、木材及各种财物。他做天子有土这种属性，土色黄，所以号称黄帝。总之，他治理国家不辞劳苦、尽心尽力，为此赢得了人们的尊敬。

黄帝虽为传说中远古时代的英雄人物，但一代帝王形象一定有历史的影子，一定有一个原型或者是若干远古英雄人物形象的集合体，经后人不断加工塑造而成。黄帝在中华民族历史上的功绩，不仅惠及其后代，而且泽被华夏。时光似水、岁月流转，周武王灭商后进行了周初大分封，就因为黄帝等远古帝王的历史功绩而对其后代予以褒奖分封。《史记·周本纪》记载："武王追思先圣王，乃褒封神农之后于焦，黄帝之后于祝。"在西周政治生活中对于黄帝之后的分封虽说象征性多一些，却彰显了后人对黄帝的尊敬，对其历史影响及其历史功勋的敬仰。泱泱华夏，悠悠文明，远古的传说不是空穴来风，中华文明发端于黄帝时代，为中华后世的物质文明和精神文明奠定了繁荣发展的基础，黄帝时代在中华文明史上是一个具有开创意义的时代，而且随着考古工作的不断发掘①，证明我国的远古文明史远比司马迁在《史记·五帝本纪》中记载的时间更为久远，制度更加先进，生产力更加发达。

---

① 余西云.西阴文化：中国文明的滥觞［M］.北京：科学出版社，2006.

第三节　颛顼帝是一位成熟、干练的政治家

《史记》卷一《五帝本纪》载：

> 帝颛顼高阳者，黄帝之孙而昌意之子也。静渊以有谋，疏通而知事；养材以任地（开发利用土地），载时以象天（顺应自然），依鬼神以制义，治气以教化，絜诚以祭祀。北至于幽陵，南至于交趾，西至于流沙，东至于蟠木。动静之物（天地之物），大小之神，日月所照，莫不砥属。

【论说】颛顼帝高阳是黄帝的孙子，昌意的儿子。他沉静稳练而有计谋，通达而知事理。他养殖各种牲畜以充分利用地力发展农业生产，推算四时节令以顺应自然，依顺鬼神制定礼义，理顺四时之行之气以教化万民，洁净身心以祭祀鬼神。他往北到过幽陵，往南到过交趾，往西到过流沙，往东到过蟠木。凡是日月照临的地方，各种动植物，全都被平定了，没有不归服的。

本段描写了一位成熟、干练的政治家形象。颛顼帝在努力地发展社会经济的同时还注重研究天文历法，以保障社会经济的不断发展。他根据鬼神的提示制定了礼仪制度，理顺了四时五行之气，并用已形成的理论来教化民众。在《国语·楚语下》中有春秋时期楚昭王大夫观射父谈论颛顼"绝地天通"的记载，讲述了颛顼进行宗教改革的事。颛顼执政后"乃命南正重司天以属神。命火（韦昭注引唐尚书云：其中'火'应该是'北'字）正黎司地以属民，使复旧常，无相侵渎，是谓绝地天通"。这说明颛顼帝已经完全掌握了部落联盟的祭祀权。由此可见，颛顼帝已充分意识到意识形态的重要性。虽然颛顼帝在思想上倚重的是鬼神的力量，即便这是历史的局限性，但他能够"洁净身心"地对鬼神进行顶礼膜拜，则表现出了他无比的虔诚与执着。他有意识地使神权与政权的联系更加紧密，从而有力地巩固了政权。古人云："国之大事，惟祀与戎。"（《左传·成公十三年》）他对已经扩大了的四境进行巡狩，从而传播了威名。颛顼帝不仅发展了黄帝时代的治国方略，而且还将黄帝开创的伟大事业和大好局面又向前推进了一步。

第四节　尧帝选拔帝位接班人的原则和办法

《史记》卷一《五帝本纪》载：

> 尧曰："嗟！四岳：朕在位七十载，汝能庸命，践朕位？"岳应曰："鄙德忝帝位。"尧曰："悉举贵戚及疏远隐匿者。"众皆言于尧曰："有矜在民间，曰虞舜。"尧曰："然，朕闻之。其何如？"岳曰："盲者子。父顽，母嚚，弟傲，能和以孝，烝烝治，不至奸。"尧曰："吾其试哉。"于是尧妻之二女，观其德于二女。舜饬下二女于妫汭，如妇礼。尧善之，乃使舜慎和五典，五典能从。乃遍入百官，百官时序。宾于四门，四门穆穆，诸侯远方宾客皆敬。尧使舜入山林川泽，暴风雷雨，舜行不迷。尧以为圣，召舜曰："女谋事至而言可绩，三年矣。女登帝位。"舜让于德不怿。正月上日，舜受终于文祖。文祖者，尧大祖也。

【论说】这是一段如何选拔人才的故事。通过尧帝之口，"悉举贵戚及疏远隐逸者"，从而巧妙提出了选拔人才要不避远近亲疏、唯才是举的原则。通过四岳的介绍，人们知道了舜家中的情况，即"盲者子。父顽，母嚚，弟傲，能和以孝，烝烝治，不至奸"。说明舜不仅知孝道，而且行孝道，能够维护家庭的和睦，不危害社会秩序。暗含"土屋不扫，何以扫天下"之意。又通过尧妻之二女，观其德于二女。"舜饬下二女于妫汭，如妇礼。"这说明舜既娶尧尊贵之二女，本可去过富足安逸之生活，然而舜还是让他们到偏远河边的家中，去尽为妇之道。言外之意是说舜治家有道。于是"尧善之"，因为这是贤才应有的基本条件，是美好的道德。但是作为帝位的接班人，还必须有治国的才能和智慧，实践证明舜完全具备并能胜任。正像文中所说"乃使舜慎和五典，五典能从，乃遍入百官，百官时序，宾于四门，四门穆穆，诸侯远方宾客皆敬。尧使舜入山林川泽，暴风雷雨，舜行不迷"。加之尧让舜代替他登帝位，"舜让于德不怿"，这更突出了舜具有谦虚谨慎的中华民族传统美德。同时，借助舜的所作所为，文中分别以"尧善之""尧以为圣"做结论，从而揭示了真正的人才必须具备的素质，那就是"德""才"兼备。

第五节 尧与舜安民之术的对比

《史记》卷一《五帝本纪》载：

> 昔高阳氏有才子八人，世得其利，谓之"八恺"。高辛氏有才子八人，世谓之"八元"。此十六族者，世济其美，不陨其名。至于尧，尧未能举。舜举八恺，使主后土，以揆百事，莫不时序。举八元，使布五教于四方，父义、母慈、兄友、弟恭、子孝，内平外成。

【论说】此前后两段内容形成鲜明对比，其中"八恺""八元"皆世代保持其先人美德，皆善良之辈，而"四凶"之辈皆其先贤不才之后代，皆穷凶极恶之徒。前者乐善好施，并能施恩惠于人民，人民喜闻乐道，而后者为乱乡里、残害百姓，人民深恶痛绝。尧之世没有举用"八恺""八元"，是政之缺，而没有除掉"四凶"，是政之误，这不仅有失众望，还是造成民心不稳之社会局面的重要原因。舜之世举用了"八恺"的后代任行政之职，于是各种政务处理得有条不紊，可谓"政通"；同时又举用了"八元"的后代负责教化人民，于是又出现了"父义、母慈、兄友、弟恭、子孝"，家庭和睦、邻里相亲、社会稳定的大好形势，可谓"人和"。与此同时，坚决铲除了危害百姓、扰乱地方的"四凶"势力，大快人心，而且通过尧与舜安民之术的对比，更进一步印证了"天下明德皆自虞帝始"（《史记·五帝本纪》），实非虚言也！

总之，文中鲜明而深刻的对比，强烈地烘托出了"善""恶"有别的社会氛围，"治""乱"的不同社会效果。从而揭示一个永恒的道理，即"贤而不用"则民心不顺，"恶而不除"则丧尽民心。前者有失"为政之要，唯在得人"（《贞观政要》），而后者则令"亲者痛，仇者快"。古人云："为君之道，必先存百姓。"这与孟子之言"民为贵，社稷次之，君为轻"相得益彰。此皆重民思想之体现，而"重民"必建立在人民安居乐业之上，而人民安居乐业之时，必是政通人和、惩恶扬善之际。段落结尾一句"于是四门辟，言毋凶人也"，标志着一个国泰民安的时代的到来。

第六节　略论高辛以德治国言行

《史记》卷一《五帝本纪》载：

> 高辛①生而神灵，自言其名。普施利物，不于其身。聪以知远，明以察微。顺天之义，知民之急。仁而威，惠而信，修身而天下服。取地之财而节用之，抚教万民而利诲之，历日月而迎送之，明鬼神而敬事之。其色郁郁，其德嶷嶷。其动也时，其服也士。帝喾溉执中而遍天下，日月所照，风雨所至，莫不从服。

【论说】本段所描写的历史人物是我国远古时代一位圣明的部落联盟首领高辛，他是传说中的黄帝之曾孙。高辛是他所兴之古地名，因此以之为号，而"喾"才是他的名字。高辛其实就是西汉武帝时期太史公司马迁在《史记》中记载的"五帝"②之一——帝喾。

高辛具备贤而能的品质、诚而信的品德、节而俭的品性，可谓"淡泊以明志，宁静以致远"；他广施恩泽于民众，并急民众之所急；他抚爱民众，并加以教化之；他温文尔雅、修身养性；他明鬼神之道而慎奉之；他为发展经济而究天文历法，并且恭敬有加；他举止得体，生活简朴，与民同乐；他作为联盟的首领，又以仁而威守之。他治民不偏不倚，并遍及天下，与此同时也就亲和、团结了天下诸侯。这符合儒家思想的中庸之道。毋庸置疑，帝喾是儒家治国思想中的理想君王。

在中国哲学史上，"中庸"一词虽然始见于《论语》，但"中庸"思想起源却很早。据考察，"中庸"思想主要源自两方面的深刻理解和认识，其一，"帝喾溉执中而遍天下"（《史记·五帝本纪》）中之"执中"，其含义是指"采取正确的方法"；其二，《周易》中的"中正"。《易·夬卦》记载："天地相遇，品物咸章也。刚遇中正，天下大行也。"其中，"中正"

---

① 帝喾高辛者，黄帝之曾孙也。《索隐》引宋衷曰："高辛地名，因以为号。喾，名也。"参见司马迁. 史记［M］. 北京：中华书局，1982：13.

② 太史公司马迁依据《世本》《大戴礼》，以黄帝、颛顼、帝喾、唐尧、虞舜为"五帝"。而孔安国的《尚书序》、皇甫谧的《帝王世纪》、孙氏注《世本》则均以少昊、颛顼、高辛、唐、虞为"五帝"。均参见司马迁. 史记［M］. 北京：中华书局，1982：1.

之意是指"要求人们的行为要适中、走正道"，因此有"中行无咎"之说，意思是如果行为不偏不倚，就不会有灾难。早期的"中庸"思想主要体现于政治生活领域，而作为儒家伦理道德观的"中庸"概念最早是由孔子提出的，他说："中庸之为德也，其至矣乎！民鲜久矣。"（《论语·雍也》）也就是说，"中庸"是一种难能可贵的伦理道德准则，是一种最高的德行，它要求人们的行为要把握一定的尺度。有关帝喾事迹的此段《史记》引文恰恰反映了这一鲜明的思想。当然，在《论语·子路》有："不得中行而与之，必也狂狷乎！狂者进取，狷者有所不为也。"意思是说，当我们在生活中没有遇到拥有"中庸"之道的人，那么你就可以和"狂者""狷者"交朋友。因为狂者有进取心，表现激进，而狷者有所不为，表现拘谨。于丹认为这就是大智慧，并说："如果你是一个怯懦的人，你有几个'狂者'的朋友，他们可以激励你。如果你是一个莽撞的人，你有几个'狷者'的朋友，他们可以告诉你什么可以做，什么不该做。"① 由此可见，"中庸"思想就在我们的身边，也在我们的心中。

　　司马迁作为生活于西汉时代的知识分子，他坚持"中立不倚"的社会思想，不调和、不妥协的处事准则，同时热情洋溢地赞美帝喾的这种道德准则和道德智慧，这符合时代背景和儒家的一贯优良传统。成书于秦汉之际的《礼记》也间接为之做了很好的诠释②。随着时代的发展，儒家的"中庸"思想所包含的"努力构筑多样性的和谐统一关系"的思想也被赋予了时代的新意。当今社会，我们在努力追求高尚的道德情操和崇高的理想目标的前提下，应该始终坚持以人为本的发展理念，认真处理好"道德知识的宣传"与"道德智慧的提倡"二者之间的关系。我们力求通过陶冶道德情操、唤醒心灵良知、领悟道德义务、确立价值目标、坚持积极方向、健全人格和谐、提升生命本质，实现人与人之间、人与自然之间、人与社会之间的和谐，实现社会的稳定和国家的长治久安。

---

① 于丹. 于丹心得全集［M］. 北京：中华书局，2008：16.
② 《礼记·儒行》载："戴仁而行，抱义而处，虽有暴政，不更其所。"

第七节 略论帝尧以德治国言行

《史记》卷一《五帝本纪》载：

> 帝尧者，放勋。其仁如天，其知如神。就之如日，望之如云。富而不骄，贵而不舒。黄收①纯衣，彤车乘白马，能明驯德，以亲九族。九族既睦，便章百姓（便章即辩章）。百姓②昭明，合和万国。

【论说】文中的帝尧就是放勋，他是帝喾的儿子。他的仁德高如天，智慧堪比神灵。接近他就像接近太阳般和煦，远望他如云彩般绚丽。他富有而不骄纵，显贵而不放纵。他戴黄冠冕，穿黑色衣裳，乘红色车，驾白色马。他能弘扬顺从美德，以敦亲睦族。同族已和洽，他又明确划分百官的职责，于是百官的政绩昭著，也使天下诸侯亲和而团结。

传说中的帝尧时代，社会阶层贫富分化已经比较显著。而司马迁能够把握现实，驾驭历史，紧扣时代的脉搏，突出显示了帝尧"礼"和"仁"的品格，这是对儒家重视"礼"、强调"仁"这一核心治世思想的弘扬。文中将"仁、义、礼、智、信"集于帝尧之一身，并给予热情洋溢的讴歌，正如文中所赞美的"就之如日，望之如云"，那样温暖而美好。伴随着帝尧将黄帝开创的伟大事业发扬光大，"修身、齐家、治国、平天下"这一儒家治国思想的理论与实践徐徐拉开了历史的序幕。

此外，文中还明显渗透着"中庸"思想。如"富而不骄，贵而不舒"所折射出的"中庸"思想中的哲学特质，即所谓的"度"。也就是说，"过度"与"不及"都是不可取的，只有很好地把握事物的"度"才能体现"中庸"的辩证思想。《论语》中就有不少此类思想，如"君子矜而不争，群而不党"（《卫灵公》），"君子泰而不骄"（《子路》），"君子尊贤而容众"（《子张》），等等。当然，其中也包含着"和合"的思想主张，如"九族既睦""合和万国"等。"和合"一词最早见于甲骨文，表示和谐。"和合"思想是

---

① 黄收即黄色的帽子。"收"是古代的一种帽子，夏朝把冕称为收。参见司马迁. 史记 [M]. 北京：中华书局，1982：16.

② 按《集解》引孔安国曰："百姓，百官。"郑玄曰："百姓，群臣之父子兄弟。"参见司马迁. 史记 [M]. 北京：中华书局，1982：16.

中国文化的精髓，是普遍之原则。无论自然与社会，还是道德伦理与价值观念，均贯通之。儒家在发扬"和合"思想时就有"为政应和"（《论语·子路》），以及"礼之用，和为贵"（《礼记·乐记》）之言论。然而，其中的"和"是否就是"同"呢？西周末年周太史史伯提出："夫和实生物，同则不继。以他平他谓之和，故能丰长而物归之。若以同裨同，尽乃弃矣。"（《国语·郑语》）就是说，"和"与"同"是有区别的。"和"是不同事物的相互统一，或者说是矛盾双方相辅相成而形成的统一体，而"同"只是简单地把相同的事物拼凑在一起。而孔子则更加鲜明地主张"君子和而不同，小人同而不和"（《论语·子路》）。在这里可以看出孔子在处理人际关系问题上既承认差别存在又重视和谐共处的基本原则。其中，"和而不同"就是指"求同存异而恰到好处"。此外，孟子还说"天时不如地利，地利不如人和"，于是也就有了"得道多助，失道寡助"之历史经验与教训，追求的无非就是"和谐"二字。古往今来，人类追求至善的终极目标无非是实现天地人的和谐发展，而和谐社会重在构建。传说中的尧之治并非完全是望梅止渴，其中也包含了人们对未来美好社会的期待与憧憬。

第八节　略论虞舜以德治国言行

《史记》卷一《五帝本纪》中舜的德治事迹如下：

> 舜，冀州之人也。舜耕历山，渔雷泽，陶河滨，作什器于寿丘，就时于负夏①。舜父瞽叟顽，母嚚，弟象傲，皆欲杀舜。② 舜顺适不失子道，兄弟孝慈。欲杀，不可得；即求，尝在侧。

【论说】舜是黄帝的后裔，不过到舜之时，早已为普通庶人了。舜长大后勤奋努力地耕作、渔猎、制陶并经营商业，可是他双目失明的父亲、后母以及其同父异母的弟弟仍然不能善待他，而且都想置他于死地而后快。然而，

---

① 【注六】引《集解》郑玄曰："负夏，卫地。"《索隐》曰："就时犹逐时射利也。"《尚书大传》曰："贩于顿丘，就时负夏"。参见司马迁. 史记 [M]. 北京：中华书局，1982：33.

② 舜父瞽叟盲，而舜母死，瞽叟更娶妻而生象，象傲。瞽叟爱后妻子，常欲杀舜，舜避逃。参见司马迁. 史记 [M]. 北京：中华书局，1982：32.

舜对父亲和后母依然十分敬顺，对弟弟也十分关爱。实际情况是，舜的父亲、后母及其异母弟谋杀舜的计划始终不能得逞，而他们需要帮助时，舜则常常出现在他们身边。

《孟子·告子下》云"尧舜之道，孝弟而已矣"，即指舜"不失子道，兄弟孝慈"之行。然而，其中"兄弟孝慈"之说倒也令人颇为费解，确实值得探讨一番。孔子在《论语·学而》中云"孝弟也者，其为人之本与"，在《论语·为政》中云"孝慈则忠"，即"忠"观念的产生源自"孝慈"，这反映的是"忠"作为传统道德的某些原生态的内涵。由此可见，"忠君"的观念应被视为"孝亲"原则的进一步衍进。稍后"不孝则不臣矣"（《管子·度地》）和"事君不忠，非孝也"（《吕氏春秋·孝行览》）观念的进一步凸显就是对此结论的最好说明。显然，在先秦时期"孝"优先于"忠"，而究其原因，崇尚"亲亲"的原则和传统起到了决定性的历史作用。从这个角度讲，"孝慈"观念无疑是首要的指导思想，从而也实现了对时人所秉承的"亲亲"原则与所兼具的"亲亲"观念的价值定位。不过，当历史进入战国时期，"忠君"之思想和观念已有不断强化之势。《管子·君臣上》云"上下之分不同，而复合为一体"，阐述了君臣相互依附的关系；又云"为人臣者，仰生于上者也"，则进一步强调了臣子对君王的依存关系。另外，《孟子·尽心上》载：

> 桃应问曰："舜为天子，皋陶为士，瞽瞍杀人，则如之何？"孟子曰："执之而已矣。""然则舜不禁与？"曰："夫舜恶得而禁之？夫有所受之也。""然则舜如之何？"曰："舜视弃天下，犹弃敝蹝也。窃负而逃，遵海滨而处，终身欣然，乐而忘天下。"

至于《韩非子·难一》："臣尽死力以与君市，君垂爵禄以与臣市，君臣之际，非父子亲也，计数之所出也。君有道，则臣尽力而奸不生；无道，则臣上塞主明而下成私。"《韩非子·有度》"人主虽不肖，臣不敢侵也"的要求更是把"忠君"的观念推向了极致，"君为臣纲"的观念已经初具规模了。[1]

最初作为一般性道德含义的"忠"来说，通常情况下都没有固定明确的主体与对象，其适用范围相对较为广泛，可以用于君臣之间、君民之间、宗族或家庭内部各成员之间、生人与考妣或鬼神之间、朋友之间。[2] 也就是说，

① 张锡勤，柴文华. 中国伦理道德变迁史稿［M］. 北京：人民出版社，2008：142.
② 张锡勤，柴文华. 中国伦理道德变迁史稿［M］. 北京：人民出版社，2008：95.

"忠"对于每个人来说都是具有普遍意义的道德要求。正如《左传·襄公二十二年》所言："忠信笃敬，上下同之，天之道也。"那么"孝慈"观念最初作为一种良好的品质，一种高尚的美德，也就适用于家庭成员之间，但在今天看来，兄弟之间的"孝慈"显然是不完全合适的。这说明"孝慈"观念最初仅是一种具有普适性的美德，其在伦理道德层面的内涵尚未得到进一步衍生，于是在具体情节中就会存在某种模糊性。因此，笔者认为，"兄弟孝慈"的情形出现在舜的身上，反映的是舜对其异母弟象的一种单向的大爱，是一种无微不至的超乎异母兄弟之情的呵护。此外，文中还反映了舜的"敬顺"与"智慧"思想。舜以辛勤的劳动来侍奉父母和弟弟却不时有杀身之祸，尽管如此，他却依然很"顺适"以及"即求，尝在侧"。这体现了一种孝敬父母，爱护弟弟的纯朴而真实的情感。而"欲杀，不可得"则在字里行间表达了一种非常人能有的聪明才智。总之，司马迁通过这段文字反映了舜在成长过程中所具有的一系列高尚美德，寄托了他理想君王的形象，也深深浸透着他对于"孝""悌"等儒家思想的认识及价值观念。

第二章

《夏本纪》《殷本纪》《周本纪》中德治事迹和反面典型

第一节　夏禹的德治言行述论

《史记》卷二《夏本纪》载：

> 禹为人敏给克勤；其德不违，其仁可亲，其言可信；声为律，身为度，称以出；亹亹穆穆，为纲为纪。
>
> 禹乃遂与益、后稷奉帝命，命诸侯百姓兴人徒以傅土，行山表木，定高山大川。禹伤先人父鲧功之不成受诛，乃劳身焦思，居外十三年，过家门不敢入。薄衣食，致孝于鬼神。卑宫室，致费于沟淢。陆行乘车，水行乘船，泥行乘橇，山行乘檋。左准绳，右规矩，载四时，以开九州，通九道，陂九泽，度九山。令益予众庶稻，可种卑湿。命后稷予众庶难得之食。食少，调有余相给，以均诸侯。禹乃行相地宜所有以贡，及山川之便利。

【论说】在徐中舒编著的《甲骨文字典》和中国社会科学院考古研究所编著的《甲骨文编》中均收录了"德"字。对此罗振玉、商承祚、叶玉森等前辈学者都对卜辞中所见的"德"字进行过释读，一般认为，这些"德"字均从"彳"（行）从"直"（目），基本为视而有所得、目而有所见之意，还不是后世所言"道德"之含义。但是，徐中舒先生认为，甲骨文中的"值"字就是"德"字的最初形态，而金文中的"德"字实际上是在甲骨文的"值"字下面加了一个"心"字。此言确实也经得起推敲。《说文解字》心部云："德，外得于人，内得于己也，从直，从心。"对此，郭沫若先生也认为："德字照字面上看来是从值从心，意思是把心思放端正，便是《大学》上所说的'欲修其身先正其心'。"①

由此可见，禹的身上体现了"敏给克勤""德""仁""信"等一系列具有高尚道德内涵的个人修养。但是，孔子更关注的是民众在一般性社会生活中对于"信"的道德观念的践行。另据《论语·卫灵公》记载，有一次，子张向老师请教关于"行"的问题，孔子回答道："言忠信，行笃敬，虽蛮貊之邦行矣；言不忠信，行不笃敬，虽州里行乎哉。"

古往今来，普通民众与贵族相比，普通民众在物质财富方面会有所逊色，但在精神财富方面可以做到不输。在现实社会中，尤其是广大青年学生，当他（她）们初入陌生的职场，也许还不太富裕，也许还有些拮据，也许还会遇到一些想象不到的困难，但他（她）们可以快乐地生活、不断地追求、努力地奋斗，不会停下年轻的脚步。因为他（她）们知道，年轻就有无限的可能，劳动就会有收获，工作就会有成果，拼搏就会有希望！仰望星空，脚踏实地，一起努力就会有一个美好且令人期待的未来。

第二节　商汤的德治言行述论

《史记》卷三《殷本纪》载：

> 汤出，见野张网四面，祝曰："自天下四方皆入吾网。"汤曰："嘻，尽之矣！"乃去其三面，祝曰："欲左，左。欲右，右。不用命，乃入吾网。"诸侯闻之，曰："汤德至矣，及禽兽。"

【论说】这就是《史记·殷本纪》记载的"网开三面"的故事，文中通过诸侯之口说明汤的德行已经达到了极点，就连禽兽都受到了他的恩泽。这样一来，当时许多诸侯都心悦诚服地归顺商汤。可以说，商汤对动物的仁德促进了他的霸业发展，同时也受到了千古传颂。

这个故事反映出了一个鲜有谈及的事实，即生态道德是中国古代政治的一个组成部分。夏代曾规定："春三月，山林不登斧（斤），以成草木之长；夏三月，川泽不入网罟，以成鱼鳖之长。"（《全上古三代秦汉三国六朝文》）

---

① 郭沫若．先秦天道观之进展［M］∥郭沫若．中国古代社会研究．石家庄：河北教育出版社，2004：260.

周代也规定："国君春田不围泽；大夫不掩群，士不取麛卵。"（《礼记·曲礼》）中国古代思想家和政治家普遍把保护自然作为王道政策的起点。因为人类依赖自然界生活，生物、山林、土地与人类息息相关。因而他们把王道的政治目标推广到生物和自然界，重视生态道德的政治意义，普遍地把保护生物和环境看作君王所应具有的道德行为，这反映了丰富的政治生态伦理思想。

这个故事还告诉我们，在 3000 多年前，古人就懂得捕鸟兽不能斩尽杀绝、要网开三面的道理。这说明当时人们已经具有了"保护鸟类光荣，毁灭鸟类可耻"的传统道德准则。毫无疑问，这些思想就是在今天也仍有积极的社会意义，是我国环境保护思想的最初萌芽。

第三节　周文王的德治言行述论

《史记》卷四《周本纪》载：

> 西伯阴行善，诸侯皆来决平。于是虞、芮之人有狱不能决，乃如周。入界，耕者皆让畔，民俗皆让长。虞、芮之人未见西伯，皆惭，相谓曰："吾所争，周人所耻，何往为，祇取辱耳。"遂还，俱让而去。诸侯闻之，曰"西伯盖受命之君"。

【论说】殷商末年，商纣王倒行逆施，而与之形成鲜明对比的是西伯文王修德行善，于是因为遭到疑忌而受到商纣王的囚禁。周文王经历了"羑里之囚"① 后，虽成为拥有征伐之权的"西伯"，但是周此时毕竟还是商朝的一个方国，力量有限，文王难免心有余悸，不便与宗主国殷商正面针锋相对。所以，西伯文王只好"阴行善"，然而周国君贤明，治国有方早已名声在外，因此受到当时许多诸侯国的敬佩与向往②。为此，其他诸侯国之人遇到难以解决

---

① 商纣王时期社会动荡，于是纣王制"炮格之法"摧残朝臣，"西伯昌闻之，窃叹。崇侯虎知之，以告纣，纣囚西伯羑里。西伯之臣闳夭之徒，求美女奇物善马以献纣，纣乃赦西伯。西伯出而献洛西之地，以请除炮格之刑。纣乃许之，赐弓矢斧钺，使得征伐，为西伯"。参见司马迁. 史记 [M]. 北京：中华书局，1982：106.

② 崇侯虎谮西伯于殷纣曰："西伯积善累德，诸侯皆向之，将不利于帝。"参见司马迁. 史记 [M]. 北京：中华书局，1982：116.

的问题依然愿意到周国那里寻求公正。周国良好的民风再次让其他诸侯国不得不信服，并赢得了其他诸侯国的尊敬与信赖。这是此段文字的主旨，但并非其全部的内涵，其中隐约传递出商周之际传统道德的某些信息。

在"耕者皆让畔，民俗皆让长"中均强调了一个"让"字。有学者认为，"让"几乎是中国传统道德生活和政治生活领域内产生最早的观念了。① 就政治生活领域而言，从文献来看，"让"作为公共生活领域的德行可以追溯到传说中的尧舜禹时代，体现在政治生活领域中的"禅让"之制。《尚书·尧典》云，帝尧"允恭克让"，其中就有"让"之美德。为此，孔颖达在《尚书正义·尧典》中疏之曰"谦让"。殷周时期，"让"的行为又有了更鲜明的体现。《史记·周本纪》："古公有长子曰太伯，次曰虞仲。太姜生少子季历，季历娶太任，皆贤妇人。生昌，有圣瑞。古公曰：'我世当有兴者，其在昌乎？'长子太伯、虞仲知古公欲立季历以传昌，乃二人亡如荆蛮，文身断发，以让季历。"② 为此，孔子在《论语·泰伯》中曰："泰伯，其可谓至德也已矣，三以天下让，民无得而称焉。"又《史记·伯夷列传》："伯夷、叔齐，孤竹君之二子也。父欲立叔齐，及父卒，叔齐让伯夷。伯夷曰：'父命也。'遂逃去。叔齐亦不肯立而逃之。"③ 此更为"让"之德行无以复加。就一般生活领域而言，有学者认为，"让"之行为可以追溯到远古的渔猎时代，应该源自古代的尊老、尚齿风尚④，而且伴随着这一风尚成为早期礼制的主要内容⑤。很明显，这应该是主要局限于贵族社会的情况。与此同时，商周时期，在相当范围内，"让"的观念由政治生活领域已经延伸至一般的社会生活领域，并成为平民社会生活和道德生活的重要内容。⑥ "耕者皆让畔，民俗皆让长"之内容所反映的情况分明是周国中的一种极为普遍的社会风尚。

① 张锡勤，柴文华. 中国伦理道德变迁史稿 [M]. 北京：人民出版社，2008：126.
② 司马迁. 史记 [M]. 北京：中华书局，1982：115.
③ 司马迁. 史记 [M]. 北京：中华书局，1982：2123.
④ 张锡勤，柴文华. 中国伦理道德变迁史稿 [M]. 北京：人民出版社，2008：26.
⑤ "作为周人的宗法宗族及社会伦理规范，尊长敬老精神无处不在，朝廷、道路、州巷、蒐狩、军旅均有体现。"参见姜广辉. 中国经学思想史 [M]. 北京：中国社会科学出版社，2003：319.
⑥ 张锡勤，柴文华两位先生认为这种延伸发生的时间是春秋时期。参见张锡勤，柴文华. 中国伦理道德变迁史稿 [M]. 北京：人民出版社，2008：127.

第四节　周文王以德治国、以仁义兴邦的影响

《史记》卷四《周本纪》载：

> 公季卒，子昌立，是为西伯。西伯曰文王，遵后稷、公刘之业，则古公、公季之法，笃仁、敬老、慈少。礼下贤者，日中不暇食以待士，士以此多归之。伯夷、叔齐在孤竹，闻西伯善养老，盍往归之。太颠、闳夭、散宜生、鬻子、辛甲大夫之徒皆往归之。

【论说】此段虽寥寥数语，西伯（周文王）以德治国，以仁义兴邦之形象、美德便被描写得栩栩如生，并且有序、有例，两者相得益彰。虽然记叙的只是一个侧面，然而周文王丰满的仁德形象已使读者历历在目。他遵后稷、公刘之业，则古公、公季之法，表明他坚决继承先人之德业。这正是他继往开来、大展宏图的基石。他"笃仁、敬老、慈少"，表明周文王具有仁爱之心、慈善之情怀。孟子曰："老吾老，以及人之老；幼吾幼，以及人之幼。"周文王的这种美好形象不正是儒家思想中仁德君主之典范吗？周文王"礼下贤者，日中不暇食以待士"，表明周文王能做到真心实意地礼贤下士，以致废寝忘食。周文王仁德、真诚待士之品德不言而喻。而贤能之士焉能不投桃报李！以至于天下贤德之人，像伯夷、叔齐等有德之人，皆往归之，且归之如流水。正所谓"良禽择木而栖，贤臣择主而士"。这与当时商纣王因失德、失政而众叛亲离的情形不正好形成鲜明的对比吗？德，是人的一种品性，其作为一种精神力量而存在。它可以使事物由小变大、由弱变强，反之亦然，并且由此可以转换成巨大的物质力量。德业修与否决定着一个人事业成功与否或者长久与否。古人云："得道者多助，失道者寡助。"所谓的"道"就是万物之宗，或者是事物变化发展的途径，即规律。而"德"则是人安身立命之本。为此，老子著《道德经》阐幽发微以明之。可见"德"在其间是何等重要！

第五节　牧野之战：威武之师、仁义之师的灭商之战

《史记》卷四《周本纪》载：

> 居二年，闻纣昏乱暴虐滋甚，杀王子比干，囚箕子。太师疵、少师
> 彊抱其乐器而犇周。于是武王遍告诸侯曰："殷有重罪，不可以不毕伐。"
> 乃遵文王，遂率戎车三百乘，虎贲三千人，甲士四万五千人，以东伐纣。
> 十一年十二月戊午，师毕渡盟津，诸侯咸会。曰："孳孳无怠!"武王乃
> 作太誓，告于众庶："今殷王纣乃用其妇人之言，自绝于天，毁坏其三
> 正，离逷其王父母弟，乃断弃其先祖之乐，乃为淫声，用变乱正声，怡
> 说妇人。故今予发维共行天罚。勉哉夫子，不可再，不可三!"
> 二月甲子昧爽，武王朝至于商郊牧野，乃誓。武王左杖黄钺，右秉
> 白旄以麾，曰："远矣西土之人!"武王曰："嗟! 我有国家君，司徒、司
> 马、司空、亚旅、师氏、千夫长、百夫长，及庸、蜀、羌、髳、微、纑、
> 彭、濮人，称尔戈，比尔干，立尔矛，予其誓。"王曰："古人有言'牝
> 鸡无晨。牝鸡之晨，惟家之索'。今殷王纣维妇人言是用，自弃其先祖肆
> 祀不答，昏弃其家国，遗其王父母弟不用，乃维四方之多罪逋逃是崇是
> 长，是信是使，俾暴虐于百姓，以奸轨于商国。今予发维共行天之罚。
> 今日之事，不过六步七步，乃止齐焉，夫子勉哉! 不过于四伐五伐六伐
> 七伐，乃止齐焉，勉哉夫子! 尚桓桓，如虎如罴，如豺如离，于商郊，
> 不御克奔，以役西土，勉哉夫子! 尔所不勉，其于尔身有戮。"誓已，诸
> 侯兵会者车四千乘，陈师牧野。

【论说】牧野之战是中国古代著名的军事战例，是灭商的关键之战。为此
周武王非常谨慎，并进行了周密准备。此前的"盟津之会"就是周武王灭商
的一次武装侦察，也是对反商力量的一次重要检阅，即"是时，不期而会盟
津者八百诸侯"。可是周武王并没有因此马上向商朝发动进攻，而是又过了两
年，当纣更加昏乱暴虐时，即"闻纣昏乱暴虐滋甚，杀王子比干，囚箕子。
太师疵、少师彊抱其乐器而犇周"。此时正可谓商纣王众叛亲离之际，于是周
武王隆重宣布："殷有重罪，不可以不毕伐。"于是灭商战争爆发了。此举表
明周武王紧紧把握住了"天时、地利、人和"的战争原则，其中也体现出了

"知己知彼，方能百战不殆"的军事原则。周武王从而掌握了战争的主动权。

周武王率军与诸侯会合之后便向商都朝歌进军。途中他还发表了一篇充满激情的战斗檄文《太誓》，其中历数了商纣王的大量罪行、种种荒淫无道之举，表明纣王已经自绝于上天，已经不可救药，只有"恭行天罚"。与此同时，周武王鼓励将士们勇敢战斗。显然，这是周武王为提高军队士气而做的战前动员。他旗帜鲜明地告诉将士们：这场战争不仅师出有名，而且是一场正义的战争。

当联军攻至商郊牧野时，在总攻之前，周武王又举行了最后一场誓师大会。首先，周武王与诸侯将士共同发誓，这与现代战争中战前宣誓差不多，无非是表示决心之类的内容。但是，古代由于鬼神思想的存在，誓言会更虔诚些，似乎也有更大的约束力。其次，周武王又重申了纣王的种种罪恶，证明纣王已自绝于天地、自绝于国家、自绝于人民，以此激励将士们支持周武王恭行天罚的责任感和战斗精神，并用古人的一句话——"牝鸡无晨。牝鸡之晨，惟家之索"——来预言商朝的灭亡，从而宣告联军一定会取得最后的胜利。这极大地鼓舞了士气并增强了联军胜利的信心。最后，周武王宣布了作战的原则和战场纪律。作战的原则就是一定要整齐和勇猛，而且要求不断地进行整齐的进攻，并且在进攻时要像猛虎、熊罴、豺狼、蛟龙一样威猛无比。关于战场纪律，第一条是不杀投降的商纣士兵，意思就是一定要优待俘虏；而第二条是说如果有将士不努力作战，就要被杀掉，从而要求将士一定要勇往直前。誓师之后，周武王终于率军发动了总攻，并很快取得了牧野之战的胜利，于是商朝被灭。

牧野之战成为古代著名战例。其一，是因为它反映了古代战争的一般规律和作战原则。当然，其中包含了诸多战争理论，对其后的战争无疑产生了很大影响，对其后战争理论的形成和发展无疑有充实与促进。其二，通过牧野之战，我们看到了周武王具有把握战争的艺术和驾驭战争的能力。其中既包括战争时间的选择和战前的宣传鼓动，也包括作战原则的详细制定和战场纪律的严格运用，以及指挥若定的信心。这无不体现了周武王作为治军有方、雄才大略的军事家、政治家的形象与风采。其三，语言描写十分精当，所烘托的战争气氛显得既紧张又有序，而且还折射出了正义力量的光辉。文中虽没有直说，但字里行间却演绎出了一支威武之师、仁义之师，无坚不摧。它向世人宣告：胜利最终属于正义的一方。

第六节 周武王敬天保民的思想和与民休息的政策

《史记》卷四《周本纪》载：

> 武王徵九牧之君，登豳之阜，以望商邑。武王至于周，自夜不寐。周公旦即王所，曰："曷为不寐？"王曰："告女：维天不飨殷，自发未生于今六十年，麋鹿在牧，蜚鸿满野。天不享殷，乃今有成。维天建殷，其登名民三百六十夫，不显亦不宾灭，以至今。我未定天保，何暇寐！"王曰："定天保，依天室，悉求夫恶，贬从殷王受。日夜劳来定我西土，我维显服，及德方明。自洛汭延于伊汭，居易毋固，其有夏之居。我南望三涂，北望岳鄙，顾詹有河，粤詹雒、伊，毋远天室。"营周居于雒邑而后去。纵马于华山之阳，放牛于桃林之虚；偃干戈，振兵释旅：示天下不复用也。

【论说】此段以"武王徵九牧之君"为句首，是周武王君臣议政之意。谈的无非是商亡的教训，论的大致是兴国安民的政策。周武王之所以在灭商之后迅速召开这次国是会议，想必武王深知：灭商之后虽然进行了大赦天下、赈济贫民等举措，但此举也只能在一定范围内起有限的作用。宗周远离中原，自己也毕竟是西土之人。他虽然也分封了诸侯，以控临天下，但更多是具有政治意义和军事意义。这怎么能让他坐得住呢？于是便出现了周武王同群臣一起"登豳之阜，以望商邑"的历史场景。古人登高远望具有踌躇满志之意，所谓"人无远虑，必有近忧"，而此时周武王的"远虑"是如何以区区宗周来统治泱泱大商灭亡后留下来的许多城邑。周武王君臣这一"望"无疑加强了历史的凝重感。周武王面对此情此景，难免要兴商亡之叹，发忧古之思。想必此时"敬天保民"的意识在周武王的头脑中已基本形成，因为此段一直到段尾基本贯穿了这一思想。另外，从相关文献中也可以得到印证，如"天惟时求民主"（《尚书·多方》引周公语），"民之所欲，天必从之"（《左传·襄公三十一年》引《泰誓》），"天听自我民听"（《孟子·万章上》引《泰誓》）。这样天意和民心就直接联系起来，周人认为天意就是民心的集中表现，这也赋予"天命"以实际内容，也就意味着周朝要持"天命"，就必须注意"保民"。

句中通过周公旦（武王的弟弟，也是其最得力的助手）和武王的一段对话，集中表达了周武王"敬天保民"的思想，且大有一吐为快之感。以周公旦的一句问候："曷为不寐？"引发周武王连续地释怀，大意是：上天之所以弃商，是因为恶人遍布朝野，正气不得伸张，人民也不得安宁，正因为这样才有我们今天的成功。可话又说回来，殷朝毕竟存在了很长时间，那是因为期间任用了许多贤能之人，才得以维持至今。言外之意是我周武王要选拔、任用有治国安民之术的贤能之人。所有这些还没有做到，我怎能睡得着呢？接着，周武王又说："我要确保周朝国运不变，要靠近天室，要找出所有恶人，并惩罚他们。要日夜勤勉努力，确保我西方安定，要办好各种事情，直到天下太平。我要在伊、洛之间建都，因为那里离天室很近。"此时所有的评论都显得苍白无力了，一切都真真切切、明明白白。

段尾以"纵马于华山之阳，放牛于桃林之虚；偃干戈，振兵释旅：示天下不复用也"结束全段。这使得段首武王的紧急召见、登高远望有了答案，也使周武王的难眠之夜舒畅、轻松了许多。这正是马放南山、刀枪入库、与民休息政策使然，也是儒家理想中的政治环境。这时我想起了古人的一句话，颇能概括安民思想之旨要，也是儒家政治理想之境界，即所谓"偃革兴文，布德施惠，中国既安，远人自服"（《贞观政要》卷五）。

第七节　大禹治水的业绩是一座永不磨灭的丰碑

《史记》卷二《夏本纪》载：

尧崩，帝舜问四岳曰："有能成美尧之事者使居官？"皆曰："伯禹为司空，可成美尧之功。"舜曰："嗟，然！"命禹："女平水土，维是勉之。"禹拜稽首，让于契、后稷、皋陶。舜曰："女其往视尔事矣。"

禹为人敏给克勤；其德不违，其仁可亲，其言可信；声为律，身为度，称以出；亹亹穆穆，为纲为纪。

禹乃遂与益、后稷奉帝命，命诸侯百姓兴人徒以傅土，行山表木，定高山大川。禹伤先人父鲧功之不成受诛，乃劳身焦思，居外十三年，过家门不敢入。薄衣食，致孝于鬼神。卑宫室，致费于沟淢。陆行乘车，水行乘船，泥行乘橇，山行乘檋。左准绳，右规矩，载四时，以开九州，通九道，陂九泽，度九山。令益予众庶稻，可种卑湿。命后稷予众庶难

27

得之食。食少，调有余相给，以均诸侯。禹乃行相地宜所有以贡，及山川之便利。

【论说】相传尧舜时期洪水泛滥，民不聊生。尧和舜长期未能把民众从自然灾难中解救出来。这种严重的情况成了当时困扰中华民族生存和发展的一个十分尖锐的问题。在这种历史背景下，为了解决这个严重问题，帝舜随即要求四岳举荐人才，即"有能成美尧之事者使居官？"他们都说："伯禹为司空，可成美尧之功。"于是一个有抱负而且聪敏勤恳的人才终于浮现出来。

据《史记》作者司马迁介绍，禹怀着励精图治的决心，新婚第四天就离家赴任。当国家正在用人之际，当国家和人民需要他时，他毅然决然地以国事为重而离开了新婚的妻子，离开了温馨而幸福的家，这表现出禹高尚的情操和精神境界。他为治理洪水，克服了常人难以想象的艰辛，他行山表木，开九州，陂九泽，通九道，度九山。他能够吃苦耐劳且厉行节俭，从不贪图个人享受，一心为了治水，勤恳地做人民的公仆。其行可谓"高山仰止"，而其义可谓"景行行止"。与此同时，他还考察了九州的土地物产，相应采取了减灾赈灾的措施，并规定了各地的贡品、赋税，指明了各地朝贡的方便途径。这表现出大禹关心民间疾苦及体恤诸侯的殷殷情怀。

当然，夏禹作为远古时代华夏族部落联盟首领，虽然是一位传说中的历史人物，但大禹治水的业绩都早已书写在中华民族的历史上，为中华民族树立起了一座永不磨灭的丰碑。为了国家的稳定、人民的安康，大禹13年忙碌于外。他三过家门而不入的伟大奉献精神，早已被千古传颂，而他义薄云天的品德，也早已化作了中华民族的传统美德，并深深地根植于中华民族的血脉里。他的优秀品德、他的伟大奉献精神，永远值得我们后人学习。

第八节　皋陶的"九德论"赏析

《史记》卷二《夏本纪》载：

皋陶作士以理民。帝舜朝，禹、伯夷、皋陶相与语帝前。皋陶述其谋曰："信其道德，谋明辅和。"禹曰："然，如何？"皋陶曰："於！慎其身修，思长，敦序九族，众明高翼，近可远在已。"禹拜美言，曰：

"然。"皋陶曰:"於! 在知人,在安民。"禹曰:"吁! 皆若是,惟帝其难之。知人则智,能官人;能安民则惠,黎民怀之。能知能惠,何忧乎驩兜,何迁乎有苗,何畏乎巧言善色佞人?"皋陶曰:"然,於! 亦行有九德,亦言其有德。"乃言曰:"始事事,宽而栗,柔而立,愿而共,治而敬,扰而毅,直而温,简而廉,刚而实,强而义,章其有常,吉哉。日宣三德,蚤夜翊明有家。日严振敬六德,亮采有国。翕受普施,九德咸事,俊乂在官,百吏肃谨。毋教邪淫奇谋。非其人居其官,是谓乱天事。天讨有罪,五刑五用哉。吾言底可行乎?"禹曰:"女言致可绩行。"皋陶曰:"余未有知,思赞道哉。"

【论说】这是一段关于以德治国的精辟论述,着重强调了道德力量,以及成为一个有道德的人的途径。小而言之,对一个普通人来讲,要想有人帮助并辅佐你,你本人就必须加强自身修养,由表及里,由近及远,从自身做起,做一个品德高尚的人,一个脱离低级趣味的人;大而言之,对一个君主来说,君主要想得到黎民百姓的拥戴,就必须有明智的头脑和仁惠的品德。当然,这种德业来自明察百官,来自爱民、惠民,这样才是一个圣明的君主。同时,君主也能够做到亲贤臣而远小人。帝舜时期的皋陶曾说,要想真正认识一个人要察其言、观其行。其言、其行之好坏要根据品德来评价,从而导出了皋陶的"九德论",即所谓的"宽而栗,柔而立,愿而共,治而敬,扰而毅,直而温,简而廉,刚而实,强而义"。此"九德"之论既是评价人的道德标准,也是人们修德的基本要求,更是一种高尚德行之追求。其德少,作为则小;其德大,作为则大;兼具"九德",则贵为明君,而少德、失德或无德必遭惩罚。显而易见,古今尊此一理也。虽然皋陶之"九德论",旨在劝诫、忠告君主,竭力修德行善。今天,这对于我们每个人都有教育意义,它再次告诉我们一个道理,勿以恶小而为之,勿以善小而不为。从点滴做起,每日三省吾身,不断提高道德修养,就会在社会上更受人尊敬,在工作中做出成绩,甚至可以成就一番事业。正像禹在文中说的那样:"女(皋陶)言致可绩行",就是说皋陶的话说得很好,是可以遵循的,并能有助于行动和美好品行的实现。

第九节　皋陶是一位居安思危的政治家

《史记》卷二《夏本纪》载：

> 于是夔行乐，祖考至，群后相让，鸟兽翔舞，箫韶九成，凤凰来仪，百兽率舞，百官信谐。帝用此作歌，曰："陟天之命，维时维几。"乃歌曰："股肱喜哉，元首起哉，百工熙哉！"皋陶拜手稽首扬言曰："念哉，率为兴事，慎乃宪，敬哉！"乃更为歌曰："元首明哉，股肱良哉，庶事康哉！"（舜）又歌曰："元首丛脞哉，股肱惰哉，万事堕哉！"帝拜曰："然，往钦哉！"于是天下皆宗禹之明度数声乐，为山川神主。

【论说】此段通过夔谱定乐曲这件事，奏响了一曲远古人类的华美乐章，并勾勒出了一幅太平盛世的美好图景、一幅祥和而绚丽多彩的画面。这一派大好的形势，是帝舜君臣共同努力、施行德政的结果，其中凝聚了禹、皋陶等有德之臣的无数汗水和聪明才智。帝舜君臣修德行善，行诸己，而施之于人，泽被天下，其丹心日月可鉴，其德业凿凿可据。这派歌舞升平的美景既是他们事业辉煌的鲜明反映，也是他们成就德业的真实写照。

文中随着乐曲的谱定，其祖孙亡灵降临欣赏，各诸侯国君相互礼让，鸟兽在宫殿周围飞翔、起舞。《箫韶》奏完九通，凤凰也被招来了，群兽都舞动了起来，百官忠诚和谐，即"夔行乐，祖考至，群后想让，鸟兽翔舞，箫韶九成，凤凰来仪，百兽率舞，百官信谐"。这是古代多少仁人志士梦寐以求且为之奋斗的理想社会！面对此情此景，尤其是"凤凰来仪，百兽率舞"（古代历来认为这是吉祥如意的最高境界），怎能不激动，怎能不唱歌。于是帝舜即兴歌唱道："奉行天命，施行德政，顺应天时，谨微慎行。"又唱道："股肱喜哉，元首起哉，百工熙哉！"这既是对君臣一起修德、行德政、恪尽职守的肯定，也是由衷的赞美，同时也或多或少地流露出舜帝沉浸在这太平盛世里，陶醉于这歌舞升平中的那份激动与畅怀。然而，此时此刻皋陶却向帝舜清醒而恭敬地行了大礼，之后高声说道："您可要记住啊，要带头努力尽职，谨慎对待您的法度，认真办好各种事务！"这是发人深省的告诫。如果觉得国家已大治，德业已修，因此就可一劳永逸，这是十分危险的。如果辉煌之时一味贪图安逸享乐，那么辉煌很快会失去光彩，也很快会成为"樯橹灰飞烟灭"

之往事，于是舜很感谢皋陶的提醒，并拜谢说："你说得对，以后我们都要努力办好各自的事务！"这表明帝舜确实是一位明君，决心继续在修德养善的道路上走下去，同时也凸显出皋陶是一位能忠言直谏的贤能之臣。皋陶经常有居安思危之心，实乃帝舜之肱股辅弼大臣，是虞舜之幸，同时也是社稷之幸和人民之幸。

文章微言大义，告诉我们，只有时时修德、事事修德，事业才能不断地发展，蒸蒸日上，否则，用辉煌的事业来换取惨痛的教训，代价不是显得有些昂贵了吗？

第十节 夏启在军事上的胜利促进了 夏朝政治上的稳定

《史记》卷二《夏本纪》载：

> 夏后帝启，禹之子，其母涂山氏之女也。
> 有扈氏不服，启伐之，大战于甘。将战，作甘誓，乃召六卿申之。启曰："嗟！六事之人，予誓告女：有扈氏威侮五行，怠弃三正，天用剿绝其命。今予维共行天之罚。左不攻于左，右不攻于右，女不共命。御非其马之政，女不共命。用命，赏于祖；不用命，僇于社，予则帑僇女。"遂灭有扈氏。天下咸朝。

【论说】这是世袭王权正式确立后的两场重要战争之一。一场是《竹书纪年》中记载的"益干启位，启杀之"，而另一场就是启与有扈氏进行的这场甘之战。《尚书·甘誓》记载了这场战争的情况。司马迁在写这段历史时便采用了这则史料。《尚书·甘誓》是夏启讨伐有扈氏的战斗檄文，强调了战争的正义性和严明的军纪。这几乎成了古往今来、中外战争发动者一贯效法的准则，开创了中国历史上有文字记载的战争历史先河。

文中记述了夏启登帝位后，由于"有扈氏不服"，双方大战于甘。为此，夏启做了认真的战前准备，作《甘誓》，也就是发布战争的动员令。一方面，指出有扈氏有罪，即"威侮五行，怠弃三正"，因此才讨伐他（这里有扈氏是一个诸侯），这叫师出有名。另一方面，表明夏启针对有扈氏的战争是"恭行天罚"，即文中所说的"恭行天之罚"，这叫替天行道（古人有敬天地、事鬼神的传统）。还有一方面，就是实行严明的战场纪律，赏罚分明，从而激励战士英勇杀敌。此三方面对于夏启最后取得甘之战的胜利确实起到了非常重要的作用。夏启通过甘之战不仅灭掉了有扈氏，而且使"天下咸朝"。这表明了夏启在军事上巨大的胜利促进了夏朝政治上的巩固与统一。

最后就文中"有扈氏不服"一事做些阐述。据《尚书》记载，有扈氏（位于今陕西鄠邑区）是与夏启同姓的诸侯。另据《淮南子》，"有扈氏为义而亡，知义而不知宜也。"由于传说中的"禅让制"观念没有完全消除，有扈氏对夏启继承其父禹的帝位表示了不满，因此起兵与夏启战于甘之地。虽然有扈氏因为墨守旧"义"，而不能顺应时"宜"，最后被夏启"剿绝"了，这件事却深刻反映了社会转型时期的历史面貌，也反映了当时人们的真实思想。而夏启通过镇压这些政治上的反对者，巩固了王权，正式确立了王位世袭制度，从而开始了我国历史上第一个奴隶制王朝，也形成了我国历史上第一个"家天下"的政治局面。

第十一节　商朝第一个王成汤针对夏朝灭亡的经验总结

《史记》卷三《殷本纪》载：

> 汤归至于泰卷陶，中垒作诰。既绌夏命，还亳，作汤诰："维三月，王自至于东郊。告诸侯群后：'毋不有功乎民，勤力乃事。予乃大罚殛女，毋予怨。'曰：'古禹、皋陶久劳于外，其有功于乎，民乃有安。东为江，北为济，西为河，南为淮，四渎已修，万民乃有居。后稷降播，农殖百谷。三公咸有功于民，故后有立。昔蚩尤与其大夫作乱百姓，帝乃弗予，有状。先王言不可不勉。'曰：'不道，毋之在国，女毋我怨。'"以令诸侯。伊尹作咸有一德，咎单作明居。

【论说】这是一篇关于古代君王安民的论述，也可以说是商朝第一个王成汤针对夏朝灭亡经验的总结。所谓为政之要，必先安民，民安则国泰，为此成汤采取了一系列安民之举。成汤深知，商族作为诸侯，兴兵夺取了夏桀的天子之位，难免有犯上之嫌。然而，成汤通过历数夏桀施行暴政、荒淫无道、祸国殃民之举，高调宣布了夏桀有罪于上天、有罪于人民，得到了许多诸侯的支持，并赢得了广大人民的信任。于是所谓"恭行天之罚""替天行道"便成为合理之举，商汤从而将被动态势变成了主动局面。有一些学者认为，中国古代的"以史为鉴"思想最早出现于西周时期，最早提出这种思想的人是周公。根据史料，这些观点还有待商榷。周公确有"今惟殷坠厥命，我其可不大监抚于时"及"我不可不监于有夏，亦不可不监于有殷"（《尚书》）的言论，这是周公借鉴商亡的历史经验总结，是一种以史为鉴的思想，不过在商汤灭夏朝时也有类似思想。汤曰："……匪台小子敢行举乱，有夏多罪，予维闻女众言，夏氏有罪，予畏上帝，不敢不正。今夏多罪，天命殛之。……夏德若兹，今朕必往。"（《史记·殷本纪》）商汤在起兵攻打夏朝时，历数了夏朝最后一个国王夏桀施行暴政、荒淫无道，以及大兴徭役、耗尽民力等弊政，并指出他犯下的是不可饶恕的罪行，所以商汤对夏桀要"恭行天之罚"。对商汤来说，夏桀的一系列弊政就是他执政时需要注意的问题。如果出现不堪重负的情况，人民也会奋起反抗，这将成为一种执政经验。这是对商朝，也是对商汤的一种最好、最直接的历史借鉴。

成汤登上天子之位后，决心取信于民，以建不世之功。首先，废除了夏朝的一系列暴政，并且作《汤诰》，号令诸侯为民众建功立业，否则就严加处罚，并与之约法三章。其次，用大禹和皋陶为国家、为人民建立的丰功伟绩来激励各诸侯为民众安居乐业而努力建功立业，恩泽于后代，并以蚩尤和其大臣们残虐百姓、扰民害民而受到上天惩罚的事例来警告他们。如果他们胆敢做出不利于国家、不利于人民以及违背道义之事，就废除他们。用反面的事例一再提醒、告诫诸侯，使禹、皋陶的榜样作用更加明显、突出。此举无疑会对诸侯产生巨大的触动并产生积极作用。再次，为了做到令行禁止、有章可循、有法可依，成汤还制定了法令制度，即《咸有一德》《明居》。其中《咸有一德》讲的是君臣应该有纯一的品德，而《明居》则规定了商朝广大民众应遵循的法则。这样一来，商朝君臣就可以遵其德，有章可循；而民众守其行，则有法可依。

总之，商朝初年统治阶级的秩序因此井然，而广大社会以及民众也安然有序。成汤安民的思想和实践在历史上画出了浓墨重彩的一笔，也难怪他受到了后世儒家的热情讴歌和后人的称颂。

第十二节　武丁是殷朝历史上有作为的君王

《史记》卷三《殷本纪》载：

> 帝小乙崩，子帝武丁立。帝武丁即位，思复兴殷，而未得其佐。三年不言，政事决定于冢宰，以观国风。武丁夜梦得圣人，名曰说。以梦所见视群臣百吏，皆非也。于是乃使百工营求之野，得说于傅险中。是时说为胥靡，筑于傅险。见于武丁，武丁曰是也。得而与之语，果圣人，举以为相，殷国大治。故遂以傅险姓之，号曰傅说。

【论说】武丁是殷朝历史上有作为的君王，有"中兴天子"之称。"武丁选贤任能"的故事传为美谈。当初，武丁即位正值国衰之际、事乱之秋，他想复兴殷朝、振兴国运，想大展宏图，但苦于找不到称心如意且能帮助他实现这一愿望的辅佐大臣。他不愿意做碌碌无为之辈，决心"不鸣则已，一鸣惊人"。为此，他轻发政见，专心考察工作，以便发现人才，即"三年不言，政事决定于冢宰，以观国风"。他确实有那么一股"语不惊人死不休，才不到手誓不语"的劲头。他思贤若渴，经过三年的努力，审慎地考察，终于有了结果。他找到了贤才，这就是之后被武丁任命为国相的傅说。然而，这还不是故事中大书特书的内容，精彩的是他寻才的过程。他"梦得圣人"，"选才于刑徒之间"，更具传奇之色彩，可谓"梦里寻他千百度，蓦然回首，那人却在灯火阑珊处"。这也使其寻才的故事更具有人文精神。

古人尊天地敬鬼神是传统文化的重要部分，于是使"天赐贤才，鬼神指引"之说也变得更加可信了。其实际情况是，武丁选拔贤才的思想是在他头脑中长期魂牵梦绕的结果，是现实的想象在头脑中的反映，这也符合今天的心理学原理，有其科学的成分。而且今天看来，这与武丁的长期考察也是分不开的。换言之，武丁把上天的意志、鬼神的思想通过梦表达出来，可使其本人的意志更具权威性，也能消除大臣们对"选才于刑徒之间"这一出格行为的疑问。龚自珍的"九州生气恃风雷，万马齐喑究可哀。我劝天公重抖擞，不拘一格降人才"恰好说明了这一问题，可以作为对商王武丁任人唯贤的评价。最后，武丁找到傅说后，真诚地与之谈了治国安邦之术，发现傅说"果圣人"后，立刻"举以为相"，于是"殷国大治"，即殷朝得以复兴。此实为画龙点睛之笔，使中心思想更加鲜明。

这则故事说明：治国既要靠明君主持，也需要贤才来辅助。选贤任能要经过长期考察，而且要改变传统观念，做到不拘一格，同时还要慎之又慎。

第十三节　警钟长鸣：商纣王是中国历史上有名的暴君

《史记》卷三《殷本纪》载：

> 帝纣资辨捷疾，闻见甚敏；材力过人，手格猛兽；知足以距谏，言足以饰非；矜人臣以能，高天下以声，以为皆出己之下。好酒淫乐，嬖于妇人。爱妲己，妲己之言是从。于是使师涓作新淫声，北里之舞，靡靡之乐。厚赋税以实鹿台之钱，而盈钜桥之粟。益收狗马奇物，充仞宫室。益广沙丘苑台，多取野兽蜚鸟置其中。慢于鬼神。大最乐戏于沙丘，以酒为池，县肉为林，使男女倮相逐其间，为长夜之饮。
>
> 百姓怨望而诸侯有畔者，于是纣乃重刑辟，有炮格之法。以西伯昌、九侯、鄂侯为三公。九侯有好女，入之纣。九侯女不憙淫，纣怒，杀之，而醢九侯。鄂侯争之强，辨之疾，并脯鄂侯。西伯昌闻之，窃叹。崇侯虎知之，以告纣，纣囚西伯羑里。西伯之臣闳夭之徒，求美女、奇物、善马以献纣，纣乃赦西伯。西伯出而献洛西之地，以请除炮格之刑。纣乃许之，赐弓矢斧钺，使得征伐，为西伯。而用费中为政。费中善谀，好利，殷人弗亲。纣又用恶来。恶来善毁谗，诸侯以此益疏。

【论说】帝纣是中国历史上有名的暴君，可以说家喻户晓。其所作所为早已臭名昭著。究其原因，帝纣不仅德业不修，反而极尽贪婪、奢侈、荒淫、残暴之能事，而且刚愎自用、任人唯亲。

这里选用的文字内容只是帝纣劣迹的主要部分，集中说明了帝纣失德以乱政、无德以丧国的道理。其实，帝纣的个人素质在一些方面是很突出的，他天资聪明、勇力过人，然用非所用，其"知足以距谏，言足以饰非；矜人臣以能，高天下以声，以为皆出己之下"。帝纣毫无谦虚谨慎之作风可言。这是帝纣失德误政之一。帝纣"好酒淫乐，嬖于妇人。爱妲己，妲己之言是从"。其"不爱江山爱美人"之心昭然若揭，而且暗含了"牝鸡之晨，惟家之索"。这是帝纣失德荒政之二。帝纣"使师涓作新淫声，北里之舞，靡靡之乐"。这些乐舞显然是俗乐、俗舞，自然难登大雅之堂。古人有"以乐和政"之说，即政通人和之时兴雅乐，有激励人们积极向上的作用，而帝纣却反其道而行之。这是帝纣失德乱政之三。帝纣"厚赋税以实鹿台之钱，而盈钜桥之粟"。竭天下之才以满足一己之贪婪。这说明帝纣根本不在乎所谓"君者，舟也；庶人者，水也。水则载舟，水则覆舟"① 的道理。这是帝纣失德毁政之四。帝纣"益收狗马奇物，充仞宫室。益广沙丘苑台，多取野兽蜚鸟置其中"。其玩物丧志之意，作为帝王实属过分。这是帝纣失德丧政之五。帝纣"慢于鬼神"，此方面虽言简而意赅。作为一国之君敢不敬鬼神，这在当时是惊世骇俗之举。这是帝纣失德慢政之六。帝纣"以酒为池，县肉为林，使男女倮相逐其间，为长夜之饮"。这是帝纣糜烂生活的真实写照，可以说帝纣的这些"奇思妙想"是对他的"资辨捷疾"的莫大讽刺。这是帝纣失德废政之七。而在"百姓怨望而诸侯有畔"之时，帝纣仍然"重刑辟，有炮格之法"。帝纣不从自身找原因，而是用残酷的刑罚加以镇压，而且其刑罚之残酷可谓登峰造极、无以复加。这是帝纣失德败政之八。帝纣的种种劣迹正好应验了"聪明反被聪明误"的道理。

这段文字虽然是对帝纣失德的鞭笞之言，但文字优美练达。其中有些词句已成为千古名言。例如，"知足以距谏，言足以饰非"用以形容刚愎自用之人，"北里之舞，靡靡之乐"用来指低级、粗俗、不入流的乐舞，"以酒为池，县肉为林"形容大吃大喝、腐败至极。商纣王的劣迹以及泱泱商朝灭亡的教训对于今天"以德治国"的中国来说是一记警钟，而对每个人加强自身修养来说也是一个反面教材。

第十四节　周厉王倒行逆施，亲小人远贤者

《史记》卷四《周本纪》记载：

> 夷王崩，子厉王胡立。厉王即位三十年，好利，近荣夷公。大夫芮良夫谏厉王曰："王室其将卑乎？夫荣公好专利而不知大难。夫利，百物之所生也，天地之所载也，而有专之，其害多矣。天地百物皆将取焉，何可专也？所怒甚多，而不备大难。以是教王，王其能久乎？夫王人者，

---

① 安小兰，点校. 荀子·哀公 [M]. 北京：中华书局，2016.

将导利而布之上下者也。使神人百物无不得极，犹日怵惕惧怨之来也。故《颂》曰'思文后稷，克配彼天，立我蒸民，莫匪尔极'.《大雅》曰'陈锡载周'。是不布利而惧难乎，故能载周以至于今。今王学专利，其可乎？匹夫专利，犹谓之盗，王而行之，其归鲜矣。荣公若用，周必败也。"厉王不听，卒以荣公为卿士，用事。

这是一则有关周厉王与民争利的文字。周大夫芮良夫对厉王阐述了"专利"行为的种种弊端，直言不讳地指出了如果厉王一意孤行重用贪财好利的荣夷公，周王室将不会长久。通过文中大夫芮良夫的这段谏言，一方面，人们看到了一位忧国忧民的忠臣形象；另一方面，后人也了解了周厉王倒行逆施、荣夷公助纣为虐的饕餮嘴脸。历史经验告诉人们：凡治国安邦，首先要懂得为君之道，其次是懂得为政之道，再次是有君明而臣贤的良好政治氛围。历史的经验可以深刻地总结为："为君之道，必先存百姓；为政之道，唯在得人。"而君王从谏如流之思想也十分重要。大夫芮良夫面对岌岌可危的周王朝，其直言极谏可以说分析得入情入理，对于周厉王来说可谓一剂良药，然而周厉王却置若罔闻，以塞忠谏之路，这是极为可悲的一件事情。关于用人之道，常言说："人皆誉之，必当察之；人皆毁之，亦必当察之。"今天我们讨论施政用人时还应该再加上一句：要倾听人民真正的呼声，人民的利益高于一切。虽然周厉王的时代与今天不可同日而语，也不能相提并论。他倒行逆施，已遗臭万年。但是他应作为历史的反面教材时刻警示着人们，从而使我们的民主事业更加进步，使我们伟大事业的目标更加明确。

第十五节　历史的教训：周厉王统治时期的国人暴动

《史记》卷四《周本纪》载：

王行暴虐侈傲，国人谤王。召公谏曰："民不堪命矣。"王怒，得卫巫，使监谤者，以告，则杀之。其谤鲜矣，诸侯不朝。三十四年，王益严，国人莫敢言，道路以目。厉王喜，告召公曰："吾能弭谤矣，乃不敢言。"召公曰："是鄣之也。防民之口，甚于防水。水壅而溃，伤人必多，民亦如之。是故为水者决之使导，为民者宣之使言。故天子听政，使公卿至于列士献诗，瞽献曲，史献书，师箴，瞍赋，矇诵，百工谏，庶人传语，近臣尽规，亲戚补察，瞽史教诲，耆艾修之，而后王斟酌焉，是以事行而不悖。民之有口也，犹土之有山川也，财用于是乎出；犹其有原隰衍沃也，衣食于是乎生。口之宣言也，善败于是乎兴。行善而备败，所以产财用衣食者也。夫民虑之于心而宣之于口，成而行之。若雍其口，其与能几何？"王不听。于是国莫敢出言，三年，乃相与畔，袭厉王。厉王出奔于彘。

【论说】周厉王是历史上著名的暴君。他贪财好利、穷兵黩武，亲小人、远贤臣，以塞忠谏之路。面对国人对其过失的议论，他专以刑杀为威，行"白色恐怖"之政。以致民不堪命，终于在他统治期间爆发了我国历史上第一次大规模的群众性武装暴动，即"国人暴动"。暴动推翻了周厉王的残暴统治。周厉王是古代帝王统治的反面典型，他的所作所为无疑是极其生动的一课，对后来之君王无疑是一个极其深刻的教训。

此段紧紧抓住周厉王暴虐无道、放纵骄傲这一特点，并通过他对"国人谤王"一事的态度淋漓尽致地表现出来。其一"怒"一"喜"实令有识之士痛心疾首，更是对儒者心目中理想君主形象的颠覆，从而成为儒家的众矢之的。面对"国人谤王"，当召公谏曰"民不堪命矣"时，周厉王立刻发怒。显然，他无视国人，无视忠谏，且仇恨之。他竟置民心于不理，置先王之言"民之所欲，天必从之"（《尚书·泰誓》）于不顾，足见其暴虐无道至极。继而，"得卫巫，使监谤者，以告，则杀之"，以致"三十四年，王益严，国人莫敢言，道路以目"，于是周厉王非常高兴。这简直是法西斯式的恐怖统治，亘古所未有，大概是反动的文字狱之萌芽，实为先河之举。他专于刑杀，视国人如草芥，其放纵骄傲之形暴露无遗。此外，文段还以召公的进一步劝谏巩固了本段中心。召公以"防民之口，甚于防水。水雍而溃，伤人必多，民亦如之"入手，对治国之道进行了循循善诱的讲解，然而"王不听"，这表明周厉王已不可理喻、无可救药。终于，在"乃相与畔"之下，周厉王结束了暴虐无道的统治，最后亡命天涯，落得个客死他乡的结局。这是历史的深刻教训。

第三章

《伯夷列传》主人公的道德思想和
礼乐制度的作用

第一节　伯夷和叔齐的"德行""守义"
仍有存在的历史空间

《史记》卷六十一《伯夷列传》记载：

> 伯夷、叔齐，孤竹君之二子也。父欲立叔齐，及父卒，叔齐让伯夷。伯夷曰："父命也。"遂逃去。叔齐亦不肯立而逃之。国人立其中子。于是伯夷、叔齐闻西伯昌善养老，盍往归焉。及至，西伯卒，武王载木主，号为文王，东伐纣。伯夷、叔齐叩马而谏曰："父死不葬，爰及干戈，可谓孝乎？以臣弑君，可谓仁乎？"左右欲兵之。太公曰："此义人也。"扶而去之。武王已平殷乱，天下宗周，而伯夷、叔齐耻之，义不食周粟，隐于首阳山，采薇而食之。及饿且死，作歌。其辞曰："登彼西山兮，采其薇矣。以暴易暴兮，不知其非矣。神农、虞、夏忽焉没兮，我安适归矣？于嗟徂兮，命之衰矣！"遂饿死于首阳山。

【论说】这个文段叙述的是商末周初之际孤竹国二位王子伯夷、叔齐的事迹。文中叙述了他们先是拒绝接受王位，让国出逃；武王伐纣时，又以仁义叩马而谏；天下宗周之后，又耻食周粟，采薇而食，作歌咏志。最后，他们二人为了"义"饿死在首阳山上。从字里行间可以看出，作者司马迁极力颂扬他们的仁德与洁行、清正与高节。

尽管时代在变迁，历史在发展，与时俱进的思潮被普遍接受，保守的思想受到普遍抨击，但是，传统的东西也需要很好地继承和发展，也就是今天所说的"去其糟粕，取其精华"，即传统文化中的精华不可丢弃，民族精神不可埋没。我们可以对伯夷、叔齐两人做出符合现实的评价，这是一种基于历史发展的观点，但是我们的评价也要符合历史、符合时代。伯夷、叔齐生活在三千多年前的商末周初，"礼乐征伐自天子出"的社会秩序笼罩着这个时代，君臣之间严格的等级观念深入人心且经历了漫长的历史。五帝之德政是臣民们美好的追忆，故出现伯夷、叔齐让国之举也并非偶然。这一方面说明他们继承王位之审慎；另一方面，也揭示出他们思想中依然崇尚德才兼备者为王的美好历史传统。这难道不是此二人高尚品德的体现吗？难道他们的养德、修德、重德之行不值得歌颂吗？当然，他们叩马而谏所表现出的墨守成规、不能变通在今天看来是完全不足取的。至于他们"不食周粟""饿死于首阳山"的结局则更加表现出他们的愚顽不化，也不完全符合今天大多数人的思想。但是，在当时的年代，也是能被有识之士理解的。"太公曰：'此义人也。'"这不就是有力的明证吗？司马迁不也是大书特书吗？另外，从民族文化的精髓来看，节、义是中华民族所追求的，是汉文化极力渲染、崇尚的，是民族文化的底蕴。反观这一点，就不可将伯夷、叔齐的德行、守义完全否定。汉文化的博大可以容忍它的存在，并应有它的一席之地，也会有其存在的足够空间。

伯夷、叔齐两人抱着理想的情结，怀着几许无奈，唱着"我安适归矣？于嗟徂兮，命之衰矣"，远离了他们无法理解的现实社会。他们抱着"宁为玉碎，不为瓦全"的思想，终结了自己的生命，消失在了他们理想的精神家园之中。也不知道这两位"义"者能否找到他们所谓的美好世界，这于无形中又平添了几分悲壮的色彩。

第二节　略论礼仪制度整合规范君臣之礼

《史记》卷二十三《礼书》记载：

> 至秦有天下，悉内六国礼仪，采择其善，虽不合圣制，其尊君抑臣，朝廷济济，依古以来。至于高祖，光有四海，叔孙通颇有所增益减损，大抵皆袭秦故。自天子称号下至佐僚及宫室官名，少所变改。孝文即位，有司议欲定仪礼，孝文好道家之学，以为繁礼饰貌，无益于治，躬化谓何耳，故罢去之。孝景时，御史大夫晁错明于世务刑名，数干谏孝景曰："诸侯藩辅，臣子一例，古今之制也。今大国专治异政，不禀京师，恐不可传后。"孝景用其计，而六国畔逆，以错首名，天子诛错以解难。事在

袁盎语中。是后官者养交安禄而已,莫敢复议。

【论说】《史记》之"礼书"皆知录自《荀子》之"礼论",与《大戴礼》之"礼三本"篇也雷同,可见《荀子》与《大戴礼》亦相抄录,另外《太史公自序》说:"维三代之礼,所损益各殊务,然要以近性情,通王道,故礼因人质为之节文,略协古今之变。作《礼书》第一。"因此即便《礼书》录自《荀子》,然其详略得当、层次分明、自成一体,且录时已经匠心斧斫,融会贯通之。

本段就是司马迁观之以礼的具体发挥,他说秦统一天下后行礼仪制度,虽然与先圣先贤的制度不合,却做到了尊君抑臣,朝廷威仪庄严肃穆。这也确实是不争的事实。秦始皇统一天下后坚决继续执行法家思想路线,极大地加强了皇权,他被尊称为"始皇帝",自称"朕",并且规定:命称为"制"、令称为"诏"、印称为"玺",并废除"谥法"。这显示了他至高无上的权势和地位。三公九卿等中央和地方主要官职皆由始皇亲自任免、调动,国家的一切大事皆取决于皇帝,从而确立了尊君抑臣的名分,这是加强中央集权的必然结果,也体现出了君臣之礼以及中央的绝对权威。而且始皇五次出巡,显示了天子的声威,镇抚了各地。这也符合古代天子治国之礼,即所谓天子巡狩制度。《孟子·梁惠王下》说:"天子适诸侯曰巡狩。巡狩者,巡所守也。"尽管秦朝的礼仪制度与古礼相比还有不尽如人意的地方,但汉朝建立后,汉制主体毕竟沿袭了秦制。这给恢复先圣先贤的制度提供了现实的可能,同时也初步确定了汉初的中央集权,大体维护了汉朝的君臣之礼仪,继而维护了国家政令的统一。然而,孝文帝之时,统治阶级上层却"好道家之学",置礼仪制度于不顾,认为"无益于治",而且"罢去之"。这样看来,孝文帝显然没有理顺"礼"与"政"的密切关系。《左传·隐居十一年》:"夫礼,经国家、定社稷、序民人、利后嗣者也。"另《左传·襄公二十一年》:"礼,政之舆也。"这说明"礼"与"政"交互作用,相辅相成,二者不可偏废。由于"礼治"不行,以致汉景帝时酿成了严重的政治危机。正如晁错所说:"今大国专治异政,不禀京师",以至于后来发生了"七国之乱"这样严重的政治事件。彼时汉景帝诛杀主张削藩的晁错企图平息叛乱,但为时已晚。究其原因:其一,汉朝建立后,中央政府长期执行休养生息的政策,没有建立健全相应的礼仪制度,而且君臣观念、名分观念也比较淡薄。其二,中央对地方的管理和控制过分放松,加之给地方的权力过大,以至于造成王国力量过分发展,于是出现了干弱枝强、尾大不掉之势。因此,在政治局面还不十分稳定的情况下，汉朝中央政府必须强调君臣名分的观念，强调君臣之礼。这样既可以正君臣之义，又可以使诸侯"知所以臣"，让君臣之礼仪制度能够真正发挥其整合政治秩序之作用，至少不至于出现"官者养交安禄"的局面。

第三节　略论礼乐制度调整统治阶级内部秩序

《史记》卷二十四《乐书》记载：

> 夫乐者乐也，人情之所不能免也。乐必发诸声音，形于动静，人道也。声音动静，性术之变，尽于此矣。故人不能无乐，乐不能无形。形而不为道，不能无乱。先王恶其乱，故制雅颂之声以道之，使其声足以乐而不流，使其文足以纶而不息，使其曲直繁省廉肉节奏，足以感动人之善心而已矣，不使放心邪气得接焉，是先王立乐之方也。是故乐在宗庙之中，君臣上下同听之，则莫不和敬；在族长乡里之中，长幼同听之，则莫不和顺；在闺门之内，父子兄弟同听之，则莫不和亲。故乐者，审一以定和，比物以饰节，节奏合以成文，所以合和父子君臣，附亲万民也，是先王立乐之方也。故听其雅颂之声，志意得广焉；执其干戚，习其俯仰诎信，容貌得庄焉；行其缀兆，要其节奏，行列得正焉，进退得齐焉。故乐者天地之齐，中和之纪，人情之所不能免也。

【论说】西周建立后，统治者强化了奴隶制的国家机器。西周初年，最高统治阶级不仅推行分封制、宗法制、等级制等制度，而且还相应地发展、完善了奴隶制的意识形态体系，制定了一整套礼乐制度。西周礼乐制度也就是奴隶社会严格的等级名分制度，它体现了西周奴隶主贵族的特殊阶级地位和等级特权，规定了君臣、父子、兄弟、夫妇、朋友之间的上下尊卑关系，其作用是"定亲疏，决嫌疑，别同异，明是非"（《礼记·曲礼上》）。相传周公制礼作乐，可谓安民之举，不过也有"刑不上大夫，礼不下庶人"之说。

本段以"夫乐者乐也，人情之所不能免也"为首句，从而引发对"乐"（yuè）之论。由于快乐是人性情的自然表现，所以发诸声音、付诸行动便是必然。然而快乐之"形"又不能没有规范，否则就出现"不能无乱"的结果。按《周礼》，无礼不乐，无乐不礼。礼与乐一定要相互协调、相互配合，才符合礼乐制度，否则不是失礼就是僭越，这都是为乱之举，往往被古人视为有亡国之兆、杀身之祸。古人云"乐极生悲",就是这个道理吧。于是先王"制雅颂之声以道之"。用雅正、颂扬之声来引导人们积德行善,其声必是应时、应事,同时其声也必合于天、地、人、神,这样正气得以上升,邪气不得沾染。于是就会出现"乐在宗庙之中,君臣上下同听之,则莫不和敬;在族长乡里之中,长幼同听之,则莫不和顺"的局面。从而有力地维护了统治秩序和社会秩序。与此同时,优美的乐章配上相应的舞蹈构成美妙的乐舞,它不仅能和合君臣,使万民亲附,而且能使人们的志向宏大,意气风发,举止有方正,进退得分寸。它应和心性,顺乎民情,使人们变得更有素养。最后本段以"故乐者天地之齐,中和之纪,人情之所不能免也"结束全段,回扣中心思想,即"乐能化民"之思想。另外,本段层次分明,论说有力,也给读者留下了很深的印象。

应该指出,周代实行的礼乐制度是处理和调整奴隶主内部秩序的制度。所谓"礼不下庶人"。但也确实实现了对被压迫阶级的精神奴役和统治。今天,音乐已属于人民。美好的音乐,无论是高雅的,还是通俗的,都成为人民的精神食粮。它不仅能够舒畅人们的心情,还能陶冶人们的情操。

第四章

春秋战国时期部分杰出的历史人物评论

第一节　司马穰苴是一位治军有方且与士兵同甘共苦的将领

《史记》卷六十四《司马穰苴列传》记载：

　　司马穰苴者，田完之苗裔也。齐景公时，晋伐阿、甄，而燕侵河上，齐师败绩。景公患之。晏婴乃荐田穰苴曰："穰苴虽田氏庶孽，然其人文能附众，武能威敌，愿君试之。"景公召穰苴，与语兵事，大悦之，以为将军，将兵扞燕、晋之师。穰苴曰："臣素卑贱，君擢之闾伍之中，加之大夫之上，士卒未附，百姓不信，人微权轻，愿得君之宠臣，国之所尊，以监军，乃可。"于是景公许之，使庄贾往。穰苴既辞，与庄贾约曰："旦日日中会于军门。"穰苴先驰至军，立表下漏待贾。贾素骄贵，以为将己之军而己为监，不甚急；亲戚左右送之，留饮。日中而贾不至。穰苴则仆表决漏，入，行军勒兵，申明约束。约束既定，夕时，庄贾乃至。穰苴曰："何后期为？"贾谢曰："不佞大夫亲戚送之，故留。"穰苴曰："将受命之日则忘其家，临军约束则忘其亲，援枹鼓之急则忘其身。今敌国深侵，邦内骚动，士卒暴露于境，君寝不安席，食不甘味，百姓之命皆悬于君，何谓相送乎！"召军正问曰："军法期而后至者云何？"对曰："当斩。"庄贾惧，使人驰报景公，请救。既往，未及反，于是遂斩庄贾以徇三军。三军之士皆振栗。久之，景公遣使者持节赦贾，驰入军中。穰苴曰："将在军，君令有所不受。"问军正曰："驰三军法何？"正曰："当斩。"使者大惧。穰苴曰："君之使不可杀之。"乃斩其仆，车之左驸，马之左骖，以徇三军。遣使者还报，然后行。士卒次舍井灶饮食问疾医药，身自拊循之。悉取将军之资粮享士卒，身与士卒平分粮食，最比其羸弱者。三日而后勒兵。病者皆求行，争奋出为之赴战。晋师闻之，为罢去。燕师闻之，度水而解。于是追击之，遂取所亡封内故境而引兵归。未至国，释兵旅，解约束，誓盟而后入邑。景公与诸大夫郊迎，劳师成礼，然后反归寝。既见穰苴，尊为大司马。田氏日以益尊于齐。

【论说】司马穰苴是春秋末年齐国田氏家族的后代，不过只是庶出枝属的远亲，但他"文能附众，武能威敌"，实为一代名将。本段描写了司马穰苴诛杀国君宠臣庄贾，整饬军队，严明军纪，和士卒共苦同甘的治军史实。一时间将士愿为之效命，敌人闻风而丧胆，失地为之收复。齐国军事在司马穰苴的领导下取得了巨大胜利，于是这位名将的风采便更加耀眼。

本段以晋国、燕国进攻齐国，前线齐军惨败为历史大背景，司马穰苴以贫贱之身毅然临危受命，率军抗击入侵之敌。首先，他整饬军队，严明军纪，以便立威取信。杀监军庄贾是其立威取信之始，庄贾是齐景公的宠臣，身为监军，在大敌当前、形势紧急的情况下，视危机于不顾，视军纪如儿戏，竟与亲友宴饮，约定"日中会于军门"，竟日暮才到。不杀之不足以申明军纪，不杀之不足以立司马穰苴主帅之威。与监军庄贾相比，司马穰苴按约定时间提前到达，并马上立表下漏，以待庄贾。当约定时间已到而庄贾未至时，就仆表决漏，这表明他对军事将领严重违反军纪的行为十分气愤。然而，他继续检阅部队，进一步申明军纪，表明他严明军纪的决心。尤其是司马穰苴杀庄贾前的一番慷慨激昂的陈词，乃是对全军将士的严厉要求。诛杀庄贾就是严明军纪的兑现，监军违纪尚可杀头，谁人还敢视军纪如儿戏？于是"三军之士皆振栗"，继而达到治军效果。当持诏赦免庄贾的使者"驰入军中"时，司马穰苴毫不留情，以违犯军规给予严肃处理。这一方面说明在军队中主帅的权力至高无上，必须服从，不容挑战，另一方面也昭示了"将在外，君命有所不受"的军事原则。而且司马穰苴本人也能做到身体力行，并对战士关心备至。他亲自过问士兵们的饮食，探问疾病，并安排治疗，甚至把自己专用的军需品拿出来款待士兵，并和士兵平分粮食。这在等级森严、官兵地位悬殊的时代，怎能不赢得士兵拥护和爱戴。出现连带病、体弱的士兵也要求与之共赴战场杀敌的感人情形，就不难理解了。试想，有这样一位治军有方、与士兵同甘共苦的将领带领着这样一支纪律严明、人人乐战的军队，敌人焉能不望风而逃。

最后需要强调的是，司马穰苴治军军纪严明，令行禁止。这首先说明"司马穰苴是中国古代名将"并非虚言。其次，司马穰苴爱兵如子，提倡官兵一致的思想虽然还只限于战争生活，但这足以成为战胜敌人的法宝，也足以引起后人的重视和借鉴。

第二节　孙武是一位卓越的军事家

《史记》卷六十五《孙子吴起列传》记载：

> 后十三岁，魏与赵攻韩，韩告急于齐。齐使田忌将而往，直走大梁。魏将庞涓闻之，去韩而归，齐军既已过而西矣。孙子谓田忌曰："彼三晋之兵素悍勇而轻齐，齐号为怯，善战者因其势而利导之。兵法，百里而趣利者蹶上将，五十里而趣利者军半至。使齐军入魏地为十万灶，明日为五万灶，又明日为三万灶。"庞涓行三日，大喜，曰："我固知齐军怯，入吾地三日，士卒亡者过半矣。"乃弃其步军，与其轻锐倍日并行逐之。孙子度其行，暮当至马陵。马陵道陕，而旁多阻隘，可伏兵，乃斫大树白而书之曰"庞涓死于此树之下"。于是令齐军善射者万弩，夹道而伏，期曰"暮见火举而俱发"。庞涓果夜至斫木下，见白书，乃钻火烛之。读其书未毕，齐军万弩俱发，魏军大乱相失。庞涓自知智穷兵败，乃自刭，曰："遂成竖子之名！"齐因乘胜尽破其军，虏魏太子申以归。孙膑以此名显天下，世传其兵法。

【论说】历史进入战国时代，经过频繁而激烈的战争，出现了所谓的"战国七雄"，即齐、楚、燕、韩、赵、魏、秦七国。他们不仅兼并中小国家，各大国之间也互相兼并土地。他们时而合纵，时而连横；喜则联盟，怒则相拼。就其战争性质而言，我们还很难用完全意义上的正义或非正义来划分，它们之间的战争也只能说是一种政治行动。而就战争本身来说，却是强国显示其实力的战场，兵家斗智斗勇的舞台。战国初年，魏国经过李悝变法首先强大了起来，并独霸中原。魏惠王时期，自恃国力强大，四面出击，结果成为众矢之的。魏国攻打韩国，就是因为韩国没有参加魏惠王于公元前344年召开的逢泽之会。至于齐国介入战争，是因为齐国不愿看到魏国过分强大，加之韩国向齐国求救，于是才有魏国与齐国之间发生的马陵之战。

马陵之战表面上是由魏国进攻韩国引起的，实则是齐威王与魏惠王争霸的必然产物。当然其中也夹杂着魏军主帅与齐国军师孙膑的恩恩怨怨。马陵之战之所以成为著名战例，不仅因为它富有戏剧性，富有鲜亮的文学色彩，更在于它进一步演绎了战争的规律，发展了战争科学。齐国攻魏救韩可以说是齐军在13年前"围魏救赵"一幕的重演，是"避实击虚"战略思想的再次上演。然而孙膑与庞涓在马陵道斗智，是孙膑将心理战引入战争的最好明证；孙膑对"退兵减灶"战术的运用又极大地丰富了战争理论与实践。孙膑针对魏军勇悍而骄傲轻敌的心理，避开正面战场作战，而采用"退兵减灶"的方法，制造齐军大量逃亡之假象，以诱敌深入。庞涓因此上当，并进一步放松警惕，即"我固知齐军怯，入吾地三日，士卒亡者过半矣"。于是庞涓放弃大队人马，只带轻骑昼夜追赶，日夜兼程追击齐军。这显然犯了一系列兵家之大忌。最后，庞涓乖乖地钻进了孙膑为他设计好的葬身之地——马陵。这充分显示了军事家孙膑的神机妙算以及卓越的军事才能。

在这里，笔者就孙膑让人在白木上写"庞涓死于此树之下"一事谈一些个人观点。第一，庞涓到马陵峡谷时天已经黑了，即"庞涓果夜至斫木下"，怎么能看得见树上的字？又如何会有此闲情逸致去细看其具体内容？第二，庞涓作为一代名将，也并非等闲之辈，其何以将自己置于如此不利的境地？第三，他点火以照亮，在如此危险之地，他不怕暴露自己吗？还是他根本没有想到会有埋伏？或者根本不在乎？这三点疑问看似不近情理，但仔细分析却感到这是作者巧妙的文学创作安排。其中第二、第三点不正说明庞涓骄傲轻敌吗？虽有夸张之处，倒也着实说明问题。至于第一点疑问，可以这样理解：其一，可能是天还没有完全黑下来，字迹看不太清，故照之，尽管这几个字早已经笼罩在马陵峡谷的上空了。其二，庞涓轻敌，也是可能点火照亮的。总之，庞涓必须点火以照字，这是作者行文结构上的安排。因为这样一来既回应了孙膑与埋伏将士的约定，即"暮见火举而俱发"，又说出了作者欲言未言的话，就是让庞涓死得清清楚楚，亡得明明白白。同时，也为下文庞涓自刎埋下伏笔。孙膑技高一筹的卓越军事才能，是导致庞涓自刎的最后一击，从侧面也反映出孙膑将庞涓置之死地而即将报昔日之仇的畅快心情。至于庞涓在临死之前所说"遂成竖子之名"一句，在于揭示庞涓的几许无奈，也多少表现了庞涓对自己骄傲轻敌的无比懊悔。庞涓送给孙膑的这句临别遗言也最终表明孙膑的心理战取得了完全胜利，齐军赢得了这场比较关键的战争，而独留被俘的魏太子申和败逃的魏军在风中凌乱。

战争是政治的延续，而政治格局的演变又不断制造着战争，与此同时，战争又导致了军事科学的出现与不断发展。自古以来，尽管军事理论的丰富、发展从未间断过，但"不战而屈人之兵"依然是兵家的最高境界。在军事家孙膑所导演的马陵之战中，他巧妙地利用魏军的心理，引入双方心理的较量，将血的战争变成了一门绝佳的艺术。这不仅体现出军事理论的突破性发展，也体现出人类无穷的智慧。这一智慧在今天已广泛体现在政治、商业以及人们的日常生活中。所有这一切都在向世人坦然地表明：战争的内涵不再仅仅是杀戮与流血、胜利与失败、正义与非正义，它同样承载并闪耀着人类悠久而深邃的文明。

第三节　吴起也是一位治军有方的军事家

《史记》卷六十五《孙子吴起列传》载：

> 起之为将，与士卒最下者同衣食。卧不设席，行不骑乘，亲裹赢粮，与士卒分劳苦。卒有病疽者，起为吮之。卒母闻而哭之。人曰："子卒也，而将军自吮其疽，何哭为？"母曰："非然也。往年吴公吮其父，其父战不旋踵，遂死于敌。吴公今又吮其子，妾不知其死所矣。是以哭之。"文侯以吴起善用兵，廉平，尽能得士心，乃以为西河守，以拒秦、韩。

【论说】吴起治军严谨，勇于创新。在魏文侯时期，吴起主持魏国军事制度改革。他首先对士兵进行严格的挑选，之后进行艰苦卓绝的训练和考核，于是他为魏国建立了一支强大的能征惯战的常备军。他考核的标准非常严格：每个士兵须身穿三甲，肩负十二石之弓（弓的拉力，一石约合今天30千克），身带五十支箭，扛上长矛，头戴盔甲，腰带剑，配备三日军粮，半天能行一百里（约合今40多千米）。凡考核及格者，免全家的徭役，并将给予田宅。（参见《荀子·议兵》）吴起还根据每个士兵的不同特点，对军队采取了新的编制。他把其中身强体壮、善于近战的士兵编在一起，把机制灵活、善于爬坡越沟的士兵编在一起，以便在战争时根据敌军的弱点以及地形交互使用或配合使用这些军队，使每一个士兵的优点得到充分发挥。（参见《吴子·图国》）吴起在魏国创立的这套军事制度，被后人称为"武卒制"。这是魏国军事战略、战术的重大改革，吴起功不可没。

在改革军制的同时，吴起在改善官兵关系方面也功绩显著。本节所选内容就凸显了吴起在治军观念上的重大发展。他能够与下层士卒同衣同食，卧不设席，行不骑乘，亲自携带粮食，关心士卒疾苦。吴起的治军思想和实践俨然现代人民军队之作风。文段通过一个患病士卒母亲的话有意无意地回答了存在于人们心里的一个疑问：士卒为何愿为之效死？究其原因，笔者认为，是吴起能够真正身体力行，真心实意地与属下士卒同甘苦、共患难，因此赢得了士卒们的拥戴和支持。实践证明，吴起训练出的魏国常备军，用之则能战，战之则能胜。公元前408年，魏文侯命令吴起讨伐秦国，并屡败秦军，从而使"秦兵不敢东向"。（参见《史记·孙子吴子列传》《韩非子·和氏》）正是由于吴起在治军方面表现出的巨大成绩，以及"廉平"的工作作风和"尽能得士心"的长处，他受到了魏文侯的信任和重用，并被任命为西河太守，一时显名于魏国，闻达于诸侯。

第四节　略论子路为义而死

《史记》卷六十七《仲尼弟子列传》记载：

仲由字子路，卞人也。少孔子九岁。

子路性鄙，好勇力，志伉直，冠雄鸡，佩豭豚，陵暴孔子。孔子设礼稍诱子路，子路后儒服委质，因门人请为弟子。

子路问政，孔子曰："先之，劳之。"请益。曰："无倦。"

子路问："君子尚勇乎？"孔子曰："义之为上。君子好勇而无义则乱，小人好勇而无义则盗。"

子路有闻，未之能行，唯恐有闻。

孔子曰："片言可以折狱者，其由也与！""由也好勇过我，无所取材。""若由也，不得其死然。""衣敝缊袍与衣狐貉者立而不耻者，其由也与！""由也升堂矣，未入于室也。"

季康子问："仲由仁乎？"孔子曰："千乘之国可使治其赋，不知其仁。"

子路喜从游，遇长沮、桀溺、荷蓧丈人。

子路为季氏宰，季孙问曰："子路可谓大臣与？"孔子曰："可谓具臣矣。"

子路为蒲大夫，辞孔子。孔子曰："蒲多壮士，又难治。然吾语汝：恭以敬，可以执勇；宽以正，可以比众；恭正以静，可以报上。"

初，卫灵公有宠姬曰南子。灵公太子蒉聩得过南子，惧诛出奔。及灵公卒而夫人欲立公子郢。郢不肯，曰："亡人太子之子辄在。"于是卫立辄为君，是为出公。出公立十二年，其父蒉聩居外，不得入。子路为卫大夫孔悝之邑宰。蒉聩乃与孔悝作乱，谋入孔悝家，遂与其徒袭攻出公。出公奔鲁，而蒉聩入立，是为庄公。方孔悝作乱，子路在外，闻之而驰往。遇子羔出卫城门，谓子路曰："出公去矣，而门已闭，子可还矣，毋空受其祸。"子路曰："食其食者不避其难。"子羔卒去。有使者入城，城门开，子路随而入。造蒉聩，蒉聩与孔悝登台。子路曰："君焉用孔悝？请得而杀之。"蒉聩弗听。于是子路欲燔台，蒉聩惧，乃下石乞、壶黡攻子路，击断子路之缨。子路曰："君子死而冠不免。"遂结缨而死。

孔子闻卫乱，曰："嗟乎，由死矣！"已而果死。故孔子曰："自吾得由，恶言不闻于耳。"

【论说】《论语》《春秋左氏传》是所选段落的原始来源，而司马迁据此加以整理，继而作《仲尼弟子列传》，其功不可没。《论语》虽无烦琐之文辞，却也少严整之结构；《春秋左氏传》虽依时记事，但人物事迹却不集中，司马迁囊括史料，分别传之，使其人物特征更加鲜明，人物事迹也更清晰。虽谈的是夫子谆谆教诲，却也不乏学子们孜孜求道。他们求仁、求义、求礼、求智、求信，追求完美的君子之风、高尚的道德修养，尤其是"朝闻道，夕可死矣"的精神着实感人至深，子路就是这样一位平凡而高尚的人。

子路，原名仲由，卞地人，比孔子小9岁。他性格粗犷、直爽、刚毅，并且盛气凌人。子曰："刚，毅，木，讷，近仁。"（《论语·子路》）因此，孔子用礼乐慢慢加以诱导。也就是说用美好而高雅的音乐对子路进行刻意的熏陶。孔子曾说过："昔者舜弹五弦之琴，造南风之诗。其诗曰：'南风之熏兮，可以解吾民之愠兮。'"（《孔子家语·辩乐》）此言不虚也。很快，子路就穿着儒服，带着礼物来向孔子拜师，孔子就欣然收下了他。自此之后，子路便走上了修炼德行的心路，漫步于忠义之人生。

子路首先向孔子学习从政的道理。子路从而懂得了，要想使百姓辛勤地劳动，就必须身体力行、以身作则并且持之以恒，以便取信于民。后来子路又向孔子请教："君子崇尚勇敢吗？"这是非常能反映子路性格的言语，而且还鲜明地揭示出子路之为人。子路的性格一向"烈而刚直，性鄙而不达于变通"。这也正是孔子所担心的事情，为此没少教诲他。但是，当弟子冉求（冉有）向孔子提出"听到应做的事就应立刻行动吗"这样的问题时，虽然冉有和子路的提问基本一致，但孔子的回答却不同。孔子对冉有的回答是"立刻行动"，而对子路却说："有父兄在，怎么刚听到就能立刻行动呢？"① 为什么会出现这种情况呢？孔子接着又回答说："冉求做事畏缩多虑，所以我激励他。仲由做事有两个人的胆量，所以我要抑制他。"② 又如子路断案，孔子说："只听单方面言辞就可以决断案子的，恐怕只有仲由（字子路）吧！"据《论语·颜渊》载，这是因为子路为人诚实正直，无论原告还是被告，都能如实向他反映情况、交代问题，不肯欺骗他。孔子对子路刚烈、耿直的性格还是提出了不少批评意见。子曰："由也好勇过我，无所取材。"

总之，针对子路提出的"君子是否尚勇"的问题，孔子以"义"加以引导，这对子路教诲很深，可以说在很大程度上改变了他的人生理想和信念。孔子是这样说的："义之为上。君子好勇而无义则乱，小人好勇而无义则盗。"这无疑为后来子路的忠义之举做了思想上的铺垫。子路铭记孔子的教诲还表现在"子曰：'衣敝缊袍与衣狐貉者立而不耻者，其由也与！……'子路终身诵之"（《论语·子罕》）。可见子路学习态度确实很谦虚认真。由于子路十分好学，孔子也多加点拨。为此，子路学到了很多做官为人的道理，并为他后来从政奠定了坚实的基础，同时也为他后来舍生取义播下了正义的种子。特别值得一提的是子路在卫国做官的时候，当听到蒉聩与孔悝作乱，他便"闻之而驰往"，为了平息暴乱，最终结缨而死。这突出了子路"食其食者不避其难"的忠义性格和"君子死而冠不免"的刚毅儒者风范，展现了儒者大义凛然的忠烈形象。

子路为义而死，首先是子路修德养性的结果，这其中自然也凝聚了其师孔子的许多心血和教诲。当然，孔子对子路的死也十分惋惜。他痛心地说："自吾有由，而恶言不入于耳。"（《孔子家语·七十二弟子解》）今天我们读来仍然为之扼腕。子路为义而死，其精神之感召力将永存，其光辉如日月。古往今来，多少仁人志士为义奔走，多少忠勇之士为义慷慨赴死。为了中华民族的崛起，又有多少优秀的中华儿女为之奋斗，为之抛头颅洒热血。如今中国人民又与突如其来的疫情展开了殊死搏斗，这是一场没有硝烟的残酷战役，是一场人类与病魔的殊死战争。为了与疫情搏斗、与病魔抗争，无数勇敢的白衣天使冲锋在前，前赴后继，其中许多医护人员献出了年轻的生命，然而他（她）们无怨无悔。他们才是新时期最可爱的人！中华民族之所以能昂首挺立于世界，中国人民之所以能坚强不屈、战无不胜，正是因为中华民

① 司马迁. 史记 [M]. 北京：中华书局，1982：2191.
② 司马迁. 史记 [M]. 北京：中华书局，1982：2191.

51

族有无数愿为真理、正义而奋斗的优秀儿女，是他们挺起了我们民族的脊梁，也是他们撑起了我们共和国辽阔而蔚蓝的天空。

第五节　晏子为人师表识贤才述论

《史记》卷六十二《管晏列传》记载：

> 晏子为齐相，出，其御之妻从门间而窥其夫。其夫为相御，拥大盖，策驷马，意气扬扬，甚自得也。既而归，其妻请去。夫问其故。妻曰："晏子长不满六尺，身相齐国，名显诸侯。今者妾观其出，志念深矣，常有以自下者。今子长八尺，乃为人仆御，然子之意自以为足，妾是以求去也。"其后夫自抑损。晏子怪而问之，御以实对。晏子荐以为大夫。

【论说】晏子就是春秋时期齐国著名的政治家、思想家和外交家晏婴。本段是说他通过车夫前后的巨大变化，认为车夫具备谦虚谨慎的君子之风，于是就推荐他做了官。当然，车夫前后十分明显的变化和他妻子的劝导有直接关系，这令笔者对车夫妻子的所思所想、所作所为产生了几分敬佩之意。车夫由不知深浅、小人得志之形变成谦谦君子之貌，是有一个过程的，车夫妻子的谆谆教诲对车夫影响是巨大的，也是其言行发生改变的根本原因。同时，车夫妻子能及时发现车夫的缺点和不足，并动之以情、晓之以理地说服教育，事实证明这一方法是十分有效的。

真正认识一个人，就必须"听其言，观其行"。要想指出一个人的错误，也必须有的放矢，车夫妻子发现车夫的错误时确实是亲眼所见，即"其夫为相御，拥大盖，策驷马，意气扬扬，甚自得也"。显然，车夫有失礼的表现，有自命不凡的形象及小人得志的浅薄思想。其实，他只是一个低贱的仆御。这令车夫的妻子很困惑，有恨铁不成钢之意，看来车夫妻子倒是个很有思想的人。为此，车夫妻子就想出"与之离婚"这一绝情方法来激励作为晏子车夫的丈夫尊礼、守仁并追求上进，而其丈夫并不知情。这样一来，故事情节便逐渐进入高潮，于是出现"夫问其故"。对此，妻子便循循善诱，娓娓道来其中的原因。妻子说："晏子长不满六尺，身相齐国，名显诸侯。今者妾观其出，志念深矣，常有以自下者。今子长八尺，乃为人仆御，然子之意自以为足，妾是以求去也。"意思是说，晏子虽身材有缺陷，然而却身居相位，名扬诸侯，而丈夫你身材条件不差，却还只是一个奴仆的角色，不以为耻反以为荣，有什么可以值得盛气凌人的呢？而且从晏子的表情可以看出，其志向远大，思想深沉，有谦虚谨慎的美德。而你不过一介车夫，却自以为是，神气十足，扬扬得意，相形之下，你不觉得浅陋、没有教养吗？妻子的这番说理足以使其丈夫猛醒。是啊！人人可以成尧舜，但重在修德、行善，且重在立身、齐家。追求完美，追求功利思想，人皆有之，车夫也不例外。妻子说丈夫没有追求，这深深刺痛了这个八尺男儿。况且，"君子之过也，如日月之食焉。过也，人皆见之；更也，人皆仰之"。于是车夫痛定思痛，痛改前非。他以晏子为楷模，开始谦虚恭谨起来，极力做一个安分守己的老实人。这符合妻子的基本要求，也是妻子苦心教育的结果。同时，这也符合儒家安身立命的要求，于是最后出现为儒家所称道的、天下为人师表者所喜闻乐见的晏子荐车夫为官这一圆满结局。

总之，晏子为人师表、识得贤才，以及车夫妻子对车夫的教诲告诉世人一个简单而深刻的道理：修身、齐家，方可治国、平天下。身可修，家可齐，则国可治焉，所谓政通人和；反之，身不修，且无进取之心，仅凭苟且钻营之能事而谋一己之私利，必成人失和、政失序之乱源。

第六节　苏秦是战国后期一位有抱负的青年游说之士

《史记》卷六十九《苏秦列传》记载：

> 苏秦者，东周雒阳人也。东事师于齐，而习之于鬼谷先生。
> 出游数岁，大困而归。兄弟嫂妹妻妾窃皆笑之，曰："周人之俗，治产业，力工商，逐什二以为务。今子释本而事口舌，困，不亦宜乎！"苏秦闻之而惭，自伤，乃闭室不出，出其书遍观之。曰："夫士业已屈首受书，而不能以取尊容，虽多亦奚以为！"于是得周书阴符，伏而读之。期年，以出揣摩，曰："此可以说当世之君矣。"求说周显王。显王左右素习知苏秦，皆少之。弗信。

【论说】苏秦是战国后期一位普通游说之士，然而他志向明确，并极力追求名利、追求荣华富贵，这正是古人学有所成、学有所用、学有所为的普遍心理。苏秦在追求功名利禄的道路上并非一帆风顺，然而他不折不挠，发奋努力，刻苦钻研，立志出人头地，光宗耀祖；立志名显诸侯，闻达于后世。他以三寸不烂之舌游说于诸侯之间，他的言辞恣肆汪洋，纵横捭阖。在他的游说下，六国终于建立了联盟以抗秦，他也身佩六国之相印，功成名就，显赫一时。

应该说，苏秦是一个有抱负的青年。他不辞辛苦，不畏路途遥远，从洛阳到东方的齐国拜师求学，为的是日后有所作为。在此值得说明的是：许多古代知识分子走的就是一条游学、游宦之路。春秋时期，孔夫子曰："学而优则仕。"看来苏秦正在为之奋斗，然而自以为学业有成的苏秦虽在外游说多年，但并没有混上一官半职。战国时期很多游说之士纷纷游走于各国之间，贩卖自己的学说，兜售自己的主张。合则留，不合则去，这是常有的事。然而多年后带着满身疲惫、无限惆怅与失意回到家中时，苏秦却遭到了家人的侮辱。其实这也不难理解，多年追求功名于外，一朝穷困潦倒回家，确实也不是一件光彩的事。古人讲"衣锦还乡"，然燕雀安知鸿鹄之志哉！他的理想、他的志向又有谁能知道呢？他当然惭愧，也会伤感，也会感慨世态之炎凉，这更促使他发愤图强。古人云："天降大任于斯人也，必先劳其筋骨，饿其体肤，空乏其身。"孔子也说过："吾闻之，君不困不成王，烈士不困行不彰。庸知其非激愤厉志之始于是乎在？"（《孔子家语·困誓第二十二》）苏秦回到家中后便闭门谢客，重新整理了自己的思想，也调整了自己努力的方向。他根据实践经验，经过认真研究，重新确定了自己的外交理论，这就是适合当时大国争霸战争需要的纵横家思想。他终于找到了一条通往成功的路。为此，他激动地说"此可以说当世之君矣"，仿佛成功就在眼前，然而游说周显王的失败，又说明成功之路并非一帆风顺。不过苏秦凭着他的智慧和雄辩的说辞，终于取得了大国的信任，建立了共抗强秦的六国同盟。他终于实现了自己的理想和志向，有了展示自己才华的外交舞台，成为群星灿烂的夜空中一颗闪亮而耀眼的星辰。

第七节　战国时期秦国宗室樗里子历三世而不衰的原因

《史记》卷七十一《樗里子甘茂列传》记载：

樗里子者，名疾，秦惠王之弟也，与惠王异母。母，韩女也。樗里子滑稽多智，秦人号曰"智囊"。

秦惠王八年，爵樗里子右更，使将而伐曲沃，尽出其人，取其城，地入秦。秦惠王二十五年，使樗里子为将伐赵，虏赵将军庄豹，拔蔺。明年，助魏章攻楚，败楚将屈匄，取汉中地，秦封樗里子，号为严君。

【论说】司马迁在《太史公自序》中说："秦所以东攘雄诸侯，樗里、甘茂之策。作樗里甘茂列传第十一。"由此可见，樗里子在秦国的显著地位，以及其在战国诸侯兼并战争中的巨大影响。樗里子博学多才，足智多谋，因此不断加官晋爵。他因功受封，因能为相，因此得到三代秦王的重用①。应该说这是他奋斗的结果，本来贵为宗室的他可以享有高官厚禄，但在秦国是不可以的。自从商鞅变法颁布军功爵制之后，宗室贵族亦受限制。秦国法律规定："宗室非有军功论，不得为属籍。明尊卑爵秩等级，各以差次名田宅，臣妾，衣服以家次：有功者显荣，无功者虽富无所芬华。"（《史记·商君列传》）

从所选内容第一段中"樗里子滑稽多智，秦人号曰'智囊'。"这句可以隐约看出樗里子的才与能，并为后文其建功立业、封官晋爵做了铺垫，从而引出了下文。第二段虽然只是他在惠王时期的一段履历，但表现出不凡的军事才能，即用之能战，战之能胜，这也为他封君入相打下了坚实的军功基础。从中也可以看出秦惠王知人善任，充分发挥了樗里子的聪明才智。能使臣子竭尽其才以奉之，秦惠王也不失为一位贤明国君。

综上所述，樗里子纵然有才且不乏军功，然其能历三代不衰，即使有宗室之托，也是世之少见，从而进一步说明了樗里子人之长，能之伟。为此，明代凌稚隆赞曰："夫秦素猜忌而残忍之国也，非智囊何以周旋其间而结数主之心耶？此太史公意也。"（《史记评林》）

第八节　秦武王时期有娴熟政治进退思想的客卿甘茂

《史记》卷七十一《樗里子甘茂列传》记载：

秦武王三年，谓甘茂曰："寡人欲容车通三川，以窥周室，而寡人死

---

① 除了"秦惠王八年，爵樗里子右更，……号为严君"，秦武王时期，"逐张仪、魏章，而以樗里子、甘茂为左右丞相"，秦昭王时期，"樗里子又益尊重"。参见司马迁. 史记[M]. 北京：中华书局，1982：2307-2309.

不朽矣。"甘茂曰："请之魏，约以伐韩，而令向寿辅行。"甘茂至，谓向寿曰："子归，言之于王曰：'魏听臣矣，然愿王勿伐'。事成，尽以为子功。"向寿归，以告王，王迎甘茂于息壤。甘茂至，王问其故。对曰："宜阳，大县也，上党、南阳积之久矣。名曰县，其实郡也。今王倍数险，行千里攻之，难。昔曾参之处费，鲁人有与曾参同姓名者杀人，人告其母曰：'曾参杀人。'其母织自若也。顷之，一人又告之曰：'曾参杀人。'其母尚织自若也。顷又一人告之曰：'曾参杀人。'其母投杼下机，逾墙而走。夫以曾参之贤与其母信之也，三人疑之，其母惧焉。今臣之贤不若曾参，王之信臣又不如曾参之母信曾参也，疑臣者非特三人，臣恐大王之投杼也。始张仪西并巴蜀之地，北开西河之外，南取上庸，天下不以多张子而以贤先王。魏文侯令乐羊将而攻中山，三年而拔之。乐羊返而论功，文侯示之谤书一箧。乐羊再拜稽首曰：'此非臣之功也，主君之力也。'今臣，羁旅之臣也，樗里子、公孙奭二人者挟韩而议之，王必听之，是王欺魏王而臣受公仲侈之怨也。"王曰："寡人不听也，请与子盟。"卒使丞相甘茂将兵伐宜阳。五月而不拔，樗里子、公孙奭果争之。武王召甘茂，欲罢兵。甘茂曰："息壤在彼。"王曰："有之。"因大悉起兵，使甘茂击之。斩首六万，遂拔宜阳。韩襄王使公仲侈入谢，与秦平。

【论说】此段围绕秦武王三年秦国欲攻韩之军事图谋以及由此所产生的分歧，深入地刻画了秦武王与甘茂君臣二人复杂的心理变化，突出地描写了秦武王对作为客卿的甘茂的担心、疑惑与不安，基本上表现出了秦武王"疑人不用，用人不疑"的用人思想和用人标准。

本段一开始点明了秦武王欲攻打韩国，通过秦武王极为隐晦的语言表达出来，而甘茂心领神会，曰："请之魏，约以伐韩。"在战国兼并的时代，国与国之间、君臣之间常常存在这种权变谋诈之术，致使国与国之间互相欺诈，君臣关系如履薄冰。甘茂到魏国企图建立攻韩联盟，以便在秦攻韩时借魏国力量牵制韩国。这体现出甘茂具有战略家的思想，然而在攻韩这一问题上他又十分谨慎，担心攻韩不成，致使自己身败名裂，失去自己已有的地位。所以，他在魏国通过随同他的向寿向秦武王传回"不要马上攻打韩国"的想法。魏国对秦攻韩并没有表示反对，但甘茂为何又不主张攻韩了呢？看似矛盾，实则是甘茂的一种权变之术，实际上在他心中始终横亘着"客卿容易被怀疑"的思想，由此也表现出他的小心谨慎。同时，甘茂也确实存在建功立业的功利思想，此举不过是试探秦武王攻韩的决心。甘茂与秦武王在此事上的分歧也由此引出了息壤之会,甘茂进一步阐述了攻打韩国的诸多不利因素,以便为自己全面攻打韩国一旦不利留有退路。这充分反映了一代非常之士娴熟的政治进退思想。甘茂又通过"曾子杀人""张仪事迹""乐羊论功"三件事来说明自己忠心可鉴,并为自己营造了一个良好的政治环境。同时,也提醒了秦武王要用人不疑。最后,又用在国内可能出现的反对意见("樗里子,公孙奭二人者挟韩而议之,王必听之")以及在"国际"上可能对国家、对其个人造成的不利影响["是王欺魏王而臣受公仲侈(韩相)之怨也"],迫使秦武王做出全面支持他攻韩的承诺。秦武王终于让丞相甘茂带兵攻打韩国宜阳邑。这样一来甘茂才没了后顾之忧。当甘茂五个月没拿下宜阳时,秦武王一度听信了樗里子、公孙奭的反对意见,召甘茂退兵。不过,这还不能说是秦武王完全不信任甘茂,而是秦武王在很大程度上出于国家利益的考虑,军队长期作战而未果,势必于国不利。而当甘茂提到"息壤之约"时秦武王又义无反顾调集全部兵力,支持甘茂进攻宜阳。这突出了秦武王言而有信的品质和用人不疑的思想。丞相甘茂最后终于拿下了宜阳,迫使韩国谢罪、讲和。

最后,须进一步说明的是:秦武王善于用人是基于对甘茂的全面了解,而用人不疑是基于甘茂的赫赫战功。尽管甘茂权变、多疑,但这些情况也都在秦武王的掌控之中,长期的合作使他们君臣之间灵犀相通、心心相印。否则,秦武王不会用隐晦的语言告诉丞相甘茂血淋淋的攻韩事实,也不会与甘茂订立所谓的"息壤之约",更不会倾国之兵助甘茂攻打宜阳。所有这些又都反映了秦武王善于识才、用才且用人不疑,反而暴露了甘茂的多疑之心,从而更加突出了秦武王的卓越以及难能可贵的掌控全局的能力。总而言之,这也是可以理解的,因为那是一个充满猜忌的时代,一个朝秦暮楚的时代,一个防不胜防的时代,一个尔虞我诈的时代。

第九节　战国时期杰出的秦国军事家白起

《史记》卷七十三《白起王翦列传》记载:

（秦昭王）四十七年,秦使左庶长王龁攻韩,取上党。上党民走赵。赵军长平,以按据上党民。四月,龁因攻赵。赵使廉颇将。赵军士卒犯秦斥兵,秦斥兵斩赵裨将茄。六月,陷赵军,取二鄣四尉。七月,赵军筑垒壁而守之。秦又攻其垒,取二尉,败其阵,夺西垒壁。廉颇坚壁以待秦，秦数挑战，赵兵不出。赵王数以为让。而秦相应侯又使人行千金于赵为反间，曰："秦之所恶，独畏马服子赵括将耳，廉颇易与，且降矣。"赵王既怒廉颇军多失亡，军数败，又反坚壁不敢战，而又闻秦反间之言，因使赵括代廉颇将以击秦。秦闻马服子将，乃阴使武安君白起为上将军，而王龁为尉裨将，令军中有敢泄武安君将者斩。赵括至，则出兵击秦军。秦军详败而走，张二奇兵以劫之。赵军逐胜，追造秦壁。壁坚拒不得入，而秦奇兵二万五千人绝赵军后，又一军五千骑绝赵壁间，赵军分而为二，粮道绝。而秦出轻兵击之。赵战不利，因筑壁坚守，以待救至。秦王闻赵食道绝，王自之河内，赐民爵各一级，发年十五以上悉诣长平，遮绝赵救及粮食。

至九月，赵卒不得食四十六日，皆内阴相杀食。来攻秦垒，欲出。为四队，四五复之，不能出。其将军赵括出锐卒自搏战，秦军射杀赵括。括军败，卒四十万人降武安君。武安君计曰："前秦已拔上党，上党民不乐为秦而归赵。赵卒反覆，非尽杀之，恐为乱。"乃挟诈而尽阬杀之，遗其小者二百四十人归赵。前后斩首虏四十五万人。赵人大震。

【论说】在战国后期兼并战争中，齐、楚的削弱为秦国推行远交近攻策略创造了条件。公元前 266 年秦昭王驱逐了魏冉，改用范雎为相，范雎制定了远交齐楚而近攻三晋的策略，即"王不如远交近攻，得寸则王之寸，得尺亦王之尺也，今舍此而远攻，不亦缪乎？"（《战国策·秦策三》）于是秦调整了政治、军事战略思想，把军事进攻的重点指向三晋中对秦国构成威胁的赵国。因为赵国自赵武灵王实行"胡服骑射"后，便不断发愤图强，国力日益强大。时人说：赵国"尝抑强齐四十余年，而秦不能得所欲"（《战国策·赵策三》）。在此期间，秦赵之间发生了几次规模空前的残酷的大战。公元前 260 年惨烈的长平之战便是其中一次。

长平之战的起因是秦军攻韩国上党郡，但上党郡守冯亭不愿降秦，请赵派兵取上党郡。于是赵国派老将廉颇率大军驻扎长平（今山西高平市）。秦军遂猛攻长平，而廉颇采取坚守策略，以逸待劳，消耗秦军力量，战斗不分胜负，两军于是相持起来。由于廉颇的坚守策略多次受到赵孝成王的责难，加之秦相范雎使用反间计，赵孝成王信以为真，于是改用赵奢的儿子、惯能"纸上谈兵"的赵括为将，取代了老将廉颇。这时，秦国改用名将白起为秦军统帅，并由其全面指挥秦军与赵军作战，全面出击。名将白起当即采取诱敌深入，即"佯败而走"战略，使赵军离开了坚固难攻的营垒。同时秦军采取迁回、运动的战略战术，分割包围长平之赵军，致使赵军首尾不能衔接，即"绝赵壁间，赵军分而为二"，并且断绝了赵军粮道。秦王又派大量军队开赴长平战场，切断了长平赵军与外界的一切联系。最后，赵军在断粮情况下坚持了46天，士兵相互残杀，甚至以人肉为食。不得已，赵军统帅赵括组织了数次突围，均以失败告终，其本人也被秦军射杀，40万赵军随后全部投降，投降之赵军被集体活埋，只放回了少数年纪尚小的士兵。长平之战以赵军全军覆灭而宣告结束。

单从军事角度讲，在长平之战中秦国名将白起展示出了杰出的军事指挥才能，他善于打大战、打歼灭战、打运动战。他能灵活运用兵法，出其不意，随机应变，因此名震天下。然而俗话说："一将功成万骨枯。"白起在后来被秦王嬴政赐死前，也为自己在长平之战中残酷地坑杀40万赵军而深感内疚，他不无感慨地说："我固当死。长平之战，赵卒降者数十万人，我诈而尽坑之，是足以死。"这是出自良知，出于道德，还是对自己命运的哀叹？总之，"鸟之将死，其鸣也哀；人之将死，其言也善"。

第十节　战国时期拥有丰富政治、军事经验的秦国老将王翦

《史记》卷七十三《白起王翦列传》载：

> 始皇既灭三晋，走燕王，而数破荆师。秦将李信者，年少壮勇，尝以兵数千逐燕太子丹至于衍水中，卒破得丹，始皇以为贤勇。于是始皇问李信："吾欲攻取荆，于将军度用几何人而足？"李信曰："不过用二十万人。"始皇问王翦，王翦曰："非六十万人不可。"始皇曰："王将军老矣，何怯也！李将军果势壮勇，其言是也。"遂使李信及蒙恬将二十万南伐荆。王翦言不用，因谢病，归老于频阳。李信攻平与，蒙恬攻寝，大破荆军。信又攻鄢郢，破之，于是引兵而西，与蒙恬会城父。荆人因随之，三日三夜不顿舍，大破李信军，入两壁，杀七都尉，秦军走。
>
> 始皇闻之，大怒，自驰如频阳，见谢王翦曰："寡人以不用将军计，李信果辱秦军。今闻荆兵日进而西，将军虽病，独忍弃寡人乎！"王翦谢曰："老臣罢病悖乱，唯大王更择贤将。"始皇谢曰："已矣，将军勿复言！"王翦曰："大王必不得已用臣，非六十万人不可。"始皇曰："为听

将军计耳。"于是王翦将兵六十万人，始皇自送至灞上。王翦行，请美田宅园池甚众。始皇曰："将军行矣，何忧贫乎？"王翦曰："为大王将，有功终不得封侯，故及大王之向臣，臣亦及时以请园池为子孙业耳。"始皇大笑。王翦既至关，使使还请善田者五辈。或曰："将军之乞贷，亦已甚矣。"王翦曰："不然，夫秦王怚而不信人。今空秦国甲士而专委于我，我不多请田宅为子孙业以自坚，顾令秦王坐而疑我邪？"

【论说】公元前238年，秦王政23岁亲政。他整顿了内政之后，便开始了统一中国的兼并战争。在秦王制订灭楚作战计划时，他曾问青年将领李信需多少兵力。李信说，20万兵力即可。他又问老将王翦，王翦说非60万不可。秦王认为王翦年老胆怯，而李信年轻壮勇，遂派李信为大将，率20万大军进攻楚国。在战争中，李信初胜而后败。秦王自知用人失误，便亲自登门向老将王翦承认错误。秦王政说："寡人以不用将军计，李信果辱秦军。"这其中既体现了秦王政有错就改的良好品质，也着重表现出了老将王翦丰富的军事经验。

公元前224年，秦王政派老将王翦率领60万大军进攻楚国。楚国则以倾国之兵来抗击秦军。王翦总结了李信轻敌冒进的教训，便屯兵练武，坚壁不战，以麻痹敌人，即采用以逸待劳的军事战略，以变被动、不利态势为主动局面。正如文中所言："坚壁而守之，不肯战。荆兵数出挑战，终不出。"他让士兵吃好、休息好，即"日休士洗沐，而善饮食抚循之"，以便养精蓄锐。与此同时，他号召官兵一致，即"亲与士卒同食"。他命令将士坚守阵地的同时，要他们跳高、跳远、扔石头，以强身健体，而对楚军的数次挑战不予理睬。但是他本人却以一个军事家的眼光时刻注视着战机的到来。稍后，楚军的斗志渐渐松懈，而且粮草不足。在楚军难以支撑的时候，即楚军"乃引而东"之时，老将王翦果断率秦军迅速追击，消灭了楚军，并灭其主将项燕（因无望取胜被迫自杀）。随后秦军占领了楚都寿春（安徽寿县），俘虏了楚王负当。之后，老将王翦又率军渡过长江，平定了楚国广阔的江南地区，降服了越君，并设置了会稽郡（江苏东南部和浙江东部），于是楚国灭亡。可以说，秦将王翦在秦灭六国的统一战争中，立下了赫赫战功。为此，太史公司马迁曰："……翦为宿将，始皇师之……"此言不虚也。

第十一节　战国时期齐国孟尝君田文的传奇人生

《史记》卷七十五《孟尝君列传》载：

> 初，田婴有子四十余人，其贱妾有子名文，文以五月五日生。婴告其母曰："勿举也。"其母窃举生之。及长，其母因兄弟而见其子文于田婴。田婴怒其母曰："吾令若去此子，而敢生之，何也？"文顿首，因曰："君所以不举五月子者，何故？"婴曰："五月子者，长与户齐，将不利其父母。"文曰："人生受命于天乎？将受命于户邪？"婴默然。文曰："必受命于天，君何忧焉。必受命于户，则可高其户耳，谁能至者！"婴曰："子休矣。"

> 久之，文承间问其父婴曰："子之子为何？"曰："为孙。""孙之孙为何？"曰："为玄孙。""玄孙之孙为何？"曰："不能知也。"文曰："君用事相齐，至今三王矣，齐不加广而君私家富累万金，门下不见一贤者。文闻将门必有将，相门必有相。今君后宫蹈绮縠而士不得（短）［裋］褐，仆妾余粱肉而士不厌糟糠。今君又尚厚积余藏，欲以遗所不知何人，而忘公家之事日损，文窃怪之。"于是婴乃礼文，使主家待宾客。宾客日进，名声闻于诸侯。诸侯皆使人请薛公田婴以文为太子，婴许之。婴卒，谥为靖郭君。而文果代立于薛，是为孟尝君。

【论说】此段内容描写的是发生在齐国宰相田婴家里的一个故事。司马迁本意无非是想说明孟尝君田文的传奇命运，以及突出作为田齐宗族庶子的他权略过人且颇为自负的性格。如果说作为战国四公子之一的孟尝君算是传奇人物的话，那么他就是那种"自古英雄出少年"式的人物。田婴吩咐田文的母亲把刚出生的小田文扔掉，即所谓"勿举也"。后来，田文与田婴父子相见时，父亲田婴对田文母亲和田文进行了斥责。文中关于孟尝君接受的家庭教育的描写仅寥寥数语，但是，这背后包含了多少田文母亲的含辛茹苦和谆谆教诲，是很难完全用语言来表达和概括的。后来田婴改变了对田文的态度，虽然没有用言语来教诲，其实也无须语言，但反而更能表现出田婴对儿子的器重与信任，其中当然包含了作为父亲的慈爱和厚望。在这对父子身上所发生的事情对田婴、田文父子两人来说应该都产生了深刻影响和教育意义。

文段从齐国宰相田婴的一个小妾为他生了一个儿子说起，因为孩子的生辰是五月初五，不吉利，为此田婴执意让田文母亲把这个孩子扔掉，不要养活他。古人认为五月初五出生的孩子，男孩害父，女孩害母，这当然是迷信。而对这个刚刚降临的小生命的处置也体现出封建家长制中夫权的绝对权威。当田文被引见给其父田婴时，田婴责问了田文母亲，即"吾令若去此子，而敢生之，何也"，田文母亲当然无言以对，因为其违反了夫命，就是违反了封建的纲常礼教，只有等待严厉的教育。当然，这种管束、教育的形式可能是对她施以严酷的家法。但是，由于田文的及时反问，其父自觉理亏，自然也就无从处罚了。虽然田文之言有些道理，但是田婴的夫权、父权毕竟受到了挑战，因此田婴斥责了田文，即"子休矣"。此时田婴应该已开始逐渐接纳这个儿子，否则之后不久不会出现"田文之问"，也不会出现称呼由"君"改为"父"的情况。田文问出"子子孙孙"这样简单的问题，而田文的父亲田婴却乐为回答，这些都证明父子关系融洽。这或许真的表明田婴要承担起教育儿子的责任了。子不教，父之过。或许身为宰相的田婴觉得儿子问这样简单的问题，定会有下文。果不其然，田文以"忘公家之事""不见一贤者"来诘难其父。这表现出作为庶子的田文权略过人，且具有颇为自负的性格，由此田文赢得了父亲的赏识，并完全改变了父亲对自己的态度。此后其父田婴非常器重并信任他，让他主持家政、接待来往宾客，借以锻炼他。这期间其父田婴难免会言传身教。

田婴父子生活的年代是封建社会正在形成的时期，封建的伦常观念已基本形成①，即所谓君君、臣臣、父父、子子的封建秩序。君权、夫权、父权至上体制下的封建制度更加巩固与强大，然而战国时期虽然是一个兼并与权诈的时代，但是贤与能也备受崇尚，于是贤与能也便有了较为具体的内涵。无论是初与田婴见面时田文机敏的"反问"，还是之后田文"先言它物，以引起所咏之辞"的机智诘难，都表现出田文善于权略的特点。如果说田文之言深深教育了他父亲，那么田文给他父亲明明白白地上了一课，倒也并不为过。另外，田文能够被其父田婴接受、认可，乃至器重，以及田文后来成为闻达于诸侯的"战国四公子"之一，首先是因其母亲的活命和养育之恩。其间，田文的母亲不知担了多少心、受了多少怕。为了田文能出人头地，他的母亲不知给了他多少教诲，操了多少心。所有这些，尽在不言中。其中未言之处，

---

① 张锡勤先生认为封建伦常观念在战国时期已初具雏形。参见张锡勤，柴文华. 中国伦理道德变迁史稿［M］. 北京：人民出版社，2008：137-148.

任凭读者细细品味，慢慢去解读之。

第十二节　战国时期名冠诸侯的军事家、 政治家信陵君魏无忌

《史记》卷七十七《魏公子列传》载：

> 魏有隐士曰侯嬴，年七十，家贫，为大梁夷门监者。公子闻之，往请，欲厚遗之。不肯受，曰："臣修身洁行数十年，终不以监门困故而受公子财。"公子于是乃置酒大会宾客。坐定，公子从车骑，虚左，自迎夷门侯生。侯生摄敝衣冠，直上载公子上坐，不让，欲以观公子。公子执辔愈恭。侯生又谓公子曰："臣有客在市屠中，愿枉车骑过之。"公子引车入市，侯生下见其客朱亥，俾倪，故久立于其客语，微察公子。公子颜色愈和。当是时，魏将相宗室宾客满堂，待公子举酒。市人皆观公子执辔，从骑皆窃骂侯生。侯生视公子色终不变，乃谢客就车。至家，公子引侯生坐上坐，遍赞宾客，宾客皆惊。酒酣，公子起，为寿侯生前。侯生因谓公子曰："今日嬴之为公子亦足矣。嬴乃夷门抱关者也，而公子亲枉车骑，自迎嬴于众人广坐之中，不宜有所过，今公子故过之。然嬴欲就公子之名，故久立公子车骑市中，过客以观公子，公子愈恭。市人皆以嬴为小人，而以公子为长者能下士也。"于是罢酒，侯生遂为上客。
>
> 侯生谓公子曰："臣所过屠者朱亥，此子贤者，世莫能知，故隐屠间耳。"公子往数请之，朱亥故不复谢，公子怪之。

【论说】《魏公子列传》是太史公司马迁倾注了高度的热情为信陵君所立的一篇专传。作为"战国四公子"之一的信陵君名冠诸侯，声震天下，其才德远远超过齐之孟尝，赵之平原，楚之春申。"窃符救赵"这一壮举一直为古往今来的仁人义士所称颂，然而他之所以有如此声名，之所以流芳后世，主要得益于他门下的贤士和愿为他效力的贤能之人，这也与他一贯能屈尊求贤的品格有密切关系。本选段就集中说明了信陵君礼贤下士的美好品德。

侯嬴，一个魏国真正的隐士，当时是一个城门看守。可是当信陵君听说他已经70岁了，而且家里很贫穷的时候，不仅请他到自己门下，而且还想送他一些财物。这说明信陵君视金钱如粪土，视人才如至宝。可是侯嬴虽然贫

困，却坚决不接受，而且说："臣修身洁行数十年，终不以监门困故而受公子财。"这更加让信陵君敬佩。所谓"物以类聚，人以群分"，为此信陵君坚决请侯嬴出山。信陵君大摆宴席，用隆重的礼节为侯嬴出山接风，以示侯嬴地位之尊贵，以示信陵君求贤心愿之诚，而且还亲自迎接，这些都表现出信陵君的坦诚与恭敬。作者还用"公子执愈恭""颜色愈和"等词语对在迎接侯嬴途中的信陵君进行了细致入微的刻画。作者语言运用精当不说，语境也极为深邃，有道是"于平静处见惊雷"。信陵君、侯嬴一行进入宴席后，信陵君请侯嬴坐上位，并"遍赞宾客"，正式隆重介绍他。后来又向侯嬴祝寿。这些都说明信陵君对侯嬴的礼节非常到位，所有这些礼贤下士之举都深深感动了侯嬴，他不无感慨地说出了自己的肺腑之言："……市人皆以嬴为小人，而以公子为长者能下士也。"侯嬴在年龄上比信陵君长了许多，但他以"长者"誉信陵君，这实际上就是赞美信陵君能够真诚礼贤下士的高尚品德。当听说侯嬴的朋友屠夫朱亥也是贤者时，又降低自己的身份多次到屠宰场请朱亥，然而"朱亥故不复谢"。这一方面说明信陵君能屈尊求贤，另一方面也预示着其日后必有大用。古人云"不鸣则已，一鸣惊人"，以此为后文"椎杀晋鄙"这一壮举做了有力铺垫，这是太史公司马迁先抑后扬文学笔法的再次生动运用。

　　总之，本选段描写了信陵君礼贤下士的高尚品质和行为，以及他心系魏国和对祖国的那份无法割舍的忠诚，并热情洋溢地赞美之。正如《太史公自序》中所言："能以富贵下贫贱，贤能诎于不肖，唯信陵君为能行之。"今天，当这首以信陵君礼贤下士为主题的赞歌跨越了时空，回响在我们这个时代上空的时候，我们是否明白他对祖国的挚爱？我们能否理解他尊贤礼贤的美德？我们是否需要对我们共同生活的这个美好社会多一份责任感？

第五章

《管晏列传》《老子韩非列传》中极端重视人才的案例

第一节　齐桓公用才不避罪

《史记》卷六十二《管晏列传》记载：

> 管仲夷吾者，颍上人也。少时常与鲍叔牙游，鲍叔知其贤。管仲贫困，常欺鲍叔，鲍叔终善遇之，不以为言。已而鲍叔事齐公子小白，管仲事公子纠。及小白立为桓公，公子纠死，管仲囚焉。鲍叔遂进管仲。管仲既用，任政于齐，齐桓公以霸，九合诸侯，一匡天下，管仲之谋也。
>
> 管仲曰："吾始困时，尝与鲍叔贾，分财利多自与，鲍叔不以我为贪，知我贫也。吾尝为鲍叔谋事而更穷困，鲍叔不以我为愚，知时有利不利也。吾尝三仕三见逐于君，鲍叔不以我为不肖，知我不遭时也。吾尝三战三走，鲍叔不以我为怯，知我有老母也。公子纠败，召忽死之，吾幽囚受辱，鲍叔不以我为无耻，知我不羞小节而耻功名不显于天下也。生我者父母，知我者鲍子也。"

【论说】管仲相齐，锐意改革，发展经济，使国富民强。他辅佐齐桓公一匡天下，使齐桓公成为春秋时期的首霸，其才能可谓卓著，其功可谓巨大。可是管仲在被重用之前并不突出，表面上看和普通人并无两样。然而，经常与管仲交往的鲍叔牙最了解他，知道管仲是一个贤明、有才干的人。因此，鲍叔牙对管仲的所作所为都能理解。例如，他们两人一起做生意，管仲经常占便宜，那是因为管仲家里贫穷；后文提及管仲出谋不利之事，那是因为管仲的运气不顺利；做官被驱逐，那是因为没有遇上好机会；打仗逃跑，那是因为家中有老母需要赡养。古人云："大行不顾细谨，大礼不辞小让。"（《史记·项羽本纪》）管仲是位非凡之人，而鲍叔牙同样是位非常之人，并可喻为伯乐。而且，鲍叔牙不因为管仲是囚犯，也不管与管仲以前曾是朋友，敢于向齐桓公举荐管仲，应该说承担了一定风险。在常人看来，这种举荐似乎有些不值，但名臣毕竟是名臣，虽然鲍叔牙成就的是管仲的事业，铸就的是齐国的辉煌，但其本人也因为善于识才、敢于举荐人才而千古留名。同时，齐桓公不因为与管仲有一箭之仇而迁怒于他，也体现出齐桓公视人才高于一切的观念与心理，以及齐桓公的雄才大略。作者司马迁通过鲍叔牙举才不避囚，齐桓公用才不避罪，热情讴歌了古代的明君贤臣。他们的故事曲曲折折、起伏跌宕，成为古往今来用人唯贤的一段千古美谈，其中不乏意味深长之处，寄托了作者高远的政治理想。

第二节　晏子知贤重贤礼贤

《史记》卷六十二《管晏列传》记载：

> 越石父贤，在缧绁中。晏子①出，遭之涂，解左骖赎之，载归。弗谢，入闺，久之。越石父请绝。晏子惧然，摄衣冠谢曰："婴虽不仁，免子于厄，何子求绝之速也？"石父曰："不然。吾闻君子诎于不知己而信于知己者。方吾在缧绁中，彼不知我也。夫子既已感寤而赎我，是知己；知己而无礼，固不如在缧绁之中。"晏子于是延入为上客。

【论说】本段着重对晏子知贤、重贤、礼贤有关内容进行描写，其中主要说明了如何对待贤才的问题。晏子虽贵为齐国的国相，却以越石父为知己，并把他从囚禁之困厄中解救出来，敬重越石父，像对待贵宾一样对待他。正如文中所言："晏子于是延入为上客"，此可谓古今少有。司马迁如此浓墨重彩地赞美晏子，其意旨大概也是感叹自己不幸的身世与遭遇。在汉朝官吏获罪可纳钱赎罪，而司马迁家因无力赎他，因此其腐刑（宫刑）难免。为此，司马迁在其最后的赞语中充满无限悲情地说："假令晏子而在，余虽为之执鞭，所忻慕焉。"由此可见，他是多么希望在身陷囹圄之际能遇到像晏子这样的知己啊！

---

① 晏子，即"晏平仲婴者，莱之夷维人也。事齐灵公、庄公、景公，以节俭力行重于齐"，时任齐国相。参见司马迁.史记［M］.北京：中华书局，1982：2134.

　　文中作者司马迁用了人物的特定动作、个性化的言语深入地刻画了其内心世界。越石父虽贤，但为囚犯，晏子遇到他时毫不犹豫地用自己的左骖把他赎出来，并带回家。但是，因晏子"弗谢，入闺，久之"，为此越石父以为晏子慢待了他，就责备他并要求绝交。行文至此，司马迁写道："晏子懼然，摄衣冠谢曰：'婴虽不仁，免子于厄，何子求绝之速也？'……晏子于是延入为上客。"其中，首句写出晏子内心深处的震动，以及由于震动而形于外在的惶惑之色；第二句补写了由震动而引发出的严肃、敬畏、谦恭、惶惑的表情；晏子的问话，又以谦虚的口吻写出了他由解骖赎人义举引发的自矜心理；末句晏子言行的转变也是其真实心理转变的结果。短短几句，把晏子由求贤到礼贤的整个过程和心理变化深刻地表现出来。语言十分生动精当。

第三节　秦王重视人才的一个极端表现

《史记》卷六十三《老子韩非列传》记载：

　　人或传其①书至秦。秦王见孤愤、五蠹之书，曰："嗟乎，寡人得见此人与之游，死不恨矣！"李斯曰："此韩非之所著书也。"秦因急攻韩。韩王始不用非，及急，乃遣非使秦。秦王悦之，未信用。李斯、姚贾害之，毁之曰："韩非，韩之诸公子也。今王欲并诸侯，非终为韩不为秦，此人之情也。今王不用，久留而归之，此自遗患也，不如以过法诛之。"秦王以为然，下吏治非。李斯使人遗非药，使自杀。韩非欲自陈，不得见。秦王后悔之，使人赦之，非已死矣。

　　【论说】战国后期，秦国经过长期的发展，经济和军事实力越来越强大，逐渐掌握了战争主动权，已经成为七个诸侯国中最强大的国家，并积极准备六合诸侯、统一全国。这就是后来法家思想成为时代主旋律的时代背景。面对即将出现的新形势，秦王嬴政更需要一种全面、系统的法家思想和理论作为其行动的指南乃至全国统一后的统治思想。为此，秦王嬴政格外关注这种理论的出现，以及创造这种新的成熟理论的人。其实，这也是秦王嬴政重视

---

　　①　指代韩非子，"韩非者，韩之诸公子也。喜刑名法术之学，而其归本于黄老"。参见司马迁．史记［M］．北京：中华书局，1982：2146.

人才，具体来说，重视法家人才的思想根源。恰恰在这时，集法家思想之大成的韩非及其著作进入了秦王的视野。准确地说，是先见其书，后见其人。伟大的时代促使韩非形成了法家的中央集权大一统理论。秦王得见韩非及其著作更是历史创造的机会，是时代的呼唤。

当看到《孤愤》《五蠹》这两本书时，秦王嬴政震惊了，随即曰："嗟乎，寡人得见此人与之游，死不恨矣！"这与其说是"曰"，倒不如说是"惊呼"，那种由观其书到急欲见其人的急切心情跃然纸上。其中"死不恨矣"更深刻地揭示了秦王嬴政欲见这个天下奇才的激动心情，以及无法言语的满足感。当得知该著作的作者是韩国人韩非时，秦王嬴政急不可耐，从而"急攻韩"。古有"礼才""招才""买才"，而秦王却出手"抢才"，古今少有，也从另一方面说明秦王嬴政重视人才的程度。最后迫使韩国"遣非使秦"，秦王欲见韩非的愿望终于实现了。虽然"秦王悦之"，但是由于没有马上重用韩非，给李斯、姚贾进谗言陷害韩非创造了机会。此二人显然出于忌妒，急欲置韩非于死地。据《史记·老子韩非传》记载，韩非"与斯俱事荀卿，斯自以为不如非"，这更说明韩非确实是一位难得的人才。然而秦王听信了李、姚二人的谗言，即"韩非，韩之诸公子也。今王欲并诸侯，非终为韩不为秦，此人之情也。今王不用，久留而归之，此自遗患也，不如以过法诛之"。在秦王嬴政看来，人才如不能为己所用，放而归之必助敌，不如杀之，"秦王以为然"便是明证。这不能不说是秦王重视人才的一个极端表现。当回味过来之后，秦王一定想到了些什么，并为自己的急躁、鲁莽感到后悔，为自己失去一个旷古奇才而后悔，但是为时已晚。与其说韩非死于李斯、姚贾之手，倒不如说韩非死于自己卓然于世的才气，死于法家思想这把锋利的双刃剑下。

第六章

《秦本纪》《秦始皇本纪》中三位秦王的风采和秦朝国祚短暂的原因

第一节　秦穆公"人才至上"观念鉴赏

《史记》卷五《秦本纪》记载：

> （秦缪公）五年，晋献公灭虞、虢，虏虞君与其大夫百里傒，以璧马赂于虞故也。既虏百里傒，以为秦缪公夫人媵于秦。百里傒亡秦走宛，楚鄙人执之。缪公闻百里傒贤，欲重赎之，恐楚人不与，乃使人谓楚曰："吾媵臣百里傒在焉，请以五羖羊皮赎之。"楚人遂许与之。当是时，百里傒年已七十余。缪公释其囚，与语国事。谢曰："臣亡国之臣，何足问！"缪公曰："虞君不用子，故亡，非子罪也。"固问，语三日，缪公大说，授之国政，号曰五羖大夫。百里傒让曰："臣不及臣友蹇叔，蹇叔贤而世莫知。臣常游困于齐而乞食铚人，蹇叔收臣。臣因而欲事齐君无知，蹇叔止臣，臣得脱齐难，遂之周。周王子穨好牛，臣以养牛干之。及穨欲用臣，蹇叔止臣，臣去，得不诛。事虞君，蹇叔止臣。臣知虞君不用臣，臣诚私利禄爵，且留。再用其言，得脱；一不用，及虞君难。是以知其贤。"于是缪公使人厚币迎蹇叔，以为上大夫。

【论说】春秋时期，礼崩乐坏，史书中有所谓"礼乐征伐自诸侯出"之言论。春秋各大国挣脱了西周时期的礼乐制度，争相展开了争霸战争，秦穆公"益国十二，开地千里，遂霸西戎"，成为"春秋五霸"之一。秦穆公是秦国历史上有作为的国君之一。他为争取霸业广招贤才为己所用的故事为我们留下了很深的印象。本段就描写了秦穆公重视人才、广招贤才的一个侧面。

文中谈到百里傒作为晋国送给秦国的陪嫁奴隶跑到了楚国。当缪公听说百里傒有才能的时候，心情非常急切，"欲重赎之"。这说明，为了能马上得到百里傒，缪公不惜重金。但为了避免引起楚国怀疑，最后还是"请以五羖羊皮赎之"。蒙混过楚人后，可想而知，他如获至宝的心情是何等兴奋。为此，缪公马上"释其囚，与语国事"。而当百里傒谦虚推辞时，穆公"固问"，表达了秦穆公对待人才的真诚之心。其中"语三日，缪公大说，授之国政，号曰五羖大夫"，表明缪公对百里傒的才能很是欣赏，也表现出缪公用人不疑的作风。后来，当听百里傒说蹇叔也是一个很有才能的人时，缪公依然不惜重金请之，并拜之为高官。这更说明缪公"人才至上"的观念意识和"广纳天下贤才"的博大胸怀。

春秋时期极为广泛的争霸战争虽有"春秋无义战"之说，但是，秦穆公励精图治、广招贤才、知人善任的作风，以及因此而成就的文治武功都成了秦人开拓进取的一面光辉旗帜和一座不朽的丰碑。

第二节　略论秦孝公立志强国的雄心壮志

《史记》卷五《秦本纪》记载：

> 孝公元年，河山以东强国六，与齐威、楚宣、魏惠、燕悼、韩哀、赵成侯并。淮泗之间小国十余。楚、魏与秦接界。魏筑长城，自郑滨洛以北，有上郡。楚自汉中，南有巴、黔中。周室微，诸侯力政，争相并。秦僻在雍州，不与中国诸侯之会盟，夷翟遇之。孝公于是布惠，赈孤寡，招战士，明功赏。下令国中曰："昔我缪公自岐、雍之间，修德行武，东平晋乱，以河为界，西霸戎翟，广地千里，天子致伯，诸侯毕贺，为后世开业，甚光美。会往者厉、躁、简公、出子之不宁，国家内忧，未遑外事，三晋攻夺我先君河西地，诸侯卑秦，丑莫大焉。献公即位，镇抚边境，徙治栎阳，且欲东伐，复缪公之故地，修缪公之政令。寡人思念先君之意，常痛于心。宾客群臣有能出奇计强秦者，吾且尊官，与之分土。"于是乃出兵东围陕城，西斩戎之獂王。

【论说】这是一曲弘扬秦孝公立志强国的赞歌。战国时期，诸侯混战，大国争雄，秦国虽幅员辽阔，然而政治、经济、文化却已远远落后于中原各强国。秦孝公即位后，追思昔日之辉煌，卧薪尝胆、励精图治、发愤图强。

孝公即位时，黄河和崤山以东已经出现了六个强大国家，尤其是与秦国接壤的魏、楚两国。在外部，魏、楚对秦国已经构成了严重的军事威胁。对于秦国本身而言，其地处偏僻，与戎族杂居，有"父子杂居""乐于私斗"等陋习。其"不与中国诸侯之会盟，夷翟遇之"也确有地域条件限制之原因。这表明秦国在政治、民族、文化观念上受到歧视。秦国相对落后也是事实，然而孝公能正视现实、洞察局势，并深知"落后就要挨打"的道理，决心以强秦为当务之急。"于是布惠，赈孤寡，招战士，明功赏"，此谓之明德强军。而且通过追忆缪公时代"甚光美"的文治武功，孝公确定了奋斗目标。孝公指出国有内忧，即"会往者厉、躁、简公、出子之不宁"，然后必有外患，即"三晋攻夺我先君河西地"。同时大声疾呼："诸侯卑秦，丑莫大焉。"这足以使秦国有志之士义愤填膺，并激励有志之士为秦国的强大而奋斗。此外，在谈到献公壮志未酬时，文中表达了孝公继承其未竟之事业，重振国威的决心。最后以"宾客群臣有能出奇计强秦者，吾且尊官，与之分土"结束训令，充分展示了孝公要实现强国梦的决心和不可阻遏的强国之志。

今天中华民族威严地屹立于世界民族之林。这是千百年来无数华夏儿女、仁人志士的梦想。当它已经成为现实的时候，我们缅怀为之奋斗、为之流血牺牲的无数先烈。他们立志报国、立志强国的精神将永垂史册。强我中华、爱我中华，为中华崛起而奋斗的精神将永远激励后人前赴后继。读了这则关于秦孝公立志强国的故事后，我们会很容易地联想到祖国曾经经历过的苦难和那一段段屈辱的历史。当尘封已久的过去再现于眼前时，人们或许会有些激动，或许会有些感慨，但终究是一次无言的洗礼。为中华民族伟大复兴，我们立志报国，与此同时，振兴中华也已成为我们这个伟大时代的最强音。

第三节　略论秦王嬴政礼贤下士、知人善任的一面

《史记》卷六《秦始皇本纪》记载：

> 大索，逐客。李斯上书说，乃止逐客令。李斯因说秦王，请先取韩以恐他国，于是使斯下韩。韩王患之，与韩非谋弱秦。大梁人尉缭来，说秦王曰："以秦之强，诸侯譬如郡县之君，臣但恐诸侯合从，翕而出不意，此乃智伯、夫差、湣王之所以亡也。愿大王毋爱财物，赂其豪臣，以乱其谋，不过亡三十万金，则诸侯可尽。"秦王从其计，见尉缭亢礼，衣服食饮与缭同。缭曰："秦王为人，蜂准，长目，挚鸟膺，豺声，少恩

而虎狼心，居约易出人下，得志亦轻食人。我布衣，然见我常身自下我。诚使秦王得志于天下，天下皆为虏矣。不可与久游。"乃亡去。秦王觉，固止，以为秦国尉，卒用其计策。而李斯用事。

【论说】秦始皇一向被认为是残暴的化身和暴虐的代名词。在残酷的统一战争中，他"续六世之余烈，振长策而御宇内"，气吞八荒，六合诸侯。他"追亡逐北，伏尸百万，流血漂橹"。秦王朝建立后，他"乐以刑杀为威""焚书坑儒"，便是明证。其残暴之举不一而足、罄竹难书。然而秦始皇作为一位具有雄才大略的古代帝王，在其政治生涯中也不乏贤君明主之举。其从善如流、礼贤下士的故事也颇引人注目。其实也正是这矛盾的性格和其惊世之业绩、骇俗之败政相辅相成，从而铸就了他大毁大誉的一生。

此段在"诸侯并争，厚招游学"的历史背景下，描写了秦王政从谏如流、知人善任、礼贤下士的政治家形象。始皇十年，由于发生"水工郑国事件"，秦国下达"逐客令"，驱逐外国客卿。李斯当然也在被驱逐之列，于是李斯力陈客卿在秦国历史上做出的突出贡献。其《谏逐客令》写得情真意切、入情入理，秦王嬴政觉得有道理，便收回了成命，还接受了李斯"先取韩以恐他国"的建议，并"使斯下韩"。这说明了秦王能虚心纳谏，并从谏如流。在此值得一提的是，秦王嬴政废止逐客令的原因，可能还和执行"疲秦"之计的韩国水工郑国的一句话有关，即"为韩延数岁之命，而为秦建万世之功"。秦王认为这句话是十分有道理的。此外，文中通过秦王欣然接受大梁人尉缭的"以金钱收买六国权贵，扰乱其部署，以便统一中国"的计策，说明秦王能择善而从。及至"见尉缭亢礼，衣服食饮与缭同"，以及发现尉缭逃跑后坚决挽留并"以为秦国尉""李斯用事"，都从侧面展示了嬴政礼贤下士、知人善任的帝王风采。

第四节　秦始皇一意孤行，治国之术警示后人

《史记》卷六《秦始皇本纪》记载：

侯生、卢生相与谋曰："始皇为人，天性刚戾自用，起诸侯，并天下，意得欲从，以为自古莫及己。专任狱吏，狱吏得亲幸。博士虽七十人，特备员弗用。丞相诸大臣皆受成事，倚辨于上。上乐以刑杀为威，

天下畏罪持禄，莫敢尽忠。上不闻过而日骄，下慑伏谩欺以取容。秦法，不得兼方，不验，辄死。然候星气者至三百人，皆良士，畏忌讳谀，不敢端言其过。天下之事无小大皆决于上，上至以衡石量书，日夜有呈，不中呈不得休息。贪于权势至如此，未可为求仙药。"于是乃亡去。始皇闻亡，乃大怒曰："吾前收天下书不中用者尽去之。悉召文学方术士甚众，欲以兴太平，方士欲练以求奇药。今闻韩众去不报，徐市等费以巨万计，终不得药，徒奸利相告日闻。卢生等吾尊赐之甚厚，今乃诽谤我，以重吾不德也。诸生在咸阳者，吾使人廉问，或为妖言以乱黔首。"于是使御史悉案问诸生，诸生传相告引，乃自除犯禁者四百六十余人，皆阬之咸阳，使天下知之，以惩后。益发谪徙边。始皇长子扶苏谏曰："天下初定，远方黔首未集，诸生皆诵法孔子，今上皆重法绳之，臣恐天下不安。唯上察之。"始皇怒，使扶苏北监蒙恬于上郡。

【论说】"焚书坑儒"在秦朝社会生活、政治生活中是一个极为恶劣的严重事件。"焚书坑儒"激化了当时方士、儒生与秦始皇及其政府的矛盾，从而使本已充满矛盾的社会雪上加霜。这是专制主义统治之下强力推行统一思想措施之必然结果。

本段通过侯生、卢生之口道出了秦始皇的性格、治国的措施、工作方法等一系列内容。这些在儒家及其他在野学派看来是治国安邦的大忌，深恶痛绝。其实也真，其言也切。第一，秦始皇为人极为刚愎自用，可谓"知足以距谏，言足以饰非"。他自以为是，自认为"德高三皇，功过五帝"。第二，他"专任狱吏，狱吏得亲幸"。这正是对其倡导的"以法为教""以吏为师"思想的实践。于是，"博士虽七十人"也只能是装点门面而已。第三，设"三公九卿"，三公相牵制，丞相是助手，秦始皇集最高权力于其一身也是自然。第四，"上乐以刑杀为威"，臣子们若敢直言劝谏，动辄有被处罚之险、性命之忧。致使"畏忌讳谀，不敢端言其过"。第五，"天下之事无小大皆决于上"，始皇事必躬亲。这种情况长此以往未必行得通、禁得住，专权也容易误政。所有这些都将使始皇陷于被动局面，也将给新生的秦政权蒙上一层阴影。当始皇得知为他找到仙药的侯生、卢生逃跑后，有一段极为恼怒的自述。这与其说是为自己的治国方略辩解，倒不如说是兴师问罪。其中，始皇"悉召文学方术士甚众，欲以兴太平"，这应该是完全正确的指导思想，然而与此前焚其书、坑其人之举岂不南辕北辙。而"方士欲练以求奇药"，这分明是一面之词，方士们的行为只不过是迎合了始皇欲求长生不老之药的心理。果如此，这岂不和"欲以兴太平"思想背道而驰？即便存在"卢生等吾尊赐之甚厚"的事实，但卢生等也可能因为无法接受其人、其政，从而诽谤他，即"以重吾不德"。其实始皇全面贯彻了法家路线，也无真正"仁德"可言。可是紊乱的逻辑成了独裁者兴师的理由，颠倒的行为成了专制者问罪的借口。针对秦朝的专制统治秩序，其实儒者所谓"妖言惑众"之罪也是属实，至于"扰乱民心"，其后出现的"始皇帝死而地分"不也是一种应验吗？在令人发指的酷刑面前，一个个儒者的心理防线崩溃了，相互牵引也在所难免，致使460余儒者被坑杀在咸阳。这是秦朝政治的黑暗凸显，也可谓始皇治国之术的"大手笔"。然而，始皇无视"赭衣塞路，囹圄成市"的现状，依然我行我素，不断加重人民的负担，并且置其长子扶苏的苦谏于不顾，将其"发配"远方，一个极其残暴、无道的帝王形象至此已十分鲜明了。

秦王朝历十五年而亡，或曰"亡于制"，或曰"亡于政"，我认为两者兼而有之。有其制必有其政，有其政必缘其制。总之，秦始皇一意孤行，冒天下之大不韪的治国之术足以警示后人。

第五节　秦二世治国乏术，死于其信任的宦官手中

《史记》卷六《秦始皇本纪》记载：

> 赵高说二世曰："先帝临制天下久，故群臣不敢为非，进邪说。今陛下富于春秋，初即位，奈何与公卿廷决事？事即有误，示群臣短也。天子称朕，固不闻声。"于是二世常居禁中，与高决诸事。其后公卿希得朝见，盗贼益多，而关中卒发东击盗者毋已。右丞相去疾、左丞相斯、将军冯劫进谏曰："关东群盗并起，秦发兵诛击，所杀亡甚众，然犹不止。盗多，皆以戍漕转作事苦，赋税大也。请且止阿房宫作者，减省四边戍转。"二世曰："吾闻之韩子曰：'尧舜采椽不刮，茅茨不翦，饭土塯，啜土形，虽监门之养，不觳于此。禹凿龙门，通大夏，决河亭水，放之海，身自持筑臿，胫毋毛，臣虏之劳不烈于此矣。'凡所为贵有天下者，得肆意极欲，主重明法，下不敢为非，以制御海内矣。夫虞、夏之主，贵为天子，亲处穷苦之实，以徇百姓，尚何于法？朕尊万乘，毋其实，吾欲造千乘之驾，万乘之属，充吾号名。且先帝起诸侯，兼天下，天下已定，外攘四夷以安边竟，作宫室以章得意，而君观先帝功业有绪。今朕即位

二年之间，群盗并起，君不能禁，又欲罢先帝之所为，是上册以报先帝，次不为朕尽忠力，何以在位？"下去疾、斯、劫吏，案责他罪。去疾、劫曰："将相不辱。"自杀。斯卒囚，就五刑。

【论说】秦二世时，群雄并起，天下大乱，可是秦二世却听信宦官赵高之言，经常深居宫中，不务朝政，任凭赵高专权擅政。即便是在动荡之秋，二世依然穷奢极欲，大兴土木，"不时之须，无名之敛，殆无虚日"，而且二世粗暴无理地拒大臣之谏，并将群盗纷起、不能禁止的无情现状归罪于大臣不能尽忠尽力，何其荒唐！尤其是其逼杀大臣，更证明了其治国何其昏庸！尽管秦始皇治国以残暴、无道著称，但是平心而论，论治国安邦二世不及其父，而论无道却有过之而无不及。

本段以阴谋家宦官赵高的异端邪说为始，以秦二世暴虐无道地逼杀大臣为终，中以二世昏庸、腐朽、愚蠢之言行实之，层次分明且环环相扣。其实这也预示了凭二世如此治国，秦王朝若不灭亡，岂不是咄咄之怪事！

最后我们不妨再深层次分析一下秦二世的心理。秦二世之所以"常居禁中"，之所以亲小人、远贤臣，固然有来自赵高的蒙蔽欺骗，但也和秦二世与赵高阴谋篡位、阴谋赐死始皇长子扶苏和诛杀大臣及皇子们的事件有关，"路人皆知"的阴谋使他无法正面朝臣，因此也就无法正视自己已拥有的天下。他贪恋骄奢淫逸、穷奢极欲的帝王生活，迷恋拥有万乘之尊的帝王威严，然而这些都无法掩饰他那颗惴惴不安的负罪之心。迷失的心灵已经无法帮他明辨忠言，恍惚的神志也无法叫他判断正误。在世道纷乱之际，他竟然置国家安危于不顾，继续劳师动众、聚敛财赋、大兴土木。表面上看，二世这是继续先帝未竟之事业，而实际上则是想借此显示其所谓"功德"和其所希望的"正统"。他愚蠢地诋毁尧、舜、禹这些圣人治国的明德之举，企图靠重新界定天子之尊贵来为自己的昏庸腐朽、穷奢极欲做欲盖弥彰的辩护。

秦二世还以"盗贼纷起不能禁"罪责大臣，并逼杀之。这再次暴露了其愚蠢和暴虐无道，同时，也可能是想通过除掉这些大臣以抹去心灵深处挥之不去的谋权篡位之阴影。他想找到心灵的慰藉、精神的寄托，但历史是无情的，现实更残酷。最后，秦二世落得个被他最信任的，同时也是他唯一信任的宦官赵高杀死的结果。这是秦二世当初不曾想到的个人悲剧。据此，我认为，秦二世奇怪的、不合理的言行来源于其变态的心理。人类的心理写就了丰富多彩的思想史，人类的活动有时似乎不可理解，但又是那么合情合理。

第七章

《项羽本纪》中项羽治国与失国方面的认识

第一节　残暴与杀戮是项羽治理天下的大忌

《史记》卷七《项羽本纪》载：

初，宋义所遇齐使者高陵君显在楚军，见楚王曰："宋义论武信君之军必败，居数日，军果败。兵未战而先见败征，此可谓知兵矣。"王召宋义与计事而大说之，因置以为上将军；项羽为鲁公，为次将，范增为末将，救赵。诸别将皆属宋义，号为卿子冠军。行至安阳，留四十六日不进。项羽曰："吾闻秦军围赵王钜鹿，疾引兵渡河，楚击其外，赵应其内，破秦军必矣。"宋义曰："不然。夫搏牛之虻不可以破虮虱。今秦攻赵，战胜则兵罢，我承其敝；不胜，则我引兵鼓行而西，必举秦矣。故不如先斗秦赵。夫被坚执锐，义不如公；坐而运策，公不如义。"因下令军中曰："猛如虎，很如羊，贪如狼，强不可使者，皆斩之。"乃遣其子宋襄相齐，身送之至无盐，饮酒高会。天寒大雨，士卒冻饥。项羽曰："将戮力而攻秦，久留不行。今岁饥民贫，士卒食芋菽，军无见粮，乃饮酒高会，不引兵渡河因赵食，与赵并力攻秦，乃曰'承其敝'。夫以秦之强，攻新造之赵，其势必举赵。赵举而秦强，何敝之承！且国兵新破，王坐不安席，扫境内而专属于将军，国家安危，在此一举。今不恤士卒而徇其私，非社稷之臣。"项羽晨朝上将军宋义，即其帐中斩宋义头，出令军中曰："宋义与齐谋反楚，楚王阴令羽诛之。"当是时，诸将皆慴服，莫敢枝梧。皆曰："首立楚者，将军家也。今将军诛乱。"乃相与共立羽为假上将军，使人追宋义子，及之齐，杀之。使桓楚报命于怀王。怀王因使项羽为上将军。当阳君、蒲将军皆属项羽。

项羽已杀卿子冠军，威震楚国，名闻诸侯。乃遣当阳君、蒲将军将卒二万渡河，救钜鹿。战少利，陈馀复请兵。项羽乃悉引兵渡河，皆沈船，破釜甑，烧庐舍，持三日粮，以示士卒必死，无一还心。于是至则围王离，与秦军遇，九战，绝其甬道，大破之，杀苏角，虏王离。涉间不降楚，自烧杀。当是时，楚兵冠诸侯。诸侯军救钜鹿下者十余壁，莫敢纵兵。及楚击秦，诸将皆从壁上观。楚战士无不一以当十，楚兵呼声动天，诸侯军无不人人惴恐。于是已破秦军，项羽召见诸侯将，入辕门，无不膝行而前，莫敢仰视。项羽由是始为诸侯上将军，诸侯皆属焉。

【论说】这两段关于项羽事迹的描写展示了一位杰出军事家的风采。可以说，项羽无论是在兵法上还是战术上都显示了其思想的独到之处。项羽不仅能根据形势的判断灵活地运用兵法，而且以"置之死地而后生"为指导思想导演了一场人类战争史上"惊天地，泣鬼神"的鲜活战役，充分表现出项羽艺高人胆大的军事才能和勇猛善战的大无畏战斗精神。文中字里行间闪烁着项羽熠熠生辉的军事思想光芒。

第一段主要描写了上将军宋义和作为次将的项羽针对如何解巨鹿之围以便救援赵国所产生的战役部署方面的分歧。救援部队"行至安阳，留四十六日不进"，项羽按捺不住自己，便向上将军宋义从容地阐述了个人的战略思想及军事部署，即"楚击其外，赵应于内"。这一里应外合的军事思想和战法，一定能激发打败秦军的战斗意志。而宋义却不以为然，他信奉的是两强（秦军与赵军）相斗必有一伤的军事法则，以及"坐收渔翁之利"之军事思想，即"今秦攻赵，战胜则兵罢，我承其敝；不胜，则我引兵鼓行而西，必举秦矣"。所以宋义没有接受项羽的战略思想，而且还严令军中"强不可使者，皆斩之"。从兵法上来看，两人的战略目标是一致的，即一个是"破秦军必矣"，一个是"必举秦矣"。两人的战略部署也似乎各有道理。项羽虽识兵书战策，而宋义也并非等闲之辈（预言梁军必败，怀王欣赏其军事才能）。从某种程度上看，宋义的战略思想要优于项羽的军事部署。这一方面体现在宋义着眼于长远，着眼于灭秦的整个战争；另一方面，也考虑到楚军面临的具体情况，即楚军远道而来，作为疲惫之师攻打强大的秦军，取得胜利并无十分把握。然而战争是一门科学，真理脱离了实际也会变成谬误。从纯军事角度讲，部队久留安阳，遇上"天寒大雨"，且"士卒冻饥"，天气和部队士气对楚军均不利。正像项羽当时所说的："士卒食芋菽，军无见粮，乃饮酒高会，不引兵渡河因赵食，与赵并力攻秦，乃曰'承其敝'。夫以秦之强，攻新造之赵，其势必举赵。赵举而秦强，何敝之承！"且兵书亦云"军无粮则溃"，显而易见，形势不容乐观。但此时统帅宋义却"饮酒高会"。这会严重丧失军心，加之

"以秦之强，攻新造之赵"的具体情况，赵国也会很快被灭。到那时，楚军不仅失去战机，楚军的后果也不堪设想。因此从军事角度上来说，楚军的最佳选择就是马上进攻。从道义上讲，楚军将领宋义、项羽等肩负救赵使命，而作为此次军事行动的楚军统帅宋义却驻兵不前以观望，坐视秦赵相斗，置赵亡于不顾，这显然是不足取且有失众望之举。从反秦这个角度来看，赵国和楚国应该是生死相依的盟国，因此项羽义无反顾地主张并着手展开进攻是义不容辞的、最佳，也是唯一正确的选择，是来自道义的巨大力量让项羽做出了大义之举。

从楚国政治上来讲，"国兵新破，王坐不安席"。此指项梁的部队刚被秦军打败一事。何止是"王坐不安席"，恐怕全国上下也都是一片不安与惊恐。这时急需一场胜仗来安定军心、安抚民心，以便重振军威、国威。这对团结诸侯、领导诸侯共抗秦军也具有巨大意义。而作为握有楚国全部军队和粮饷的宋义，即"扫境内而专属于将军"，却置国家安危于不顾。"今不恤士卒而徇其私，非社稷之臣"，项羽用犀利的言辞顷刻间结束了宋义的政治生命，也使其主张上升到了政治高度。这说明项羽还是具备一定的政治头脑的。当然，项羽的刚烈性格、疾恶如仇的本性、骁勇善战的精神、唯我独尊的傲气也是他主战的因素。因此，鉴于项羽如此深刻的认识，如此客观的见解，笔者认为，宋义"静观其变"的战略思想与项羽"主动出击"的战略思想相比明显有些相形见绌了。文段又描写了项羽在假借楚王令杀宋义事件中的周密安排和粗中有细的军事才能。项羽在自己的主张没有被采纳后，向军中将士介绍了当时楚军按兵不动所面临的极端危险的处境，历数了宋义不懂军事、因公济私、大敌当前置国家军队安危于不顾的种种错误行为，指出宋义并非良将贤臣，将宋义推向无道、不义和不忠的道德边缘，借以赢得将士们对他的理解和支持。杀死宋义后，项羽以"宋义与齐谋反楚，楚王阴令羽诛之"告令军中。意思是宋义有罪在先，其代王诛之于后，是合情合理的。这体现了项羽军事政变的才能。之后又以既成事实迫使楚王任命项羽为楚军统帅，这是项羽意料中的事，因为"首立楚者，将军家也"。同时，他也有这个实力担当此任。这为全面指挥楚军进行巨鹿之战埋下了伏笔。

第二段写项羽以巨大的勇气、超人的胆量、必胜的信心在巨鹿城下与秦军展开了殊死战斗。当此之时，作为"威震楚国，名闻诸侯"的楚军统帅项羽别无选择，只能胜利，不能失败。当初"战少利，陈余复请兵"，说明战事吃紧，最终促使项羽决一死战，残酷的战斗通过诸侯军的表现栩栩如生地展现出来。当楚军发动进攻，"无不一以当十""呼声动天"，而此时诸侯军

"皆从壁上观",而且"无不人人惴恐"。大败秦军后,项羽召见诸侯将领时,诸将"无不膝行而前,莫敢仰视"。这说明战斗的惨烈已使诸侯的将军们心有余悸,更增加了对项羽的无限崇拜和敬畏之情。于是项羽在事实上成了诸侯军的领袖,这为灭秦后项羽能够发号施令、裂地封王、自号"西楚霸王"并俨然以天子自居奠定了基础。这是项羽人生中的辉煌时刻,也为人类战争史增添了浓墨重彩的一页。

司马迁通过这两段文字,以极其深刻的字句和渲染有力的笔法,生动地描写了项羽大智大勇的军事才能,也充分揭示了其残暴的一面。这为项羽后来治国乏术做了文章结构上的铺垫。尤其第二段中的"莫敢仰视"和后文中的"莫能仰视"①形成更加强烈的对比。一个是英雄状,豪情万丈;另一个则是失国之君、败军之将,无可奈何状。前后反差如此之大,竟然出于一人。这反映出作者驾驭文章的能力之高超,也是文笔卓然、独到、匠心之处。恰是项羽这大起大落的一生、大毁大誉的事业才使司马迁产生了对项羽的无限同情和惋惜。面对无限强烈的情感冲击,读者也因此受到了作者那斐然文笔与生动故事情节的感染,无不与之心灵共鸣。

第二节 项羽兵败失国,存在认识上的误区

《史记》卷七《项羽本纪》载:

> 居数日,项羽引兵西屠咸阳,杀秦降王子婴,烧秦宫室,火三月不灭,收其货宝妇女而东。人或说项王曰:"关中阻山河四塞,地肥饶,可都以霸。"项王见秦宫室皆以烧残破,又心怀思欲东归,曰:"富贵不归故乡,如衣绣夜行,谁知之者!"说者曰:"人言楚人沐猴而冠耳,果然。"项王闻之,烹说者。

【论说】大凡古代帝王,基本以武功定国,而以仁德安邦。项羽虽有帝王之志,却无帝王之博大胸怀。他虽然疾恶如仇,却只限于国仇家恨,而少了一些博爱之心。他虽功成名就,却见识短浅,且容不下半句逆耳忠言。他怕

---

① "项王军壁垓下,兵少食尽,汉军及诸侯兵围之数重。……项王泣数行下,左右皆泣,莫能仰视。"参见司马迁.史记[M].北京:中华书局,1982:333.

刘邦与他争天下，便不顾"先破秦入咸阳者王之"的约定，可谓背信弃义。而他的凶残、暴虐之行比比皆是。

本段虽寥寥数语，但比较全面地反映了项羽的品格。本来他在巨鹿之战后已经成为诸侯之长，或者说是天下首领。如何谋划天下、如何安抚诸侯、如何争取民心应该提上日程，成为当务之急，而项羽却用残暴之行做了回答，从而证明了他既无"王者之仁"又无"君者之德"。他屠戮咸阳城、杀降王子婴正是其残暴、无仁、失民心的具体表现。他又火烧秦宫室，大火三月不灭。他烧去的是仇和恨，然而也烧掉了即将诞生的新政权所需要的图书典籍等许多珍贵物品，而且给关中人民带来了无限的失望和长久的不安。他劫掠财宝、妇女，这是其贪婪无道的具体表现，这和刘邦入关后"与民约法三章""封闭宫室""财物无所取，妇女无所幸"的表现截然相反，形成了鲜明对比。他大封诸侯，自称"西楚霸王"后，决意东归，无视"定都关中"的劝谏，且得意忘形，曰"富贵不归乡，如衣绣夜行"，宛若凡夫俗子。更有甚者，当其听到"沐猴而冠"之讽刺时，竟"烹说者"，说明狭隘的胸襟已无法让他做到"言者无罪、闻者足戒"了，同时也说明了其残暴竟至如此骇人听闻的程度。

总之，项羽虽是"近古以来未尝有"的英雄，但他也是一个性情暴戾的武夫；仅五年而终其霸业。对此，司马迁在《项羽本纪》中充满了无限惋惜和同情，然而司马迁不能改变的是项羽的本性。项羽自夸自大，自以为是，不知行仁、施德，企图靠个人的聪明和武力统治天下，这是不可能的。"天亡我，非用兵之罪也"，根本不能成为其失败的理由。这是项羽认识上的误区。

第八章

《平准书》中爱国牧羊主卜式与武帝时的弊政

第一节　略论牧羊主卜式的爱国义举不被理解的原因

《史记》卷三十《平准书》记载：

> 初，卜式者，河南人也，以田畜为事。亲死，式有少弟，弟壮，式脱身出分，独取畜羊百余，田宅财物尽予弟。式入山牧十余岁，羊致千余头，买田宅。而其弟尽破其业，式辄复分予弟者数矣。是时汉方数使将击匈奴，卜式上书，愿输家之半县官助边。天子使使问式："欲官乎？"式曰："臣少牧，不习仕宦，不愿也。"使问曰："家岂有冤，欲言事乎？"式曰："臣生与人无分争。式邑人贫者贷之，不善者教顺之，所居人皆从式，式何故见冤于人！无所欲言也。"使者曰："苟如此，子何欲而然？"式曰："天子诛匈奴，愚以为贤者宜死节于边，有财者宜输委，如此而匈奴可灭也。"使者具其言入以闻。天子以语丞相弘。弘曰："此非人情。不轨之臣，不可以为化而乱法，愿陛下勿许。"于是上久不报式，数岁，乃罢式。式归，复田牧。岁余，会军数出，浑邪王等降，县官费众，仓府空。其明年，贫民大徙，皆仰给县官，无以尽赡。卜式持钱二十万予河南守，以给徙民。河南上富人助贫人者籍，天子见卜式名，识之，曰："是固前而欲输其家半助边"，乃赐式外繇四百人。式又尽复予县官。是时富豪皆争匿财，唯式尤欲输之助费。天子于是以式终长者，故尊显以风百姓。

【论说】卜式是汉武帝时期的一位以财输官、急国家之所急、有责任感的爱国人士。他忠心不渝、矢志报国的故事广为流传，然而其修德行善、纯朴忠厚的美德却鲜为人知。

汉初，经过几十年的休养生息，人民比较富足，卜式家庭还算富裕，以种田养畜为业。在其父母死后，他肩负起抚养幼弟的责任。等到他的弟弟长大成人后，卜式为避嫌，主动提出与其弟分家，另立其户，却只要了百余只羊而已，其余的田地、房屋等全部留给了弟弟，这说明卜式是个有责任感的人，宽宏、大度、有慈爱之心。后来，卜式通过牧羊暴富。当看到弟弟家业败尽后，他仍然经常帮助弟弟。这表现出兄弟间的那份殷殷亲情、浓浓厚爱。而当看到国家与匈奴作战时，他又果断上书，要求把自己的一半家产上交国家，这又表现出他的一颗拳拳爱国之心。然而这一高尚之举并没有被马上理解。随着天子所派使者的三次发问，卜式坦然以对，从容作答。这表明卜式心地无私、与世无争，以及只为报国的善良与真诚。汉武帝听说后，就把此事说给了丞相公孙弘听。公孙弘听完之后，也认为这是不可思议的事，而且公孙弘的观点着实令人啼笑皆非，即"此非人情。不轨之臣，不可以为化而乱法，愿陛下勿许"。如此荒唐的言论反映了当时的社会风气，这简直是以小人之心度君子之腹！但同时也说明当时社会已是人心不古、世风日下，真是人情之冷暖、世态之炎凉。可见汉朝"法律贱商人"的思想影响之深。卜式的爱国之举与当时社会之风气形成了极为鲜明的对比，从而更突出了卜式的善良无私和高风亮节。此后，由于汉朝屡次对匈奴用兵，致使国库空虚，以至于政府无法妥善安置由于战争造成的贫民大迁徙。在这紧急时刻，"卜式持钱二十万予河南守，以给徙民"。卜式为国家解了燃眉之急，表现出了大德、大善，在实际行动中实践了自己报效祖国的心愿。当天子在"富人助贫人者籍"上见到卜式的名字后，只说了短短的一句话："是固前而欲输其家半助边"。这句话中的一个"固"字可谓道出了许多感想交织在一起的感慨，其中必包含了天子对朴实忠厚的卜式的重新认识。面对天子的厚赐，"式又尽复予县官"。这又与"是时富豪皆争匿财"形成了鲜明对比。汉朝不久便刮起经济风暴，即所谓"杨可告缗遍天下"，沉重打击了天下富豪。笔者认为，这很可能是导致汉武帝对经济政策重新思考的一个因素。于是司马迁塑造了卜式集仁、义、礼、智、信于一身的完美形象。结尾以"天子于是以式终长者"点明了中心。

第二节　略论汉武帝时期的弊政所产生的深远影响

《史记》卷三十《平准书》记载：

> 自是之后，严助、朱买臣等招来东瓯，事两越，江淮之间萧然烦费矣。唐蒙、司马相如开路西南夷，凿山开道千余里，以广巴蜀，巴蜀之

民罢焉。彭吴贾灭朝鲜，置沧海之郡，则燕齐之间靡然发动。及王恢设谋马邑，匈奴绝和亲，侵扰北边，兵连而不解，天下苦其劳，而干戈日滋。行者赍，居者送，中外骚扰而相奉，百姓抏弊以巧法，财赂衰耗而不赡。入物者补官，出货者除罪，选举陵迟，廉耻相冒，武力进用，法严令具。兴利之臣自此始也。

【论说】汉武帝是西汉历史上有作为的一代帝王，他加强中央集权，外攘夷狄，内兴功业，造就了强大的汉王朝。然而，其在位期间也存在诸多弊政，造成阶级矛盾日益尖锐的严重局面，以致各地农民起义时有发生。在民怨沸腾的情况下，汉武帝也不得不下诏自责，"深陈既往之悔"，这是后话。而此时正是所谓"有亡秦之迹"的时期。

在本段中司马迁不为汉武帝巨大的文治武功所遮掩、不回避历史、不回避事实，毫不留情地揭露了汉武帝为实现君临天下的理想，穷兵黩武，不惜动用全国之民力，也不惜竭尽天下之资财。而由此引起的一系列弊病产生了严重的社会后果。无论是严助、朱买臣所进行的两越战事，还是唐蒙、司马相如经营西南夷；无论是彭吴经略的东北，还是王恢因马邑之谋挑起与匈奴的战端，无不耗费了大量的民力、物力和财力，而且都旷日持久。这不仅耗尽了国家的资财，还引起了武帝时期的社会动荡。一个非常强大的汉帝国由此变成了"海内之士力耕不足粮饷，女子纺绩不足衣服"的贫弱局面。这样一来，天下安有不乱之理。然而当汉帝国经济几近崩溃时，武帝为弥补财政之不足，实行卖官鬻爵、纳钱赎罪等措施，即"入物者补官，出货者除罪"，这严重地破坏了选官制度、法律制度，从而造成世风日下，即"廉耻相冒"的社会风气，以致出现官僚弄权、莠民藏奸的局面。这又导致了武帝严刑峻法的出台，以致汉家酷吏遍天下，怨痛之声四起。这不能不说是武帝的又一暴政。究其治国施政之不足，总的来讲，笔者认为其根本原因在于武帝急功近利的思想。

最后，笔者以汉朝昭、宣二帝时期的施政情况再对汉武帝时期的暴政做些深入阐述和论证。昭、宣之时，面临汉朝封建经济崩溃之局面，遂宣布继续"与民休息"的政策（参见《汉书·昭帝纪》）；面对政府吏治败坏的严重局面，汉宣帝特别重视官吏的选举问题（参见《汉书·魏相传》）；面对当时社会上非常尖锐的阶级矛盾，汉宣帝宣布废除了武帝时期的酷法（参见《汉书·宣帝纪》）。由此可见，汉武帝时期的诸多弊政对当时社会影响之大。

第二部分

02

西楚霸王的心路与秦汉
之际的社会伦理道德

第一章

西楚霸王项羽心路历程探析

第一节　世家变故：藏不住的是万丈豪情与霸气

项羽，名门之后。名将世家造就了项羽高傲、目空一切的性格。少年的项羽顽皮不逊，即"项籍少时，学书不成""学剑，又不成""教籍兵法，……又不肯竟学"。但他在言谈之间却流露出远大的志向。"书，足以记名姓而已。剑一人敌，不足学，学万人敌"，便足以证明其并非等闲之辈。

项羽少年时的颠沛流离，很难不会使他滋生浪荡江湖之感。在与其叔父项梁一起生活期间，因项梁有官司（负人命案）在身，项羽不得已跟项梁避仇于吴中。项羽叔父的杀人案对年轻项羽的心理一定会产生深刻的影响，促进其胆大凶残性格的形成。

项梁在吴中有一定的社会地位，即"吴中贤大夫皆出项梁下。每吴中有大徭役及丧，项梁常为主办，阴以兵法部勒宾客及子弟，以是知其能"。这在一定程度上培养了项羽的领导才能，项羽也在其叔父潜移默化的影响下进一步熟悉了兵法。这段经历为项羽在后来灭秦战争中施展军事才华奠定了基础。

项羽具有良好的身体素质、较好的家庭教育和一定的社会地位。[①] 在吴中的社会范围内，他赢得了当地民众的羡慕与崇拜。这又会助长其桀骜不驯的霸气。因此当"秦始皇帝游会稽，渡浙江，梁与籍俱观"时，便脱口而出"彼可取而代也"的狂言，以至于让已经对他比较失望的叔父项梁也"以此奇籍"。项羽的这个想法乍听确实惊人，但其实出现这样的事情也不足为奇。当项羽看到始皇帝威严的仪仗、敬肃的人们和顶礼膜拜的场面时，他久郁胸中的闷气、潜滋暗长的霸气和万丈豪情一定会在心中涌动。这时的项羽也已渐渐长大，想必他立刻找到了心中的理想。项羽的目标也一下子由"学万人敌"这一比较模糊的想法发展到成为九五之尊了，至少这种理想更具体、更明确

---

① 籍（项羽）长八尺余，力能扛鼎，才气过人，虽吴中子弟皆已惮籍矣。

了。同时，笔者仿佛听到了少年项羽朝着理想迈进的脚步声。

第二节 国仇家恨：复仇心理滋生出无情与残暴

俗话说："乱世出英雄。"秦朝虽然武力统一了六国，但其残暴的统治造成了全国普遍的民怨。反秦、蛊惑民心的舆论宣传和走上反抗道路的亡命之徒，使针对始皇帝的刺杀事件屡有发生，在秦二世元年甚至出现了陈胜等领导的人民武装反抗斗争。这对复仇心理日增、反秦之志日明的项梁、项羽叔侄二人倒是一件好事。一方面，这会解除一些因犯下杀人罪而避仇的心理压力；另一方面，他们也认为这是成就一番事业的大好时机。项氏家族与秦统治者有不共戴天的国仇家恨①。此时叔侄二人一定跃跃欲试，也难免有所筹划。这时项羽已长大成人，待机而起已成叔侄二人的共同期待。秦二世元年七月，陈胜、吴广起义爆发了，于是天下大乱。此时项梁的地位、势力与影响都有很大发展②，而且项梁反心已定，遂与其侄项羽杀会稽郡守殷通而举事。从此，叔侄二人走上了武装反抗秦朝统治的道路。

在发动反秦起义以及此后的反秦军事斗争中，项羽及其叔父项梁的果敢与残暴多有显露。《项羽本纪》："梁（项梁）眴籍（项羽）曰：'可行矣！'于是籍遂拔剑斩守头。项梁持守头，佩其印绶。门下大惊，扰乱，籍所击杀数十百人。"此举可谓千钧一发，然项羽之镇定自若却非常人所能比，此危险局势也非常人所能控制。于是起义得以成功发动。在起义发展过程中，项羽当仁不让地成为各方都可以接受的起义领袖③。

此外，在秦汉之际残酷的军事战争中，在项羽所向披靡的军事斗争中，其性格的残暴性也多有暴露。其一，项羽曾受项梁派遣进攻襄城。当时，"襄城坚守不下，已拔，皆坑之"。项羽恼羞成怒的残暴性格不言而喻。其二，"项梁使沛公及项羽别攻城阳，屠之"。项羽等攻下城阳后进行了屠城，其大

---

① 《史记·秦始皇本纪》："二十四年，王翦、蒙武攻荆，破荆军，昌平君死，项燕遂自杀。"《史记·项羽本纪》："楚虽三户，亡秦必楚。"这是在楚国南方广泛流传的话，表现了楚国人怨秦之深。

② 《史记·项羽本纪》载"会稽守通（殷通）谓梁（项梁）曰"之语。这就是说项梁能够参与会稽郡的重要政务并能与郡守议事。

③ 《史记·项羽本纪》："婴（陈婴）乃不敢为王。谓其军吏曰：'项氏世世将家，有名于楚。今欲举大事，将非其人不可。我倚名族，亡秦必矣。'"这是项羽后来成为起义军领导者在楚地民众心中具有一定地位的体现。

开杀戒的原因，很可能是城阳守城军民进行过顽强的抵抗。其三，项羽灭秦后，当时有人劝说作为诸侯盟主的项羽定都关中，但项羽经过权衡决计东归。于是有人说楚地之人"沐猴而冠"，而项羽"闻之，烹说者"。这不仅表现出项羽的暴戾，而且其作为王者的心胸也确实不够宽广。其四，秦将章邯率残部投降项羽并随军进攻关中时，秦军虽降，但项羽恐其入关后生出变故，于是下令"楚军夜击阬秦卒二十余万人新安城南"。残酷的军事战争使项羽变得异常残暴，他宛如一架杀人机器，欲罢不能。其五，"居数日，项羽引兵西屠咸阳，杀秦降王子婴，烧秦宫室，火三月不灭"。这是项羽复仇心理最突出的一次表现。如果此前几次残暴行为是由于恼羞成怒或疑心较重所致，那么他这次残暴行径却是近乎偏执的性格爆发，应该是项羽国仇家恨思想淋漓尽致的一次表达或诠释。

由于项羽性格霸气明显，且军事才能相当高，他几乎没有称得上知心的朋友和稍微足智多谋的战友（范增倒是足智多谋，只是项羽中了刘邦的离间计而不再信任他，后被气走了）。项羽很难听进别人对他的劝谏，国仇家恨蒙住了他的双眼，与他霸气性格相辅相成的是他的一意孤行，这让项羽很难停下来真正未雨绸缪自己的人生和事业。作为随军女眷的虞姬可能暂时纾解一些项羽的焦虑，但她既分担不了战场上独当一面的重任，也不能提供出奇制胜的谋略，更不能根本改变项羽的无情与残暴。因此，国仇家恨应该是导致项羽无情与残暴性格发展的主要原因。依据史料，从心理学分析人物性格，应该有一定科学道理。

第二章

论秦汉之际的社会伦理道德问题

序言

道德与法律一样，都是调节社会关系的工具，也都是维护社会秩序、规范人们思想行为的重要手段，因此备受历代统治阶级重视。在秦汉之际，许多传统伦理道德观念带着历史前进的惯性在社会发展过程中努力保持着既往的面貌，但因处在波澜壮阔的楚汉战争年代，根本无法独善其身。就秦汉之际的社会伦理道德而言，我们会依稀发现许多历史的影子，但又无法回避，甚至漠视其不同以往的特殊一面。因为伦理道德也像其他一切社会现象一样，都是处于不断发展变化中的，都深深镌刻着所处时代的烙印，都具有深刻而复杂的历史多样性。

秦王朝的建立，统一了山东六国，从而结束了列国并立的局面，首创了中国历史上第一个封建专制主义中央集权国家。然而，"秦始皇的事业，是在残酷地剥削压迫人民的条件下，在短短的十几年中完成的，这就使秦的统治具有急政暴虐的特色"①。秦王朝治国理政以法家思想为指导，崇尚暴力，严刑峻法，尤其是在思想文化领域执行极端的文化专制主义政策，甚至不顾及基本的政治伦理道德而制造残暴的"焚书坑儒"事件。随着社会矛盾的日趋尖锐，统一仅14年的秦王朝很快就在秦末农民大起义的汪洋大海中覆灭了。继之而起的西楚政权虽分封了天下诸侯，却没有把统治秩序稳定下来，一直处于兵荒马乱之中长达五年之久，之后才进入百废待兴且充满活力的汉王朝。不过，西汉司马迁立《秦楚之际月表》，意味着将汉家之立归因于陈涉、项氏，这无疑反映了汉人重楚的观念②。中国社会伦理道德的发展状况、发展程度、变化趋势一定会伴随着复杂的社会政治、军事斗争出现一些新情况，因为伦理道德也像其他一切社会现象一样，都是处于社会不同阶段且不断发展

---

① 翦伯赞. 中国史纲要［M］. 北京：人民出版社，1979 年：97-98.

② 田余庆. 说张楚：关于"亡秦必楚"问题的探讨［J］. 历史研究，1989（02）：134-150.

变化的产物，都不同程度地深深镌刻着时代的烙印，都具有某种深刻而复杂的历史多样性。而法律和道德在某些方面也具有相同的特点，且一样具有继承性，因此秦汉之际的法律与当时的伦理道德相辅相成，有着鲜明的时代性。同时，就秦汉之际社会伦理道德和法律本身而言，其作为承上启下的一个历史发展阶段也一定会有一些需要深入考察的问题。鉴于这方面目前尚无专文进行论述，为此笔者不揣浅陋试论之。

第一节　父子伦理关系与"孝"道德观念

秦汉之际中国社会历史的发展出现了极为波澜壮阔的局面。这个时期虽为乱世，但是中华民族的传统"孝"道仍然得以提倡。从战国时期与秦汉时期前后两个大的阶段来看，总体上说，"孝"道持续不断地得以强化。不过，楚汉战争时期父子之间的伦理关系与战国、秦朝、汉朝几个时期相比还是有一些值得体会和回味的内容。

战国时期，各个国家的个体家庭形态逐渐兴起，"孝亲"开始成为"孝"观念的最重要组成部分。史载："孝者，子妇之高行也。"（《管子·形势》）由此可知"孝"被明确地诠释为"子之德"。战国时期"孝"的主要内容是"养"，如孟子列举并批评的世间"五种不孝"行为中就有三种属于"养"的范畴（《孟子·离娄下》）。另外，在战国时期，"孝"观念中所包含的"顺"有强化的趋势。史载："孝子之事亲也，有三道焉：生则养，没则丧，丧毕则祭。养则观其顺也，丧则观其哀也，祭则观其敬而时也。凡此三者，孝子之行也。"（《礼记·祭统》）战国后期，在正统思想领域父母的权威得到了进一步的强化，因为其中"顺"德的要求有逐渐极端化的倾向。史载："父母生之，子弗敢杀；父母置之，子弗敢废；父母全之，子弗敢阙。"（《吕氏春秋·孝行览》）到了秦朝，"孝"观念不仅走向了伦理层面的极致，而且还出现了引"孝"入法的情形。赵高、李斯和胡亥合谋矫诏杀害太子扶苏和大将蒙恬时，便冠以"为人子不孝"的罪名，秦王朝的公子扶苏当时也只能说"父而赐子死，尚安复请"①，这应该基本符合当时的"孝"观念。对此，有的学者明确地指出："在此基础上，'父为子纲'的观念已初现端倪。"② 那么，相

---

① 司马迁. 史记［M］. 北京：中华书局，1982：2551.

② 张锡勤，柴文华. 中国伦理道德变迁史稿［M］. 北京：人民出版社，2008：138.

比之下，在极为动荡的秦汉之际父子伦理关系是否有所变化？如果有所变化，又是如何体现的？针对这些问题的考察分析都值得期待。

据《汉书》记载，秦朝末年，蒯通对范阳令徐公曰："……今天下大乱，秦政不施，然则慈父孝子将争接刃于公之腹，以复其怨而成其名。此通所以吊者也。"① 据此可以推断，随着秦王朝行将灭亡，复仇抱怨之风一定会再次兴起风浪。其中孝子为慈父报仇雪恨的行为也将层出不穷。此复仇行为应该是秦汉之际孝子行孝的一种极端表达方式，其旨在维护当时社会崇尚的孝子"名节"，以慰孝子之心。同时，这和"孝"行主要源自朴素的道德情感和主要基于报恩的思想意识等也并没有任何冲突，反而彼此之间紧密相连。

也就是说，"孝"观念的内在心理机制除了道德情感，主要基于报恩意识。此外，还有一种仇恨，世人称之为"父母之仇"。常言道："此仇不报，誓不为人。"对于孝子而言，"父母之仇"可谓不共戴天。这在春秋后期已经有所体现。史载："子夏问孔子曰：'居父母之仇，如之何？'夫子曰：'寝苫枕干，不仕，弗与共天下也。遇诸市朝，不反兵而斗。'"（《礼记·檀弓》）战国时期社会上开始逐渐盛行复仇之风。史载："吾今而后知杀人亲之重也。杀人之父，人亦杀其父；杀人之兄，人亦杀其兄。然则非自杀之也，一间耳。"（《孟子·尽心下》）又，"父母之仇，不与共生……族人之仇，不与聚邻"。（《大戴礼记·曾子制言》）但是，秦王朝建立之后立即在全国范围内施行严格的法令，严厉禁止复仇之风，社会上盛行的仇杀情况因此有了比较明显的好转。据《汉书》记载，秦朝末年蒯通对范阳令徐公说："足下为令十余年矣，杀人之父，孤人之子，断人之足，黥人之首，甚众。慈父孝子所以不敢事刃于公之腹者，畏秦法也。"② 其实，在秦王朝发动统一战争的过程中，以及统一六国后，六国贵族后裔的复仇行动始终没有停息过。史载"张良字子房，其先韩人也。大父开地，相韩昭侯、宣惠王、襄哀王。父平，相釐王、悼惠王。悼惠王二十三年，平卒。卒二十岁，秦灭韩。良（年）少，未宦事韩。韩破，良家僮三百人，弟死不葬，悉以家财求客刺秦王，为韩报仇，以五世相韩故。良尝学礼淮阳，东见仓海君，得力士，为铁椎重百二十斤。秦皇帝东游，至博浪沙中，良与客狙击秦皇帝"③。显然，作为韩国贵族后裔的张良"为韩报仇，以五世相韩故"，主要是国为"亡国灭族"之恨。

① 班固.汉书［M］.北京：中华书局，1962：2159.
② 班固.汉书［M］.北京：中华书局，1962：2159.
③ 班固.汉书［M］.北京：中华书局，1962：2023.

恐怕很难将张良一系列复仇之举与对包括父辈在内长辈的"孝"行截然割裂开来。因为从人之常情来说，这也许会让张良替逝去的先人感到一些欣慰。而对于生者而言，张良可谓视死如归，毫无疑问已经尽心尽力了。

陈胜、吴广起义之后，项羽起兵反秦时的仇恨就是他与秦朝的仇恨，也就是所谓项氏宗族与秦王朝不共戴天的"国仇家恨"。史载，"项籍者，下相人也，字羽。初起时，年二十四。其季父项梁，梁父即楚将项燕，为秦将王翦所戮者也。项氏世世为楚将，封于项，故姓项氏"。① 这样一来，项羽后来"屠咸阳"和"杀秦降王子婴"之举②也就不难理解了。从某种角度上来讲，项羽这些复仇之举其实就是对祖辈的一种"孝"行的体现。换言之，为父亲或长辈复仇就是除了报恩之外的一种极端的"孝"行表达方式。

时至汉代，复仇不仅限于为父报仇③，杀兄之仇也在复仇之列④，不仅出现了儿子因母亲受辱而杀人复仇的情形⑤，还出现了一系列女儿亲自为亡父复仇的情况⑥。由此可见，汉代复仇之风再次兴盛，其严重情况也进一步升级。究其原因，有学者认为，这是汉代的民风使然，也有某些法律方面的推波助澜，以及官府勉励"名节"政策的实施。⑦ 尤其是后者，在一个非常崇尚"名节"的社会中，充满"孝"观念的道德情感的社会舆论绝对不能忽视。

---

① 司马迁．史记［M］．北京：中华书局，1982：295.

② 史载：鸿门宴上项羽谅解了刘邦，"后数日，羽乃屠咸阳，杀秦降王子婴，烧其宫室，火三月不灭"。参见班固．汉书［M］．北京：中华书局，1962：1808.

③ 史载："元朔中，睢阳人犴反，人辱其父，而与睢阳太守客俱出同车。犴反杀其仇车上，亡去。"参见班固．汉书［M］．北京：中华书局，1962：2215. 史载：东汉时苏不韦为报杀父之仇，"乃藏母于武都山中，遂变名姓，尽以家财募剑客，邀畠于诸陵间，不克"。后来苏不韦又挖地道进入仇人李暠寝室，"值暠在厕，因杀其妾并及小儿"，在未得手情况下，为了报仇解恨，又"掘其父阜冢，断取阜头，以祭父坟"。参见班固．汉书［M］．北京：中华书局，1962：1108.

④ 史载："兄（魏朗兄）为乡人所杀，朗白日操刃报仇于县中，遂亡命到陈国。"参见范晔．后汉书［M］．北京：中华书局，1965：2200-2201. 史载："瑗兄章为州人所杀，瑗手刃报仇，因亡命。"参见范晔．后汉书［M］．北京：中华书局，1965：1722.

⑤ 史载："安丘男子毋丘长与母俱行市，道遇醉客辱其母，长杀之而亡。"参见范晔．后汉书［M］．北京：中华书局，1965：2101.

⑥ 史载："同郡缑氏女玉为父报仇，杀夫氏之党。"参见范晔．后汉书［M］．北京：中华书局，1965：1751. 史载："酒泉庞淯母者，赵氏之女也，字娥。父为同县人所杀，而娥兄弟三人，时俱病物故，仇乃喜而自贺，以为莫己报也。娥阴怀感愤，乃潜备刀兵，常帷车以候仇家。十余年不能得。后遇于都亭，刺杀之。"参见范晔．后汉书［M］．北京：中华书局，1965：2796-2797.

⑦ 林永强．汉代地方社会治安研究［M］．北京：社会科学文献出版社，2012：230.

众所周知，舆论具有很大的引导作用。① 但是，我们也完全能够看出，六国的先后灭亡、秦末战乱不息、复仇之风盛行等引起的一系列社会动荡，造成整个社会的文化结构发生了一些变化，其中伦理道德观念和行为的变化也比较明显。史载：秦朝末年，"余（陈余）年少，父事耳（张耳），相与为刎颈交"②。另据《汉书》记载，秦朝末年户牖富人张负将自己的孙女嫁给了陈平，并郑重地教导他的孙女说："毋以贫故，事人不谨。事兄伯如事乃父，事嫂如事乃母。"③ 这体现了当时社会"孝"观念还是比较强烈的。而《史记·项羽本纪》载："项王、项伯东向坐，亚父南向坐。亚父者，范增也。沛公北向坐，张良西向侍。"④ 其中"亚夫"是尊称，指像父亲一样敬重之人。这三例史料中"孝亲"的对象均不是自己的亲生父母，暂且称之为残缺型"孝亲"，这应该是战乱年代的典型标志之一。

另外，在西楚时期社会仍然崇尚"孝"观念，人们也很重视"孝"行。正因为这样，"孝"于是成了特殊情况下一种可被利用的资源，并往往成为一种胁迫敌对的个人或势力妥协的工具或手段。史载："及汉王之还击项籍，陵（王陵）乃以兵属汉。项羽取陵母置军中，陵使至，则东乡坐陵母，欲以招陵。陵母既私送使者……遂伏剑而死。"⑤ 王陵的母亲在没有见到王陵本人的情况下自杀以防止因为自己而使王陵妥协，这从侧面说明王陵是一个大孝子，项羽因此失去了人质，也宣告了项羽首次以"孝"作为招降手段的失利。同时，正是王陵母亲之死避免了王陵可能出于"孝行"而背汉降楚，否则"徐庶进曹营"⑥ 就可能变成"王陵进楚营"了。以如此极端的方式来体现王陵的"孝"行，实属罕见，而且恐怕尚属首次。汉王二年（前205年），西楚霸王项羽在彭城之战中将刘邦的父亲和妻子抓获并留在军中作为人质。⑦ 汉王四年（前203年），在楚汉两军广武山交战的关键时刻，西楚霸王项羽就曾以杀

① 孙家洲. 秦汉法律文化研究［M］. 北京：中国人民大学出版社，2007：172.
② 班固. 汉书［M］. 北京：中华书局，1962：1829.
③ 班固. 汉书［M］. 北京：中华书局，1962：2038-2039.
④ 司马迁. 史记［M］. 北京：中华书局，1982：312.
⑤ 班固. 汉书［M］. 北京：中华书局，1962：2046-2047.
⑥ 史载："先主在樊（城）闻之，率其众南行，亮与徐庶并从，为曹公所追破，获庶母。庶辞先主而指其心曰：'本欲与将军共图王霸之业者，以此方寸之地也。今已失老母，方寸乱矣，无益于事，请从此别！'遂诣曹公。"参见陈寿. 三国志［M］. 北京：中华书局，1982：914.
⑦ 史载："审食其从太公、吕后间行，反遇楚军，羽常置军中以为质。"参见班固. 汉书［M］. 北京：中华书局，1962：36.

害刘邦父亲刘太公为要挟，欲迫使汉王刘邦投降。史载：汉王四年，"汉军方围钟离于荥阳东，羽军至，汉军畏楚，尽走险阻。羽亦军广武相守，乃为高俎，置太公其上，告汉王曰：'今不急下，吾亨太公。'汉王曰：'吾与若俱北面受命怀王，约为兄弟，吾翁即汝翁。必欲亨乃翁，幸分我一盃羹。'羽怒，欲杀之。项伯曰：'天下事未可知。且为天下者不顾家，虽杀之无益，但益怨耳。'羽从之。"① 西楚霸王项羽看重的，理所当然是一个"孝"字，然而刘邦却以诙谐的语气在父亲的性命与天下江山之间选择了后者。从项羽的角度来看，刘邦无视父亲的死活，这简直是大逆不道，同时也让项羽感到黔驴技穷，对刘邦这样一个不顾亲情、一切无所谓的人物确实无计可施、无可奈何。然而，刘邦真的不顾及亲情，不在乎父亲刘太公的性命吗？仔细分析，其实也不尽然。汉王刘邦为了防止父子亲情被项羽利用而影响到自己与项羽之间的军事斗争，汉王元年"九月，汉王遣将军薛欧、王吸出武关，因王陵兵，从南阳迎太公、吕后于沛。羽闻之，发兵距之阳夏，不得前"②。当然，汉王刘邦此举也一定有方便尽孝的用意，但是残酷的战争无法让刘邦正常尽孝，只好先抓军事斗争这件大事而暂时将"孝亲"放一放了。同时，引文中项伯所说的"为天下者不顾家"，用在具有远大志向的汉王刘邦身上十分贴切。但是，在一般情况下抛却亲情、不顾"孝"行而执意追逐身外之物，即便拥有了高官厚禄，也为传统的伦理道德所不齿。然而由于残酷的战争和功利主义思想的泛滥，传统的伦理道德也渐渐异化。但这种情况终究不会长久，一个社会传统的伦理道德是人类道德情感在漫长历史长河中的文化积淀，回归正道只是时间问题。不过社会的动荡与战乱造成人类传统伦理道德思想的"扭曲"也确实不容忽视，纠结于秦汉之际父母与子女之间的伦理道德关系就是最好的注释。

以西楚时代为主体的秦汉之际，"孝"观念和"孝"行均表现出一种比较"极端"或"残缺"的倾向感。如此极端或残缺的"孝"行，纵然不是秦汉之际社会动荡与战乱所独有，但社会动荡与战乱却更能让人的心性发生扭曲，这种情况会更普遍一些。总之，"孝"行的极端与残缺的倾向感的确是西楚时代（甚至还可以扩展到时间跨度更长一些的秦汉之际）的一种现象。

① 班固. 汉书［M］. 北京：中华书局，1962：1815.

② 班固. 汉书［M］. 北京：中华书局，1962：32.

第二节　君臣伦理关系与“忠君”观念

　　就伦理观念而言，“忠”观念与“孝”观念一样，也是中国传统伦理道德思想的核心内容之一。有学者认为：“‘忠’的观念在春秋时期已经开始在社会生活和人们的道德意识中流行开来了。”① 不过“在春秋时代，忠是对待一切人的”②。这就是说，政治性的“忠君”观念此时还没有完全被固化为臣之德。春秋末期，孔子认为君与臣作为社会伦理关系的双方，他们的地位应是平等的，故曰：“君使臣以礼，臣事君以忠。”（《论语·八佾》）至于“忠君”观念的绝对化，通常认为是战国后期由于法家的提倡而最终形成的。③正如韩非所说：“人主虽不肖，臣不敢侵也。”④ 于是“忠君”思想成了“忠”德的最高要求。“忠君”思想在秦朝的伦理道德建设中也是重要的道德规范。赵高、李斯和胡亥合谋矫诏杀害太子扶苏和大将蒙恬时，就曾冠之以“为人臣不忠”⑤ 的罪名。于是从秦王朝开始，“忠”之德最终被引入了法律。西楚时代作为一个战乱时期，传统“忠君”思想的影响力受到了一定程度的削弱。汉元年冬十月秦王子婴投降，史载：

　　　　十二月，项羽果帅诸侯兵欲西入关，关门闭。闻沛公已定关中，羽大怒，使黥布等攻破函谷关，遂至戏下。沛公左司马曹毋伤闻羽怒，欲攻沛公，使人言羽曰：“沛公欲王关中，令子婴相，珍宝尽有之。”欲以求封。⑥

　　据此分析，笔者认为，沛公左司马曹无伤向项羽告密有两个目的。其一，正像文中所言“欲以求封”，即所谓卖主以求荣，为自己改换门庭献上投名状。其二，离间项羽与刘邦二人关系，以加深二者日后的矛盾，沛公左司马曹无伤经过判断，感觉项羽很可能是楚汉相争的最后胜利者，此举旨在向项

---

① 张锡勤，柴文华.中国伦理道德变迁史稿［M］.北京：人民出版社，2008：94.
② 张锡勤.中国传统道德举要［M］.哈尔滨：黑龙江教育出版社，1996：97.
③ 张锡勤，柴文华.中国伦理道德变迁史稿［M］.北京：人民出版社，2008：100.
④ 韩非.韩非子［M］.上海：上海古籍出版社，1989：161.
⑤ 司马迁.史记［M］.北京：中华书局，1982：2551.
⑥ 班固.汉书［M］.北京：中华书局，1962：24.

羽说明自己"身在汉营心在楚"的立场。这鲜明地反映了在残酷的政治、军事斗争中，伦理道德思想所属的"忠"观念比较松弛，而所谓"良禽择木而栖，贤臣择主而事"的思想比较盛行且在现实生活中颇有市场，这也为此类人物必要时另投新主提供了理论上的借口。因此，在那个动荡时代，见风使舵者比比皆是。但是，秉持"忠心不二"观念和痛恨背主求荣的行为也在一定程度上带着历史车轮的惯性保持了先秦以来的本色。史载：

> 项羽取陵（王陵）母置军中，陵使至，则东乡坐陵母，欲以招陵。陵母既私送使者，泣曰："愿为老妾语陵，善事汉王。汉王长者，毋以老妾故持二心。妾以死送使者。"遂伏剑而死。①

为了不让儿子顾忌私恩而以孝废忠，王陵母亲断然自杀，阻断了儿子为救母亲而可能出现的违心背汉投楚的不忠不义行为。这说明"忠义"思想在当时社会具有一定的影响，人们对于不忠不义之行径深恶痛绝。刘邦从鸿门宴逃脱后，"沛公至军，立诛杀曹无伤"②，讲的就是这个道理。当然，这和西汉时期"忠"观念中的"忠君"思想更加强化③相比，还有一定距离，和汉代更加宽泛的"忠"观念内容④相比，也不能完全相提并论。"忠"观念在漫长的发展过程中，以西楚时代为主的秦汉之际作为一个过渡阶段不过是白驹过隙，但就是在这样一个极为残酷的战争年代，"忠"观念却经历了一场血与火的盛大洗礼，在不同层面上演绎了诸多类型，让时人，也让世人深刻地体会了那个时代人性的真假、善恶、美丑，抑或其他。为此，笔者试着对那个时代不同类型的"忠"观念进一步解读，并展示与之密切联系的君臣伦理关系。

第一，崇尚忠烈或节义型。

秦末起义领袖陈胜、吴广在蕲县大泽乡率领 900 名戍卒揭竿而起时，他

---

① 班固. 汉书［M］. 北京：中华书局，1962：2046-2047.

② 司马迁. 史记［M］. 北京：中华书局，1982：315.

③ 董仲舒说："王道之三纲，可求于天。"参见董仲舒. 春秋繁露（诸子百家丛书）［M］. 上海：上海古籍出版社，1989：74. 其中"三纲"即"君为臣纲，父为子纲，夫为妻纲"，这是我国古代传统伦理"三纲"正式确立的标志。

④ 《汉书》卷 68《霍光传》载：霍光说"臣宁负王，不敢负社稷"。《史记》卷 111《卫将军骠骑列传》载：霍去病说"匈奴未灭，无以家为"。《新书·大政上》载：贾谊认为"吏以爱民为忠"。《淮南子·主术训》载，人曰"臣亦不能死无德之君"。《汉书》卷 99《王莽传》载，司命孔仁叹曰"吾闻食人食者死其事"。

们向群情激昂的起义队伍发出了"壮士不死则已，死则举大名耳。侯王将相，宁有种乎！"① 的战斗宣言。同时，英雄的心声仿佛就在耳边回荡："今亡亦死，举大计亦死，等死，死国可乎？"② 这万丈豪情鲜明地预示着陈胜、吴广两位起义军领袖要为苦难的人民请命，要为亡秦复楚而战。虽然陈胜、吴广在反秦复楚战争中先后牺牲，但是两位英雄忠于楚国、忠于楚国人民的一片丹心日月可鉴。西楚霸王项羽和陈胜、吴广两位英雄在反秦复楚这个奋斗目标上完全一致，项羽英勇战斗的一生就是最好的证明。项羽在兵败垓下时说："吾起兵至今八岁矣，……此天亡我，非战之罪也。……使诸君知我非用兵罪，天亡我也。"③ 对此学界一直存在着一些非议，这是可以理解的。不过，从另外一个角度来看，为了反秦复楚事业，为了巩固西楚的霸业，项羽英勇顽强、奋不顾身，可以说已经尽心尽力了。最后项羽虽无颜再见江东父老，然而其昭昭忠心已经不言自明，他无愧于西楚和西楚的人民。他仍然是西楚人民心目中顶天立地的英雄，并长久地留在人们的心中。

在秦末巨鹿之战中项羽率领的楚军"大破之，杀苏角，虏王离。涉间不降楚，自烧杀"④。这就是说，在公元前 207 年的巨鹿之战中，项羽所率楚军大败王离所部秦军主力，其中秦军将领涉间自杀身亡。涉间宁死不降楚军，究其原因，其或死于勇士为国捐躯之忠义思想，或死于军人宁折不弯之刚烈气概，总之，他是为暴秦殉葬的一位秦末忠烈之士。在涉间身上深刻体现出秦汉之际"忠烈""节义"之时代社会伦理思想或道德观念。

汉王三年（前 204 年）五月，荥阳被楚军围困，形势十分危急，为了能让汉王刘邦出城脱险，将军纪信冒着生命危险假扮汉王降楚，使汉王乘机逃脱。为此，西楚霸王项羽残酷地处死了纪信。⑤ 另外，汉王三年六月，项羽"乃引兵西拔荥阳城，生得周苛。羽谓苛：'为我将，以公为上将军，封三万户。'周苛骂曰：'若不趋降汉，今为虏矣！若非汉王敌也。'羽烹周苛，并杀枞公"⑥。将军纪信冒着生命危险自愿假冒汉王以欺骗项羽，继而被杀。纪信对汉王而言可谓忠勇智谋之士，而汉王手下荥阳城守将周苛、枞公被俘后拒绝高官厚禄的诱惑、宁死不屈，对汉王而言也可谓是忠勇刚烈之臣。

① 班固. 汉书 [M]. 北京：中华书局，1962：1787.
② 班固. 汉书 [M]. 北京：中华书局，1962：1786.
③ 班固. 汉书 [M]. 北京：中华书局，1962：1818.
④ 司马迁. 史记 [M]. 北京：中华书局，1982：307.
⑤ 班固. 汉书 [M]. 北京：中华书局，1962：40.
⑥ 班固. 汉书 [M]. 北京：中华书局，1962：41-42.

汉王五年（前202年）冬十二月，西楚霸王项羽兵败自杀，"初项羽所立临江王共敖前死，子尉嗣立为王，不降。遣卢绾、刘贾击虏尉"①。又，西汉初年，田横"既葬，二客穿其冢旁，皆自刭从之。高帝闻而大惊，以横之客皆贤者，'吾闻其余尚五百人在海中'，使使召至，闻横死，亦皆自杀"②。临江王共敖为西楚政权所封，第二代临江王共尉即便是在西楚霸王项羽兵败自杀后依然效忠西楚而誓死不降汉王。田横的部属在得知田横死后全部自杀，这确实是极为悲壮的一幕。田横能让所有部属义无反顾地为自己殉难，着实令高帝震惊，因为有这样一大批死难者，完全符合引文中高帝所说的"贤者"标准，确实让高帝感到意外。至死不渝的临江王共尉和全部殉难的田横部属，他们秉承着早在战国时期就已经出现的"忠臣不事二主"③的观念，为忠义慷慨赴死。毫无疑问，这绝不是一时冲动，这是传统伦理道德观念长期渲染和教化所致。

第二，长期忠义而晚节不保型。

此类型在秦汉之际为数不少。史载：汉王与楚大战彭城不利，遂派随何诱降九江王英布。"随何曰：'汉王使使臣敬进书大王御者，窃怪大王与楚何亲也。'淮南王（英布）曰：'寡人北向而臣事之。'"④在西楚分封的诸侯王中，九江王英布还算比较服从西楚中央领导，曾领命徙杀义帝，还曾出兵助西楚攻齐。在相当一段时期内，英布还是一直谨守臣德的，正如他对刘邦派遣的说客随何所说："寡人北向而臣事之。"然而，就在西楚与汉处于拉锯战时，由于随何的劝诱，英布立场不够坚定，最后叛楚降汉，以致晚节不保。

> 楚地悉定，独鲁不下。汉王引天下兵欲屠之，为其守节礼义之国，乃持羽头示其父兄，鲁乃降。⑤

在西楚霸王项羽败亡、"楚地悉定"后，项羽的最初封地——鲁地仍坚守顽抗，鲁地军民效忠西楚霸王项羽，拒不投降。刘邦原本想"引天下兵"屠城。但是，为了表彰鲁地军民能在大兵压境的情况下仍然为项羽"守节"，在西汉王朝即将建立之际，为了提倡忠义思想，刘邦最后还是改变了主意。不

① 班固. 汉书［M］. 北京：中华书局，1962：50.

② 班固. 汉书［M］. 北京：中华书局，1962：1852.

③ 司马迁. 史记［M］. 北京：中华书局，1982：2645.

④ 班固. 汉书［M］. 北京：中华书局，1962：1883.

⑤ 班固. 汉书［M］. 北京：中华书局，1962：50.

过，对鲁地的军民来说，在伦理道德层面上也很难心安理得，因为"忠君"思想并不是仅仅局限于生者，也包括对逝者谨守臣节。因此，鲁地军民为西楚霸王项羽尽忠守节之举，仅从伦理层面来看，其"忠义"观念并不算到位，而其也未将"忠义"行为进行到底，故此事可圈可点。另据史载：

> 季布，楚人也，为任侠有名。项籍使将兵，数窘汉王。项籍灭，高祖购求布千金，敢有舍匿，罪三族。布匿濮阳周氏，……朱家心知其季布也，买置田舍。乃之雒阳见汝阴侯滕公，说曰："季布何罪？臣各为其主用，职耳。项氏臣岂可尽诛也？……君何不从容为上言之？"滕公心知朱家大侠，意布匿其所，乃许诺。待间，果言如朱家指。上乃赦布。[1][2]

楚国人季布是非常有名的侠客，身为西楚霸王项羽手下大将，多次置汉王于困境，因此战功赫赫。他忠于西楚霸王项羽，也是项羽身边值得信任的将领，但是在项羽刚刚败亡不久就由赫赫楚将变为汉臣。因此，笔者认为，从季布隐匿到重新入世的过程中可以看出季布的"忠君"思想并没有那么强，或者说"忠臣不事二主"的思想还不够坚定。

第三，投机钻营、善于伪装型。

这种类型人物的"忠义"观念往往停留在口头、表面上，而在其内心深处、实际社会生活中又有相当的保留。在"城头变幻大王旗"的楚汉战争时期，这种类型的人大有人在。史载：

> 是时，秦嘉已立景驹为楚王，军彭城东，欲以距梁。梁谓军吏曰："陈王首事，战不利，未闻所在。今秦嘉背陈王立景驹，大逆亡道。"乃引兵击秦嘉。[3][4]

又，汉元年（西楚元年），项羽率30余万诸侯大军攻入刘邦派兵据守的函谷关并进至鸿门。"闻沛公欲王关中，独有秦府库珍宝。……沛公从百余骑至鸿门谢羽，自陈'封秦府库，还军霸上以待大王，闭关以备他盗，不敢背德。'"

---

① 班固. 汉书［M］. 北京：中华书局，1962：1975.

② 班固. 汉书［M］. 北京：中华书局，1962：1978.

③ 班固. 汉书［M］. 北京：中华书局，1962：1799.

④ 班固. 汉书［M］. 北京：中华书局，1962：1808.

就社会伦理道德层面而言，两处史料中的"背"字有基本相同的含义。前者"秦嘉背陈王立景驹"中之"背"有背叛、违背等意，通俗一点儿说就是"犯上、不忠不敬"之意，因此句中称此举为"大逆亡道"，其投机钻营行径也就暴露无遗。而后者"不敢背德"中之"背"有违背、背离等意，旨在阐明刘邦本人在进入关中后的所作所为没有违背时人秉持的一般社会道德操守，也没有背离时人认可的具有普遍性的社会伦理观念。当然，刘邦在本句中最想要表达的意思是"一心一意"和"小心谨慎"的侍奉，且无"离心离德"的非分之想，他深知自己的身份地位还远逊于具有相当社会影响的项羽，并不想冒犯在事实上已经相当于诸侯领袖的项羽。他把自己扮演成了项羽麾下的一个忠实信徒和追随者，无非是准备长期潜伏待机而动，这是相当阴险而狡诈的"演员"。另据史载：

> 布母弟丁公，为项羽将，逐窘高祖彭城西。短兵接，汉王急，顾谓丁公曰："两贤岂相厄哉！"丁公引兵而还。及项王灭，丁公谒见高祖，以丁公徇军中，曰："丁公为项王臣不忠，使项王失天下者也。"遂斩之，曰："使后为人臣无效丁公也！"①

丁公原为项羽的部将。西楚与汉在彭城西相战，汉王刘邦失利，丁公将其放走。西楚霸王项羽败亡后，丁公去投奔刘邦。刘邦不仅不报丁公昔日之恩，反而杀死了昔日的恩人丁公。笔者认为，其一，这是由于西汉立国之初，统治者刻意提倡"忠"德的需要。其二，正如引文中刘邦所说："丁公为项王臣不忠，使项王失天下者也。"② 西楚霸王项羽败亡的原因绝对不止这一方面，但丁公此举从某种角度上说却也难辞其咎。从后来丁公在项羽败亡后又去投降刘邦来看，他放走刘邦完全是一种投机行为。

第四，"食其禄而死其事"型。

中国古代臣子忠君的表现多元化，但学界对此重视程度还有待加强。古人有所谓"食人食者死其事，受其禄者毕其能"③ 之观念。楚汉战争进入关键时刻，韩信在齐地实力大增，所以他的态度对西楚政权和汉王刘邦均至关

---

① 班固. 汉书 [M]. 北京：中华书局，1962：1979.
② 司马迁. 史记 [M]. 北京：中华书局，1982：2733.
③ 春秋末期楚国大夫申鸣流涕而应之曰："始吾父之孝子也，今吾君之忠臣也。吾闻之，食其食者死其事，受其禄者毕其能。今吾已不得为父之孝子矣，乃君之忠臣也，吾何得以全身？"参见刘向. 说苑校证 [M]. 北京：中华书局，1987：84.

重要。由于感到韩信在齐地对西楚构成了威胁，项羽便派武涉前去策反。史载：

> 楚以亡龙且，项王恐，使盯台人武涉往说信曰："足下何不反汉与楚？楚王与足下有旧故。且汉王不可必，身居项王掌握中数矣，然得脱，背约，复击项王，其不可亲信如此。今足下虽自以为与汉王为金石交，然终为汉王所禽矣。足下所以得须臾至今者，以项王在。项王即亡，次取足下。何不与楚连和，三分天下而王齐？今释此时，自必于汉王以击楚，且为智者固若此邪！"信谢曰："臣得事项王数年，官不过郎中，位不过执戟，言不听，画策不用，故背楚归汉。汉王授我上将军印，数万之众，解衣衣我，推食食我，言听计用，吾得至于此。夫人深亲信我，背之不祥。幸为信谢项王。"……信不忍背汉，又自以功大，汉王不夺我齐，遂不听。①

西楚霸王项羽派武涉劝说韩信与西楚联合，进而造成"三分天下而王齐"的局面。如能实现，当然对项羽一方有利，同时也透露出西楚政权正面临着前所未有的压力。武涉走后，韩信帐下的一个辩士蒯通也反复劝说韩信。蒯通说："方今为足下计，莫若两利而俱存之，参分天下，鼎足而立。"② 而韩信却说："汉遇我厚，吾岂可见利而背恩乎！"③ 之后，蒯通又通过"忠信"话题大谈历史上功臣的不幸归宿。④ 但是韩信最终没有采纳蒯通的劝谏，"犹与不忍背汉，又自以功多，汉不夺我齐，遂谢通"⑤。由此观之，韩信尽职尽责地拥护汉王刘邦，主要来自报恩的思想观念，同时也掺杂着"士为知己者死""良禽择木而栖，贤臣择主而事"的复杂思想。楚汉战争结束后，韩信以"谋反"罪被诛。他临死时不无感慨地"悔不用蒯通之言"⑥，从而暴露了他患得患失的多重人格特征和复杂善变的心理机制。但这并不能淡化韩信"食人食者死其事，受其禄者毕其能"的主体思想观念。或许用当时齐国辩士蒯

---

① 班固. 汉书 [M]. 北京：中华书局，1962：1874-1875.
② 班固. 汉书 [M]. 北京：中华书局，1962：2162.
③ 班固. 汉书 [M]. 北京：中华书局，1962：2163.
④ 班固. 汉书 [M]. 北京：中华书局，1962：2163-2164.
⑤ 班固. 汉书 [M]. 北京：中华书局，1962：2165.
⑥ 班固. 汉书 [M]. 北京：中华书局，1962：2165.

通的自嘲之语"狗各吠非其主"① 来概括韩信也不为过,这样的比喻对于韩信的所作所为来说可能更形象和客观一些。其实"忠"观念的表现形式还不止于此,有学者认为:"在帝制时代,居官尽心尽职乃是忠的表现。"② 这和"食人食者死其事"虽有相似之处,但也有必要在今后进一步加以区分之。

第五,反复无常、见风使舵型。

战乱时期,兵将叛服不定属正常之事,"见风使舵"者也比较常见,因为"忠义""节烈"之观念遭到了比较严重的削弱,人们往往追求适者生存之理。秦朝末年群雄并起,沛公刘邦令部将雍齿守卫家乡丰邑,但是"雍齿雅不欲属沛公,及魏招之,即反为魏守丰。沛公攻丰,不能取。沛公还之沛,怨雍齿与丰子弟畔之。"③ 但根据资料来看,后来雍齿又归顺了汉王刘邦。"汉六年,良曰:'上平生所憎,群臣所共知,谁最甚者?'上曰:'雍齿与我有故怨,数窘辱我,我欲杀之,为功多,不忍。'良曰:'今急先封雍齿,以示群臣,群臣见雍齿先封,则人人自坚矣。'"④

对此,刘邦始终记忆犹新。汉十二年汉高祖路过沛,留止,饮酒庆贺。席间,"沛父兄皆顿首曰:'沛幸得复,丰未得,唯陛下哀矜。'上曰:'丰者,吾所生长,极不忘耳。吾特以其为雍齿故反我为魏。'沛父兄固请之,乃并复丰,比沛"⑤。直到若干年后,刘邦依然耿耿于怀,可见刘邦对当时雍齿和他家乡人的背叛是多么刻骨铭心。为此,甚至与雍齿有关联的官员也受到一定程度的牵连。史载:"(王陵)以善雍齿,雍齿,高祖之仇,陵又本无从汉之意,以故后封陵,为安国侯。"⑥ 之所以未制裁雍齿,只是因为雍齿功劳比较多。

另外,司马欣、董翳、陈平以及魏豹也是这类叛服不定之人。汉元年(前206年)夏四月,在西楚霸王项羽的大分封中司马欣和董翳分别被封为塞王和翟王,五月汉王刘邦兵出陈仓,大兵压境,"塞王欣、翟王翳皆降汉"。又,汉二年(前205年)夏四月,楚汉彭城之战后"诸侯见汉败,皆亡去。塞王欣、翟王翳降楚"⑦。又,陈平"事魏王不容,亡而归楚;归楚不中,又

①　班固. 汉书 [M]. 北京:中华书局, 1962:2165.
②　张锡勤. 中国传统道德举要 [M]. 哈尔滨:黑龙江人民出版社, 2008:272.
③　班固. 汉书 [M]. 北京:中华书局, 1962:12.
④　班固. 汉书 [M]. 北京:中华书局, 1962:2032.
⑤　班固. 汉书 [M]. 北京:中华书局, 1962:74-75.
⑥　班固. 汉书 [M]. 北京:中华书局, 1962:2046-2047.
⑦　班固. 汉书 [M]. 北京:中华书局, 1962:31, 36.

亡归汉。今大王尊官之，令护军"①。

汉二年（前205年）"三月，汉王自临晋渡河，魏王豹降，将兵从"。又，彭城之战刘邦战败，"五月，汉王屯荥阳，……魏王豹谒归视亲疾。至则绝河津，反为楚"。又，当年秋八月汉王在劝降魏王豹不成后派兵进攻并将其俘虏。在汉三年（前204年）五月，汉王"令御史大夫周苛、魏豹、枞公守荥阳。……羽烧杀信。而周苛、枞公相谓曰：'反国之王，难与守城。'因杀魏豹"②。

司马欣、董翳、陈平以及魏豹虽然叛服不定，但刘邦不计前嫌，依然对其有所留用。这说明在与项羽的军事斗争中魏豹还是有一定利用价值的，刘邦考虑更多的恐怕是如何更好地利用魏豹的实际社会影响，稳定社会秩序，以扩大自己良好的社会形象并壮大自己的军事力量。至于魏豹的忠奸问题，在如此紧张的军事斗争中刘邦显然暂时还没有足够的精力去处理。在长期的战争中，叛服不定之人时常出现，而且在一个时期内这些人也可能受到不同程度的重用。对于"这种现象"，据笔者初步分析，其一，对于"用人单位"来说，主要基于实用主义观念，只要有利用价值就有留用的必要性；其二，对于"应聘人员"来讲，朝楚暮汉者表面上好像是一种见风使舵之人，其实这其中也有相当程度的务实精神。在"忠君"观念尚未特别强化之时，对于此种情况，当时社会体现出一定的包容。史载：

> 于是汉兵夹击，破虏赵军，斩成安君泜水上，擒赵王歇。信乃令军毋斩广武君，有生得之者，购千金。顷之，有缚至戏下者，信解其缚，东乡坐，西乡对而师事之。……于是问广武君曰："仆欲北攻燕，东伐齐，何若有功？"广武君辞曰："臣闻'亡国之大夫不可以图存，败军之将不可以语勇。'若臣者，何足以权大事乎！"信曰："仆闻之，百里奚居虞而虞亡，之秦而秦伯，非愚于虞而智于秦也，用与不用，听与不听耳。向使成安君听子计，仆亦擒矣。仆委心归计，愿子勿辞。"广武君曰："臣闻'智者千虑，必有一失；愚者千虑，亦有一得。'故曰'狂夫之言，圣人择焉'。顾恐臣计未足用，愿效愚忠。……"信曰："然则何由？"广武君对曰："当今之计，不如按甲休兵，……如是，则天下事可图也。兵故有先声而后实者，此之谓也。"信曰："善。敬奉教。"于是用

① 班固. 汉书［M］. 北京：中华书局，1962：2040.
② 班固. 汉书［M］. 北京：中华书局，1962：34，37，40.

广武君策，发使燕，燕从风而靡。①

乱世的伦理道德往往表现为实用主义和崇尚务实之精神。李左车（广武君）被俘后受到韩信的厚待与敬重。李左车除了简单的客气，几乎没有太多思想斗争就半推半就地投降了韩信，并且"愿效愚忠"，而无任何心理负担之表现。在这个过程中笔者发现，在李左车的从政伦理道德中，"忠臣"的思想观念表现出一种极为务实的精神，甚至包含着某种"顺势而降不违忠德"的超现实主义内涵。

秦汉之际"三纲五常"思想观念还未得到特别的强化，这些思想的内涵在广大民众中尚有多元现象，这种多元现象指的是诸多早期伦理道德的具体品格的多项性内涵。但是，最高统治者为了维护自己的私利和统治秩序，无时无刻不想进一步强化"三纲五常"的思想，尤其是无条件的、绝对的"忠君"思想。随着秦汉专制主义中央集权的强化，战乱时期较为多元化的"忠君"观念也会随之趋于统一与集中。

第三节　夫妇伦理关系与两性道德观念

在战国时期的社会生活中，西周、春秋以来男女两性婚恋相对自由的风尚在相当程度上得以保留，尚依稀可见。就女性改嫁问题的态度而言，在某些地区还保持相当自由的开放度，社会似乎也比较宽容。史载："士三出妻，逐于境外；女三嫁，入于舂谷。"（《管子·小匡》）这一方面说明战国时期齐国男子出妻情况和女子改嫁情况比较普遍，另一方面则说明男女在婚姻伦理道德上的要求是双向而非单向的。与此同时，战国时期人们对于婚姻关系的规范意识日益强化。史载："妇人之求夫家也，必用媒，而后家事成。"（《管子·形势》）又，"夫者，妻之天也"（《战国策·齐策》）。随着男尊女卑观念在男女婚姻道德上的日益渗透，直接导致了整个社会对女性"贞节"观念的逐步重视。

战国中后期"贞女不事二夫"观念已经见于史籍。齐国贤者王蠋坚决拒绝降燕时说道："忠臣不事二君，贞女不更二夫。"② 不仅如此，"三从"观念

---

① 班固. 汉书［M］. 北京：中华书局，1962：1869-1871.

② 司马迁. 史记［M］. 北京：中华书局，1982：2457.

业已出现。史载："妇人，从人者也；幼从父兄，嫁从夫，夫死从子。"（《礼记·郊特牲》）而同一时期法家思想的集大成者韩非也曾经谈道："臣事君，子事父，妻事夫，三者顺则天下治，三者逆则天下乱，此天下之常道也。"（《韩非子·忠孝》）秦朝在崇尚法治的同时也并非完全排斥道德教化。史载巴郡寡妇清在丈夫死后"用财自卫，不见侵犯，秦皇帝以为贞妇而客之"①。又，其文中曰："有子而嫁，倍死不贞。防隔内外，禁止淫泆，男女絜诚。"②由此可见，秦汉之际"贞节"和"妇德"观念始终处于逐步强化的过程中。关于秦汉之际的变化情况，我们现在来考察一下。

首先，谈一谈西楚时代西楚霸王项羽的夫人虞姬。"［项王］有美人姓虞氏，常幸从。"③（此处与《史记·项羽本纪》记载相同）历史学家司马迁与班固对于项羽的这位美人虞姬虽然并未介绍最后结局，但是综合各方面的情况来看，美人虞姬确实在项羽垓下突围前香消玉殒了。对于虞姬的自刎，学者夏国珍给予了较为全面的总结性评价，谈到了虞姬与项羽相亲、相爱和相敬的夫妻类型，以及虞姬"从一而终"的伦理道德观念，并赞扬了虞姬在"三从四德"制度体系尚未健全和"从一而终"观念尚未形成社会理念情况下的烈女品格和坚守社会主流女性道德观念的自觉。④ 但对于秦汉之际，尤其是西楚时代，更多夫妇伦理关系与两性道德观念方面的实际情况我们以往并未给予足够的关注，现在试考察之。史载：

> （张耳）尝亡命游外黄，外黄富人女甚美，庸奴其夫，亡邸父客。父客谓曰："必欲求贤夫，从张耳。"女听，为请决，嫁之。女家厚奉给耳。⑤

从秦汉时期开始，我国古代男女婚姻由父母决定，这已逐渐成为主流社

---

① 司马迁.史记［M］.北京：中华书局，1982：3260.
② 司马迁.史记［M］.北京：中华书局，1982：262.
③ 班固.汉书［M］.北京：中华书局，1962：1817.
④ 夏国珍.虞姬形神人格美论略［J］.项羽文化，2012（02）：1-24.史载："妇人贞吉，从一而终也。"参见《易·恒·象》。又，"是故夫死有主，终身不变，谓之妇，以信从人多也"。参见荆门市博物馆编.郭店楚墓竹简［M］.北京：文物出版社，1998.史载战国中后期齐国贤者王蠋曰："忠臣不事二君，贞女不更二夫。"参见司马迁.史记［M］.北京：中华书局，1982：2457.又，"有子而嫁，倍死不贞"。参见司马迁.史记［M］.北京：中华书局，1982：262.秦朝和先秦社会都对女性再嫁问题提出过要求。
⑤ 班固.汉书［M］.北京：中华书局，1962：1829.

会的一般习俗和风尚。史载"(陈余)游赵苦陉,富人公乘氏以其女妻之"①。
这应该是一种较为正常的现象。引文中,外黄富人之女显然对自己的丈夫不
满意,不仅没有履行基本的"妇德",而且还"庸奴其夫"。由于她想求一个
"贤夫",就是后来的张耳,为了追求自己的幸福,她毅然决然抛弃前夫而嫁
给张耳。这在很大程度上表明外黄富人女对夫妇伦理关系方面的认识不是十
分循规蹈矩,同时也体现出外黄富人女对自己的婚姻有一定的自主权。另据
史载:

> 及平长,可取妇,富人莫与者,贫者平亦愧之。久之,户牖富人张
> 负有女孙,五嫁夫辄死,人莫敢取,平欲得之。……(张负)谓其子仲
> 曰:"吾欲以女孙予陈平。"②

张负的孙女五次出嫁,说明在此女的婚姻观念中,那种已婚妇女"从一
而终"的思想意识并不强。而"人莫敢取,平欲得之"则进一步为张负的孙
女此前之所以能五次嫁人提供了当时社会认可的真实佐证。这也为现实生活
中女子改嫁再婚树立了典型,从而再次证明"从一而终"观念并非本时期唯
一的女子婚嫁观念,间接反映出当时社会视"贞节"为美德的观念并不强烈。
但是,先秦以来视"贞节"为美德的传统观念也有一定体现。西楚时代刘邦
兵败彭城后,更加重用陈平。为此,

> 绛、灌等或谗平曰:"平虽美丈夫,如冠玉耳,其中未必有也。闻平
> 居家时盗其嫂;……"汉王疑之,以让无知,问曰:"有之乎?"无知曰:
> "有。"③

又,

> 布(淮南王英布)所幸姬病,就医。医家与中大夫贲赫对门,赫乃
> 厚馈遗,从姬饮医家。姬侍王,从容语次,誉赫长者也。王怒曰:"女安

---

① 班固. 汉书 [M]. 北京:中华书局,1962:1829.
② 班固. 汉书 [M]. 北京:中华书局,1962:2038.
③ 班固. 汉书 [M]. 北京:中华书局,1962:2040-2041.

从知之？"具道，王疑与乱。①

在两性交往中"男女授受不亲"（《孟子·离娄上》）的观念在众多道德观念中一直处于比较重要的地位，早在战国时期就已经成为普通社会交往中需要特别重视的"清规戒律"，有所谓"男女不杂坐"（《礼记·曲礼上》）之说。秦汉之际对此观念继续保持强调，这是需要特别重视的一个内容。根据引文中汉王刘邦的盘问结果，"陈平盗嫂"一事应该属实，在两性道德中当属非正常男女关系。这项材料对于陈平的军旅仕途虽没有产生很大的影响，但毕竟不是一件值得炫耀的事。而陈平嫂子的品行也因此蒙羞。这说明时人相对比较重视两性道德观念，而且从中还可以看出，在恪守两性道德的原则方面，当时分别对男女两性的道德规范存在一个社会普适标准。在第二则史料中，淮南王英布对于他的姬妾与中大夫贲赫之间发生淫乱之事也只是怀疑，但从英布对此事极为愤怒且进行了调查来看，这说明英布对此事比较重视。由于淮南王英布在某种程度上可以说是统治阶级上层的代表人物，所以这在一定程度上反映了上层社会对女性"贞节"的要求。就完善当时整个女性群体的涵盖范围而言，这也算是一个补充。

第四节　仁、义、信等道德观念的践行情况

楚汉之际战火纷飞，社会秩序非常不稳，人心浮动。战争中充满了尔虞我诈，为了战胜对手，楚汉双方往往都不择手段，于是就出现了一幕幕传统伦理道德被作为工具利用的现象。首先将伦理道德作为武器置对方于社会舆论不利境地的是汉王刘邦一方。② 史载：

> （汉二年三月，汉王）南渡平阴津，至洛阳，新城三老董公遮说汉王曰："臣闻'顺德者昌，逆德者亡'……项羽为无道，放杀其主，天下之贼也。夫仁不以勇，义不以力，三军之众为之素服，以告之诸侯，为此

---

① 班固. 汉书 [M]. 北京：中华书局，1962：1887.
② 史载"项羽取陵母置军中，陵使至，则东乡坐陵母，欲以招陵"。参见班固. 汉书 [M]. 北京：中华书局，1962：2046-2047. 史载"审食其从太公、吕后间行，反遇楚军，羽常置军中以为质"。参见班固. 汉书 [M]. 北京：中华书局，1962：36.

东伐，四海之内莫不仰德。此三王之举也。"汉王曰："善，非夫子无所闻。"于是汉王为义帝发丧。①

天下之大道，顺之者昌，逆之者亡，因此有引文中董公所谓"行仁义，不以勇力"之说。刘邦在军事上积极积聚力量以争取有利形势的同时，董公又让刘邦占据伦理道德的制高点。此举不仅丑化了西楚霸王项羽的形象，也严重削弱了西楚政权的政治公信力，使汉王刘邦因此而信心倍增。因为刘邦一定深知社会舆论将会在哪些方面对彼此造成影响②。就社会舆论而言，其基本内核或者说道德评价的原则就是"忠""孝"观念和本节主要谈的"仁""义""信"等我国传统伦理道德观念。

就我国古代伦理思想发展而言，"仁""义""信"等道德观念从春秋战国时期开始就已经成为规范和调整人们社会关系的重要伦理思想内容。在春秋晚期，"信"观念在平民阶层也已具有较为普遍的影响。孔子曰："言忠信，行笃敬，虽蛮陌之邦行矣；言不忠信，行不笃敬，虽州里行乎哉？"（《论语·卫灵公》）又曰："自古皆有死，民无信不立。"（《论语·颜渊》）而"仁""义"作为一般道德规范使用时，其所规范之处是多方面的，表现出了较为丰富的道德规范内容。春秋时晋国大夫庆郑说："背施，无亲；幸灾，不仁；贪爱，不详；怒邻，不义。"（《左传·僖公十四年》）又，"不背本，仁也；不忘旧，信也。"（《左传·成公九年》）在春秋社会伦理关系的基础上，战国时期的孟子进一步总结为"父子有亲、君臣有义、夫妇有别、长幼有序、朋友有信"（《孟子·滕文公上》），即父子、君臣、夫妇、兄弟、朋友五种社会伦理关系。道德规范在战国时期不断系统化，孟子就曾提出过"四德"说，即"恻隐之心，仁之端也；羞恶之心，义之端也；辞让之心，礼之端也；是非之心，智之端也。人之有是四端也，犹其有四体也。"（《孟子·公孙丑上》）孟子将人性中的"仁""义""礼""智"作为人的四种基本道德要求，这是汉代董仲舒加以详尽阐述的"五常"伦理思想的主要内容③，也是

---

① 班固. 汉书［M］. 北京：中华书局，1962：34.

② 孙家洲认为："在作为舆论客体的个人行为受到评价、校正的同时，作为舆论的主体的多数人也会不同程度地受到教育和警示。"参见孙家洲. 秦汉法律文化研究［M］. 北京：中国人民大学出版社，2007：172.

③ 汉初贾谊发展了孟子的"四端"说，指出"人有仁义礼智信之行"（《新书·六术》），但并未做解释。后来董仲舒进一步阐述为"夫仁、谊（义）、礼、知（智）、信五常之道，王者所当修饬也"。（班固. 汉书［M］. 北京：中华书局，1962：2505.）从此，"五常之道"便逐渐成为我国古代社会封建统治阶级极力倡导的重要伦理道德规范。

我国古代道德规范建设的重要里程碑。秦朝是一个法治型社会，具有强制性的法律规范在很大程度上削弱了伦理道德规范在社会生活中的调节作用。但是，诸多伦理思想也偶尔出现于统治者的口中①，而且伦理道德观念作为人性的一部分不可能完全在人际关系中消失。② 另据《汉书》载，韩信率军进攻赵王和成安君陈余，广武君李左车为之谋划，"成安君，儒者，常称义兵不用诈谋奇计，……不用广武君策"③。陈余迂腐的仁义观念在充满尔虞我诈、崇尚谋略的战争年代十分不合时宜，必将导致军事行动的被动，以致不可避免地误人误己。但从另一角度观之，在当时伦理道德已经遭到极大破坏的战乱社会中，某些人在心中依然秉持人间正道，依然存在着历久弥新的"仁义"观念，闪耀出还未被战争完全泯灭的善良人性的光芒。

秦汉之际的人们在推翻秦朝暴政之后，又不幸陷入了长达数年的楚汉战争。置身于动荡年代的人们注定要接受时代剧烈变迁的洗礼和伦理观念方面的考验。首先，我们考察项羽和刘邦二人在有关伦理道德观念方面的修为。就以鸿门宴为例，最初项羽想问罪于刘邦，可以说鸿门宴是决定刘邦生死的宴会，然而由于刘邦卑辞表白，骗取了项羽对他的理解与信任④，暂时躲过了危机。之后在宴会上范增多次示意，让项羽下令击杀刘邦，都没有得到项羽的允许。范增又调来项庄说："君王为人不忍，……杀之。"⑤ 但是由于张良和樊哙的原因，刘邦得以脱离险境。应该说，在鸿门宴过程中，项羽的"仁""义""信"等伦理道德观念有相当多的体现。在项羽身上所体现的传统伦理道德观念还不止于此，史载"信曰：'大王自料勇悍仁强孰与项王？'汉王默然良久，曰：'弗如也。'信亦以为大王弗如也。……项王见人恭谨，言语姁

---

① 秦始皇二十八年在山东琅琊山立石刻字中有"圣智仁义，显白道理"。参见司马迁．史记［M］．北京：中华书局，1982：245．胡亥对赵高说"废兄而立弟，是不义也"，还称赞赵高"以忠得进，以信守位"。参见司马迁．史记［M］．北京：中华书局，1982：2549，2559．

② 韩信年轻时，家境贫寒，一度无处寄食。"有一漂母哀之，饭信，竟漂数十日。信谓漂母曰：'吾必重报母。'母怒曰：'大丈夫不能自食，吾哀王孙而进食，岂望报乎！'"参见班固．汉书［M］．北京：中华书局，1962：1862．其中漂母所为不就是体现了"恻隐之心"的"仁爱"思想吗？

③ 班固．汉书［M］．北京：中华书局，1962：1867．

④ 史载："明日，沛公从百余骑至鸿门谢羽，自陈：'封秦府库，还军霸上以待大王，闭关以备他盗，不敢背德。'羽意既解。"参见班固．汉书［M］．北京：中华书局，1962：1809．

⑤ 班固．汉书［M］．北京：中华书局，1962：26．

姁，人有病疾，涕泣分饮食……"① 由此可见，就连当时项羽的对手刘邦、韩信也不能否认项羽之德。在此方面，韩信、刘邦与项羽相比显然要逊色得多。史载：

> 项王亡将钟离昧家在伊庐，素与信善。项王败，昧亡归信。汉怨昧，闻在楚，诏楚捕之。……信见昧计事，昧曰："汉所以不击取楚，以昧在。公若欲捕我自媚汉，吾今死，公随手亡矣。"乃骂信曰："公非长者!"卒自刭。信持其首谒于陈。高祖令武士缚信，载后车。②

钟离昧虽然身为西楚霸王项羽的部将，但是他和韩信却是老朋友。西楚政权灭亡后，钟离昧投奔了昔日老友韩信。由于钟离昧是西楚的重要将领，因此他在西汉政府的追捕之列。此时韩信被人上告想谋反，也是有口难辩。这时韩信已经决定卖友以自保，为此钟离昧大骂韩信不厚道，不得以被迫自杀。韩信出卖朋友可以说是背信弃义，毫无"仁""义""信"等伦理道德可言。这是一种令君子不齿之行径，刘邦因此也不会相信他，时人最终也不会认可他为人处事的原则。另据《汉书》载：

> 布母弟丁公，为项羽将，逐窘高祖彭城西。短兵接，汉王急，顾谓丁公曰："两贤岂相厄哉!"丁公引兵而还。及项王灭，丁公谒见高祖，以丁公徇军中，曰："丁公为项王臣不忠，使项王失天下者也。"遂斩之，曰："使后为人臣无效丁公也!"③

丁公是季布的同父异母弟，原为项羽部将。楚汉两军在彭城西发生战斗，汉军失利，在关键时刻丁公却放走了刘邦。在西楚霸王项羽败亡后，丁公满怀希望地投奔刘邦，但是刘邦却毫不留情地杀了他。刘邦杀害自己的救命恩人，可能有许多理由，甚至是国家初建需要"倡忠"的大道理。丁公放弃抵抗而选择投降属于不忠、不义之行径，其被刘邦杀害属咎由自取，无可厚非，但是刘邦如此"忘恩负义"，显然不被常人理解。这是典型的恩将仇报，是古今罕见的不"仁"不"义"之举。

---

① 班固. 汉书 [M]. 北京：中华书局，1962：1864.

② 班固. 汉书 [M]. 北京：中华书局，1962：1875–1876.

③ 班固. 汉书 [M]. 北京：中华书局，1962：1979.

总之，这在汉初伦理道德建设方面，以上是两个十分值得商榷的案例。与此同时，丁公的同父异母兄季布也是西楚霸王的旧部，结局却与丁公截然相反。史载：

> 季布，楚人也，为任侠有名，项籍使将兵，数窘汉王。项籍灭，高祖购求布千金，敢有舍匿，罪三族。布匿濮阳周氏，……上乃赦布。……楚人谚曰："得黄金百，不如得季布一诺。"①

项羽败亡后，季布选择了藏匿、不与汉政权合作的态度。最后刘邦不仅理解季布的经历，很欣赏其名气，还赦免了他。由此可见，季布作为一个有名气的侠者，有重"信义"的高尚品格，同时也反映了楚地人在伦理道德方面对传统"信""义"观念的认识与秉承。司马迁在《史记》中专门设置的《游侠列传》之所以受到后世学者的赞扬，恐怕就在于此。在法家看来，"儒以文乱法，侠以武犯禁"②。对此，司马迁不可能不清楚，但他还是热情讴歌了春秋战国以来，包括秦汉之际出现的许多侠者，隐约地反映了司马迁深邃高远的思想文化观。毫无疑问，"游侠是古代'仁''义''信'诸德的守护者和践行者"③，在"仁""义""信"诸德尚未完全融入民族文化血脉之前，他们始终是道德力量的化身并享誉民间。

结束语

在具有重大历史转折意义的秦汉之际演绎了秦、楚、汉交替的历史，也经历了秦制、楚制、汉制的嬗变。④ 西楚政权从逐渐兴起、正式建立到最后结束都剧烈地影响着这个动荡的时期，任何政治词汇都无法替代这个彼时具有公认性质的政权所代表的时代，即西楚时代。因此，笔者在强调西楚时代时，主要提出并讨论了这个时期的社会伦理问题。正如《汉书》所载，汉王五年春正月，天下已定，诸侯上疏曰："……先时秦为亡道，天下诛之。大王先得秦王，定关中，于天下功最多。存亡定危，救败继绝，以安万民，功盛德厚。又加惠于诸侯王有功者，使得立社稷。地分已定，而位号比拟，亡上下之分，

---

① 班固. 汉书［M］. 北京：中华书局，1962：1978.

② 韩非. 韩非子［M］. 上海：上海古籍出版社，1989：155.

③ 张锡勤，柴文华. 中国伦理道德变迁史稿［M］. 北京：人民出版社，2008：150.

④ 卜宪群. 秦汉官僚制度［M］. 北京：社会科学文献出版社，2002：67.

大王功德之著，于后世不宣。昧死再拜上皇帝尊号。"① 这最后一句话显然透露出一个十分重要的信息，就是汉王虽功多、德厚，但是其他诸侯王在爵位的等级方面与汉王相同，即所谓"位号比拟，亡上下之分"，故楚汉战争期间汉王刘邦与所分封异姓诸侯王之间的尊卑秩序显然不是十分鲜明，尚不存在明确的君臣之礼。因此，西楚时代作为历史上的一个战乱时期，社会伦理秩序遭到很大破坏，伦理观念相对淡薄。西楚霸王项羽所分封的诸侯王与部将之间，甚至分封之诸侯王与西楚霸王项羽之间，忠孝思想并没有得到强化。笔者认为，在那个动荡的时期，"忠"并非完全指"忠君"，更多地体现为一种忠诚的品德。以西楚时代为主体的秦汉之际，"孝"观念和"孝"行大多表现出一种"极端"或"残缺"的倾向感，而"忠孝节义"思想在一定区域和部分人士身上也有一定体现。

在战乱年代，战争使人们崇尚谋诈与实力，忠孝、仁义等伦理道德思想及其标准往往具有很大的不确定性，忠孝、仁义等伦理道德成为世人的奢侈品。乱世充满了欺诈，乱世之人虽渴求伦理道德秩序，但只是希望别人能更好地遵守。为赢取尊严与美好的名誉，或者在追求个人名利时，或者在大是大非面前，或者在面临生死之际，人们也希望自己能不违背伦理道德准则，但坚守它的心理防线却不甚坚固，那种"害人之心不可有，防人之心不可无"的想法，往往轻易颠覆了人们捍卫伦理道德的脆弱心理防线。正如班固赞曰："张耳、陈余，世所称贤，……耳、余始居约时，相然信死，岂顾问哉！及据国争权，卒相灭亡，何乡者慕用之诚，后相背之戾也！势利之交，古人羞之，盖谓是矣。"②

秦汉之际，包括西楚时代，从时间上来看并不算长，但是作为秦汉的过渡时期，其持续的时间显然也并不太短。秦汉之际波澜壮阔、跌宕起伏的政治、军事斗争给这个时期的社会造成了巨大的历史冲击，深刻影响着这个时代人们的社会生活，甚至他们的理想与信念、人生观与价值观。历史无法阻止传统伦常关系的倒退，也无法控制社会道德规范的调控作用，更无法遏制社会伦理道德突破底线。当然这也是学术研究领域需要继续深入探讨的问题。正因为如此，以西楚时代为主体的秦汉之际在社会伦理方面的某些变化给了人们不少新鲜感。毫无疑问，秦汉之际的伦理观念既是一种承前启后的过渡时期伦理思想，也是一种深刻体现时代特色的社会伦理思想。

---

① 班固．汉书 [M]．北京：中华书局，1962：52.

② 班固．汉书 [M]．北京：中华书局，1962：1843.

第三部分 03

汉朝的德治与法治问题

第一章

绪论

　　道德与法律，是关于道德和法律的社会功能、特点及其在国家、社会发展中的地位与作用，以及二者之间关系的理论。西汉武帝时期，儒学大家和思想家董仲舒最终将社会伦理"三纲"和个人伦理"五常"结合在了一起，有学者称之为"中国封建伦理道德的核心已见雏形"①。同时，西汉初年以来，汉朝传统伦理道德的刑德论也深入总结了中国历史上统治阶级的治国经验，并从理论的层面分析归纳，成为中华民族道德传统的重要起点和归属。汉初统治者总结吸取秦王朝"二世而亡"的历史教训，重新考虑了治国方略问题。经过比较权衡，汉武帝采纳了董仲舒的建议——"罢黜百家，独尊儒术"，儒家的德治主张开始受到统治阶级的重视，并逐步占据统治地位，由此确立了德主刑辅的传统治国模式。在以后的封建社会里，德治思想一直为历代统治者所推崇，成为治国的基本原则。中国历史上的政治家、思想家，在实践的基础上不断探索，继承发展了儒家以德治国的思想，形成了以道德教化为根本的政治伦理观。中国传统伦理道德中的德治思想对巩固和发展封建等级制度、维护民族团结和国家统一起到了十分重要的历史作用。

　　汉代道德与法律的关系研究是汉代哲学中有关政治伦理方面的重要课题。本课题与多门社会学科相关联，是集多学科于一体的交叉学科研究项目。其研究内容涉及汉代的政治、哲学、历史、法律、军事、社会、民族等社会层面和社会领域。就其研究对象而言，它应该属于哲学中政治伦理学的研究范围；就其研究性质而言，它基本属于历史学和哲学的交叉学科范畴；就其依据的时间和凭据的资料而言，它也可以属于历史学研究领域。

　　本部分以汉代道德与法律的关系为研究对象，主要针对汉代社会中的学术思潮、有关的典型社会事件等各领域、各层面进行考察研究。汉代道德与法律的关系研究主要针对西汉初年的社会伦理道德，即伦理道德与法律的关系进行了原创性的理论分析与探讨。在考察汉代一些"劫质"案例

---

① 汪石满. 中国伦理道德 [M]. 合肥：安徽教育出版社，2003：18.

117

和"持质"法的发展、演变过程中，对汉代道德与法律的关系问题进行了一定程度的阐释。此外，对东汉《轻侮法》的颁布与废止，以及汉代"五伦"社会关系中"朋友"一伦这两个新问题进行了首次学术研讨，有力促进了汉代道德与法律关系问题的深入研究。针对汉代边疆地区的行政管理与道德教化问题，本部分分别对边疆归附汉朝的匈奴、乌桓、羌人所在的民族聚居地区进行了分析与总结，最终得出了治理国家，尤其是边疆民族地区这些汉朝统治力量相对薄弱地方，必须采用伦理道德的教化与法律的强制约束相结合的方法才能奏效，否则将会铸成误国误民之大错。历史上东汉王充对此有鲜明观点。他在《论衡》中说："治国之道，所养有二：一曰养德，二曰养力。"① 意思就是说，要想治理好一个国家，必须兼用道德和武力，在"养德"之时还需要"养力"，二者不可偏废。他还批评了法家思想的代表韩非只讲刑罚而不讲道德的观点，明确指出了在任何时候都应当把"任德"和"任刑"结合起来。最后，本部分通过对汉朝各主要时期的政治家、思想家的言论进行分析，发现汉代"德主刑辅"思想的成熟与完善经历了一个漫长的历史过程，随着东汉"忠孝"观念的一体化，汉代法律完成了伦常化的转变②，而且具体情况日益明显③。与此同时，作者还发现东汉"以孝治天下"的政治指导思想有时也会走向几乎完全"以德治国"的新极端，对于治国来讲这会导致一些新麻烦。因此，无论古今，对于治国理政者来讲，道德与法律的建设须臾不可分离，而德治与法治的实施需要具体情况具体分析，二者皆不可偏废，这是弥足珍贵的历史经验教训，也是本部分的写作主旨。

第一节　研究旨趣与研究价值

道德与法律的关系是古往今来许多政治家、思想家都十分重视的问题，也是当今学界比较关注的一个研究课题。最近 30 年来，随着我国社会主义市

---

① 王充. 论衡 [M]. 上海：上海古籍出版社，1990：98.
② 瞿同祖. 中国法律之儒家化 [M] //瞿同祖. 中国法律与中国社会. 北京：中华书局，1981：328-346；李曙光. 论儒家思想对中国封建法律的影响 [J]. 政法论坛，1985 (02)：62-66+23；钱元凯，程维荣. 中国封建法律儒家化的历史发展过程 [J]. 法学，1986 (04)：53-54.
③ 于振波. 秦汉法律与社会 [M]. 长沙：湖南人民出版社，2000：93-97.

场经济体制的确立和日益发展，一系列影响社会稳定和发展的新的社会问题随之出现，形势也比较严峻。道德与法律作为调节社会关系、维护社会秩序、规范人们思想行为的重要手段，备受社会各层面有识之士的关注。汉代是我国古代统一多民族中央集权封建国家建立的早期阶段，然而汉王朝前后存续的历史约 400 年，其所创造的诸多领域的文明值得研究，其中诸多历史经验也值得探讨，并需要进行与时俱进的历史回眸与反思。汉代道德与法律关系方面的学术研究在法律、历史、哲学等层面或领域均有涉及，其研究过程所体现出的学术性，与对社会发展呈现出的终极关怀殊途同归。但是，由于各学术研究领域的研究角度不同，因此其微旨也不尽一致。张岱年先生说："中国哲学是世界上三大哲学传统之一（其他两个是西方哲学与印度哲学），中国伦理思想是中国哲学的一个重要内容。在中国古代，伦理思想是和自然哲学与认识理论相互密切联系的，但也可以提出来进行专门的研究。"① 为此，本部分在体现多学科研究特点的基础上，将立足于哲学政治伦理学的角度，着意从辩证关系方面重新审视汉代社会中的道德与法律问题。具体的研究价值在于以下两方面。

就汉朝道德与法律的关系研究而言，其学术价值主要是，通过对一系列具体的个案进行深入的探讨，旨在透视关于汉代道德与法律关系的认识在社会发展过程中的逐步成熟与日益完善。通过深入的研究，透过汉代伦理道德和当时法律的阶级局限性以及历史局限性，努力探索在当时复杂多变的社会环境中两者的辩证关系。这样一来，我们不仅可以比较全面地了解汉代的社会道德和汉代法律在国家政治、经济、军事、文化以及各个社会生活层面所共同产生的影响和作用，而且也可以借此实现对汉代道德与法律之间辩证关系的哲学审视。

汉朝道德与法律的关系研究的社会价值主要体现于：本部分审视了在当时社会发展过程中汉代道德与法律之间的辩证关系，主要目的就在于更好地做到学以致用，更好地做到理论联系实际。我们不能仅仅局限于一个社会问题的辩证讨论本身，追逐两者的理性思辨以及在此基础上针对现实社会具体问题的可参照性、实效性②，才是研究更具生命力的期待。实践证明，也只有将理论研究成果运用到社会实际生活之中并指导实践走向积极、进步、和谐

---

① 张岱年．中国伦理思想研究［M］．北京：中国人民大学出版社，2011：1.

② 吴来苏、安云凤认为，研究中国传统伦理思想能够为市场经济的发展提供一些经营之道。市场经济是法制经济，同时也是道德经济。参见吴来苏，安云凤．中国传统伦理思想评价［M］．北京：首都师范大学出版社，2002：5.

与稳定，理论才实现了自身的社会价值，这是本课题研究的最终目的。

总而言之，有关汉朝道德与法律之间哲学层面的辩证关系研究是本课题的研究之本，但基于该语境所体现的宗旨却完全超出问题本身所能涵盖的范畴。在追求学术严谨的同时，我们无法回避的是现实的召唤，而历史的影子也自然会以它的深刻，恒久地影响着现实社会和现实生活中的人们。

第二节　研究综述

关于汉朝道德与法律的关系问题，可以说，古往今来在学术界诸多领域多有谈及，而且其中不乏辩证关系方面的精辟阐论。至于汉代道德与法律关系问题的研究，基于研究领域、研究方向等因素，此方面的著述还不多，但是相关研究成果却比较丰硕，影响也十分突出。

学者于语和先生在《论汉代的经学与法律》一文中认为："先秦以孔孟为代表的儒家继承了西周'明德慎罚'思想，提倡'为政以德'的'德治'和'以德服人'的'仁政'，重视道德感化作用，轻视法律及其强制作用。西汉以董仲舒为代表的今文经学家继承儒家这一观点，并对其进行了充分的论证，使之系统化和理论化，使'大德小刑''德主刑辅'说成为中国正统法律思想的重要组成部分。汉初统治者鉴于秦朝'专任刑罚'二世而亡的教训，在统治方法上特别强调德的一手。"又，"'大德小刑'说虽然受到汉代以桓宽《盐铁论》为代表的'以刑止奸'诸观点的攻击，但随着经学谶纬神学化和儒经的法典化，终汉之世'德主刑辅'思想并未动摇，不仅成为正统法律思想的主要原则，而且成为汉朝以后历代封建王朝立法思想的核心"①。显然，于语和先生主张汉代统治阶级自汉武帝时期之后，基本上是以"德主刑辅"作为正统法律思想。这同时也代表了学术界相当一部分现代研究者的学术观点②，不过，这并未影响问题继续深入探讨。著名学者张锡勤先生认为："自汉以来，历代统治者在政治实践中，从未将法与刑置于'辅'的位置。……概言之，自汉以来，历朝虽都标榜德主刑辅，但实际上是两者并重并举，而且在社会矛盾尖锐之时则更强调'用重典'。对于儒家的理想、主张与历朝政

---

① 于语和. 论汉代的经学与法律 [J]. 南开学报, 1997 (04): 37-42.

② 刘宝村先生认为，所谓"佐德助治""明刑弼教"，突出的乃是礼对法的支配及法对于礼的服从。参见刘宝村. 秦汉间的儒法合流及其影响 [J]. 孔子研究, 2001 (03): 38-45.

治现实的这种差异，我们应有认识。"① 笔者对张锡勤先生的观点基本表示赞同，因为在向张锡勤先生学习的两年中，逐渐发现汉代政论家关于道德与法律关系的论述在汉代大多数时间仍处于理论层面。相关的论述主要体现了关于二者关系方面理论的日益成熟，而在汉代政治实践中大多采用的是所谓"霸王道杂之"②。

另外，一些学者还从史学和法律学角度对汉代道德与法律的关系进行了深入的探讨。安作璋先生和陈乃华先生在《秦汉官吏法研究》一书中，比较翔实地论述了秦汉时期针对官吏制定的法律，以及官吏基本职责与奖励等情况。③ 侯欣一先生则说："汉又是孝从道德主张向法律义务过渡的重要时期。"④ 毫无疑问，汉代道德与法律的融合是无可争辩的事实，但是这种融合绝非单向的"引礼入法"，汉代法律也同时经历着时代的深刻变迁。

事实证明，在道德观念成为被社会普遍接受的法律意识之际，法治混乱就不可避免。道德与法律产生了冲突，执法者也就自然处于两难境地。为此侯欣一先生说："（汉代）儒家的孝观念已逐渐被整个社会普遍所接受，那些不符合孝观念的法律事实上已成具文。"⑤ 而费孝通先生曾对中国旧道德与法律也做过这样的评价："中国的道德与法律，都因之得看所施的对象和自己的关系而加程度上的伸缩。"⑥ 这些研究成果不仅给予汉代道德与法律关系的研究以启示，而且为继续深入研究指明了方向。

第三节　关于相关概念界定问题

关于汉朝"道德""法律"以及"礼"的界定问题。"道德"一词，在中国古典传世文献中可追溯到先秦思想家老子所著的《道德经》。《道德经》曰："道生之，德畜之，物形之，势成之。是以万物莫不尊道而贵德。道之尊，德之贵，夫莫之命而常自然。"又，《论语·述而》："志于道，居于德。"

① 张锡勤. 中国传统道德举要［M］. 哈尔滨：黑龙江大学出版社，2008：20.
② 汉宣帝说："汉家自有制度，本以霸王道杂之，奈何纯（住）［任］德教，用周政乎！且俗儒不达时宜，好是古非今，使人眩于名实，不知所守，何足委任！"参见班固. 汉书［M］. 北京：中华书局，1962：277.
③ 安作璋，陈乃华. 秦汉官吏法研究［M］. 济南：齐鲁书社，1993.
④ 侯欣一. 孝与汉代法制［J］. 法学研究，1998（04）：133-146.
⑤ 侯欣一. 孝与汉代法制［J］. 法学研究，1998（04）：133-146.
⑥ 费孝通. 乡土中国［M］. 北京：三联书店，1986：34.

在当时"道"与"德"是两个概念，并无"道德"一词。"道德"二字连用应该始于《管子》一书。《管子》曰"道德出于君，制令传于相"（《君臣上》），"道德定于上，则百姓化于下矣"（《君臣下》）。除此之外，《荀子》曰"故学至乎礼而止矣。夫是之谓道德之极"（《劝学》），"积礼义、尊道德，百姓莫不贵敬，莫不亲誉"（《议兵》）。

关于"道德"概念的界定，早在我国宋代，著名理学大家朱熹就已经做了比较精辟的阐释。朱熹说："道者，人之所共由；德者，己之所独得。"（《朱子语类》卷六）"道者，古今共由之理，如父之慈，子之孝，君仁，臣忠，是一个公共底的道理。德，便是得此道于身，则为君必仁，为臣必忠之类，皆是自有得于己。"（《朱子语类》卷十三）对此，张锡勤先生评价说："概言之，道德即社会的准则、规范，以及主体对它的接受、践履。朱熹的这一界说，可看作中国古代先哲对道德的经典定义。"① 而研究"道德"的学问便可称为"道德学"，也称为"伦理学"，而伦理学还可以称为"人生之哲学"②。

关于"法律"一词的理解。今天所说的法就是指法律，它是近代经由日本而来，源自欧美。其含义相较于"刑"甚远。"一切国家社会的有组织的暴力"或"一切以强制为特征的社会规范"均可谓之法。在我国古代，法即刑禁之法。至于法和律的关系，《说文》曰："法，刑也。"《尔雅·释诂》曰："刑，法也。"关于律，《尔雅·释诂》曰："律，法也。"《唐律疏议·名例》曰："法，亦律也。"《管子·心术》曰："杀戮禁诛谓之法。"《盐铁论·诏圣》曰："法者，刑罚也，所以禁强暴也。"为此，有学者总结道："我国古代律、法、刑是相同的，称谓之别罢了：刑者，三代之谓；法者，春秋战国之谓；律者，秦汉以后之谓。无论谓刑、谓法、谓律，其义皆不外今之所谓刑法。"③ 因此，本部分所谈及的"法律"遵循了张锡勤先生之理解，即"中国古代的法主要是刑罚，它由君主主持制定，是君主统治人民的工具，……但在中国古代，在法律面前人人是不平等的"④。

关于"礼"概念的界定问题。中国古代社会所谓的"礼"其实就是"调

---

① 张锡勤. 中国传统道德举要［M］. 哈尔滨：黑龙江大学出版社，2008：2.
② 张岱年先生说："伦理学又称人生哲学，即关于人生意义、人生理想、人类生活的基本准则的学说。伦理学亦可称为道德学，即研究道德原则、道德规范的学说。"参见张岱年. 中国伦理思想研究［M］. 北京：中国人民大学出版社，2011：2.
③ 李晓明. 先秦礼法之争及其法哲学解析［J］. 法史研究，2001（09）：66-69.
④ 张锡勤. 中国传统道德举要［M］. 哈尔滨：黑龙江大学出版社，2008：7.

整政治、经济、军事、法律、教育、婚姻家庭、伦理道德等方面的行为规范的总和，其中许多规定是用国家强制力来保证执行的，具有法律效力"①。另外，法律史方面的学者针对西周的"礼"也曾谈到，"其中不少规范实质上具有法（主要是民法和行政法），甚至是国家根本大法的性质"②。因此"礼"是两类不同性质的法律，其中也包含了一些社会伦理方面的道德，这是中华法系的显著特色。

第四节 研究思路与研究方法

本部分在研究方向上紧紧把握汉代道德与法律的辩证关系这条主线。同时，在研究内容上努力将汉代道德与法律关系的研究置于当时社会实践之中。在汉代，道德与法律两者之间并非一种简单的关系。本研究致力于在汉代道德观念中体现法律意识，在汉代法律意识和司法实践中体现道德观念，并把此理念揭示于处在不断变化的汉代社会之中，从而努力将动态的汉代道德与法律关系研究引向深入。

在汉初，统治者深刻反省了秦亡的历史教训。晁错曾持"为法令也，合于人情而后行之""法之逆者请而更之，不以伤民；主行之暴者，逆而复之，不以伤国"的主张，对法家学说进行了有益的修正。武帝时期，张汤以执法官的身份向儒者请教，促成"以经术润饰吏事"和引经决狱的局面。此后，执法者于定国、黄霸强调治狱宽平，而郭躬、陈宠时经、律思想日益兼容，从思想根源上实现了以德为教、以法为用的转变。任法不任私、依法断狱的思想成为主流思想认识，于是截然对立的矛盾冲突在理论层面逐步得到整合与统一。

法律既是打击违法犯罪的利器，同时也能成为打击异己的武器。在汉代，虽然武帝之后宽平与严苛的法律思想并行于世，以经义代替法律日益增多，但此后的汉代执法者中不乏"析律两端"③"学诋欺"④ 的文法吏，就是说规范官吏执法道德之路依然任重道远，而德化教育远不能完全解决这些社会问题。

在资料运用方面，主要凭借汉代正史、诸子著作等传世文献，汉代出土

① 杨鹤皋. 中国法律思想史［M］. 北京：北京大学出版社，1998：13.
② 张国华，饶鑫贤. 中国法律思想史纲（上）［M］. 兰州：甘肃人民出版社，1984：48.
③ 班固. 汉书［M］. 北京：中华书局，1962：256.
④ 范晔. 后汉书［M］. 北京：中华书局，1965：1126.

文献资料以及今人已有的相关研究成果。在研究方法方面，笔者一方面致力于有关汉代道德与法律关系的思想史的考察，另一方面针对汉代有关道德与法律关系方面的具体案例进行深入剖析。在此前提条件之上，将伦理学、史学研究方法以及法学等理论加以运用，从而拓宽研究视角。

第五节　本部分结构安排与主要内容

第一章、绪论

第二章、从汉朝"劫质"案例看道德与法律的关系

这是道德与法律二者关系融合的表现形式之一。本部分主要以汉代城乡现实生活中出现的"劫质"案件为中心进行相关历史学考证，同时对汉代典型"劫质"案例进行法律、道德层面的分析。宗旨在于通过考察"劫质"案本身、相关的法律和当事人的言行，深入探讨其中法律与道德的关系问题。汉代是我国法治建设承前启后的重要时代，同时也是我国传统伦理道德体系基本确立的历史时期。毋庸置疑，汉朝基本施行了德法相结合的治国理念与实践，也就是所谓的"以霸王道杂之"①。所探讨的汉代两个"劫质"案均不同程度地涉及法律和道德的关系问题。

第三章、从汉朝"持质"法的演变看道德与法律的关系

道德是一种社会意识形态，它是人们行为及共同生活的准则和规范。不同的时代、不同的阶级有不同的道德观念，没有任何一种道德是永恒不变的。人类的道德观念是受到后天的宣传教育及社会舆论的长期影响而逐渐形成的。一个社会一般有社会公认的道德规范。只涉及个人、个人之间、家庭等的私人关系的道德，称私德；涉及社会公共部分的道德，称社会公德。汉代发生的劫持人质案件的犯罪分子违背了"私德"和"社会公德"的一般原则，严重影响到社会的公共秩序和广大人民群众的生命安全。

通过对汉朝一系列"劫质"案例的深入研究，阐明汉代执法官员对待道德与法律两者关系的态度以及其背后深切的社会责任与义务，从而揭示封建伦理道德与法律的时代局限性和阶级本性。

实质上，人之初，性本善。人一生下来只有本能，而不知约束自己。所以，所有人都需要对本能进行外在约束和内在约束。外在约束是法律，然而

---

① 班固. 汉书［M］. 北京：中华书局，1962：277.

法律只能制裁人的本能中企图伤害他人、对人类社会有危害的方面。所以需要内在约束（也就是道德）来约束本能中虽不违法，但也会对他人甚至是人类社会造成危害的行为。所以，道德就是社会规范对人的本能的制约。换句话说，人一生下来就有以任何方式伤害甚至杀死其他生命的本能（即"生存无道德"），道德就是继法律之后制约这种本能、减小这种伤害的工具。

通过对汉朝"持质"法的一系列考察。笔者认为，汉代"持质"之法的司法理念和司法实践在西汉初期，甚至更早时期就已存在。第一个阶段，汉初"劫人"法可作为汉朝"持质"法发展的初级阶段。在德法关系中，法治精神相对比较突出。第二个阶段，通过人性化的说服教育，既能够解救人质，又可以依法严惩劫持人质的犯罪分子。第三个阶段，"赎质"是挽救人质的一种办法，但也是一种存在争议的变通性选择。相对于法治精神而言，伦理道德思想观念更为突显。第四个阶段，汉朝忠君思想让"持质"法更显庄严与神圣，忠君思想与法律精神走向统一。同时也证明，尽管该法在实际执行过程中随着时代发展而有所变化，甚至有所偏离，但该法的基本精神终究不会改变，因为该法既是维护社会秩序的一种手段①，也是保护广大人民群众生命财产安全的工具之一，更是符合时代发展的产物。

第四章、从《轻侮法》有关问题谈汉朝道德与法律的关系

汉朝的法律精神不仅包含中国传统的"法"文化，而且还充斥了大量的儒家伦理道德观念。关于汉代道德与法律关系的研究不仅有一定的学术价值，而且还有相当大的社会价值。为此，笔者对东汉章帝所颁布实施的《轻侮法》相关问题进行考察，主要是针对该法所涉及的一系列道德和法律问题，以及二者的关系问题进行研究。通过考察《轻侮法》，笔者用一系列的事实说明了汉代"以孝治天下""以德治国"的社会思想观念日益强化。同时，笔者对汉代《轻侮法》颁布与废止问题的考察，实际也是在强调一个认识，这是在深刻批判"依法治国"绝对化倾向后不要走向的另一个思想极端，是"以德治国"单一化统治思想倾向应该汲取的历史经验教训，是关于汉代道德与法律关系方面又一个值得关注的问题。

第五章、汉朝社会"五伦"中的朋友关系研究

随着汉朝"以孝治天下"思想的倡导，"重道德轻法律"成为汉代政治伦理道德思想的主旋律和颇为广泛的汉代社会思潮，为了"孝"可以去复仇杀人，也可以放弃劫掠、杀人，更有甚者，为了"名节""朋友之道义"甚

---

① 康树华. 犯罪学：历史·现状·未来 [M]. 北京：群众出版社，1998：43.

至可以不避法。本部分专门谈"五伦"中的朋友关系。

关于"道"，张锡勤先生深刻地指出，其"用于伦理道德领域，系指社会道德准则"①。而"所谓义，即遇事按照等级制的精神原则，果断地做正确决断，采取最为适宜、恰当的行为。因为义是'应该'，是应然之则，所以，在中国古代，义字往往具有更为广泛的含义。由于宜与当乃是对一切道德而言，所以，义在一些场合又泛指一切道德"②。张锡勤先生所言极是。《商君书·画策》曰："所谓义者，为人臣忠，为人子孝，少长有礼，男女有别。"同时，张锡勤先生认为朋友之间的"真诚的友谊和'道义之交'，也不甚受尊卑贵贱贫富的限制，带有一定的平等性。和君臣、父子、夫妇、兄弟以至师生诸伦相比，朋友一伦却有特殊之处"③。在汉朝，为了逃避官府的追捕，一些人往往逃到朋友处，而其朋友也甘愿冒违法犯罪的风险尽力加以保护。可见法律有时也会屈从于朋友道义之力量，从而可以得出道德作用的恒久性和道德影响力之强大。

通过考察汉朝复杂多样的朋友关系，我们对汉代社会关系中的道德观念与法律意识有了更深刻的认识，对于汉朝道德与法律关系的解读也会有进一步的提升。

第六章、汉朝针对边疆少数民族的德治与法治管理

汉朝针对归附之匈奴族、乌桓族和羌人的管理超出了一般意义上的普通行政管理和法律制裁。归附之匈奴族、乌桓族和羌人基本被妥善安置在边疆地区，并为他们解决了许多自然和人为的困难。但其时有变乱之举，对边疆地区的社会稳定、经济发展和人民生活造成了极大的危害。毫无疑问，这违背了当时的社会道德和汉朝的法律制度。于是，汉朝中央和地方政府有时不得已对其进行军事管制，这符合中国传统社会管理的一般观念。《汉书》记载："故圣人因天秩而制五礼，因天讨而作五刑。大刑用甲兵，其次用斧钺；中刑用刀锯，其次用钻凿；薄刑用鞭扑。大者陈诸原野，小者致之市朝，其所繇来者上矣。"④ 又，"文德者，帝王之利器；威武者，文德之辅助也"。故此"鞭扑不可弛于家，刑罚不可废于国，征伐不可偃于天下"⑤。在西汉前期，一方面，西汉政府基于稳定国内秩序和加强、巩固边疆建设的考量，始

---

①　张锡勤. 中国传统道德举要 [M]. 哈尔滨：黑龙江大学出版社，2008：1.

②　张锡勤. 中国传统道德举要 [M]. 哈尔滨：黑龙江大学出版社，2008：22.

③　张锡勤. 中国传统道德举要 [M]. 哈尔滨：黑龙江大学出版社，2008：138.

④　班固. 汉书 [M]. 北京：中华书局，1962：1079–1080.

⑤　班固. 汉书 [M]. 北京：中华书局，1962：1091.

终在加强武备力量。史载："天下既定，踵秦而置材官于郡国，京师有南北军之屯。至武帝平百粤，内增七校，外有楼船，皆岁时讲肄，修武备云。至元帝时，以贡禹议，始罢角抵，而未正治兵振旅之事也。"① 由此可见，汉武帝时期汉政府建立了强大的军事力量。这对边疆地区社会秩序的维护起到了很大的作用。另一方面，汉朝各级政府及其军政领导为了达到长期稳定边疆的目的，也在不同时期采取了一些怀柔方法和道德教化措施。实践证明，汉朝统治阶级以德法并用的方式管理边疆逐步取得了共识，并取得了较好的社会效果。这是研究汉代道德与法律关系的一个新领域，今后应该进一步加强此方面的深入考察。

第七章、关于汉朝道德与法律关系的几个观点的再认识

中国道德从上古时期发展而来，传说中的尧、舜、禹、周公等都是道德的楷模。孔子整理六经，到汉朝传为五经，其中便包含了大量的道德思想。孔子发展的学说被称为儒家学说，以后儒家又将五经发展为十三经，这些儒家经典学说，成为中国道德的主要思想来源。尽管各个时代中国社会的道德观并不完全符合孔子的儒家思想，但儒家学说始终是历代中国社会道德观的依据。

道德是判断一个人行为正当与否的观念标准。道德是调节人们行为的一种社会规范。按照孔子的思想，治理国家一定要"以德以法"，道德和法律二者互为补充。同时，法律反映立法者的意志，顺应民意的立法者制定的法律条文才能有效反映社会道德观念在法律上的诉求。另外，道德具有普适性，对整个社会的所有人，不论身份，全皆体用，道德面前人人平等。因此，《大学》曰："自天子以至庶人，一是皆以修身为本。"

道德是人们评价一个人的尺度。一方面，一个人若违背社会道德，比如不仁不义、不忠不孝，人们就会给他负面的评价，使他没有好的名声，从而对他形成一种来自周边人群的社会压力，约束他的行为；另一方面，对很多人来说，道德是个人良心的自觉遵守，无须周边人群的社会压力制约。人们对一个人的道德评判，主要来自这个人所表现出来的言行。所谓"有言者不必有德"，口头上标榜仁义道德的不一定真的有仁义道德，因此人们往往"听其言而观其行"，然后再做出评判。个人对道德的意见，对己对人，有宽容者，有苛求者。中国文化中多有提倡对自己严格、对他人宽恕的思想。子曰："厚以责己，薄以责人。"韩愈也曾讲："古之君子，其责己也重以周，其待人也轻以约。"汉代主要伦理道德有所谓的"三纲"，即"君为臣纲、父为子

---

①　班固. 汉书 [M]. 北京：中华书局，1962：1090.

纲、夫为妻纲"，又有所谓的"五常"，即"仁、义、礼、智、信"是也。

东汉章帝建初四年（79 年）以后，"仁义礼智信"被确定为德目"五常"。五常不仅是五种基础性的"母德""基德"，而且高度概括并形成了中华传统道德的核心价值理念和基本精神。完全可以说，"仁"和"义"是儒家文化中两大根本性的道德元素，此可谓中国传统伦理道德的总体价值观中的核心价值观。因此，离开了"仁"与"义"，"忠""孝""礼""乐"等都将失去伦理道德的意义。班固在《白虎通德论》曰："君臣以义合，不合则去。"仁、义相比其他价值观要素更具有超然性。孔子在《论语》中曰："志士仁人无求生以害仁，有杀身以成仁。"孟子曰："生，亦我所欲也，义，亦我所欲也；二者不可得兼，舍生而取义者也。"毫无疑问，"仁"和"义"作为核心价值观的地位不会动摇。

"忠""孝"在中国社会是基础性的道德价值观。《孝经》曰："夫孝者，天之经也，地之义也，人之本也""夫孝，德之本也""孝慈，则忠"。曾子："夫子之道，忠恕而已。""忠""孝"兴于于夏，"夏道尚忠，复尚孝"。《说文解字》："忠，敬也，尽心曰忠。"又，《礼记·表记》中载孔子言："君天下，生无私，死不厚其子；子民如父母，有憯怛之爱，有忠利之教……耻费轻实，忠而不犯。"《说文解字》曰："孝，善事父母者。"孝是人可以从身边之最近处做起的人间关系德目，被称为"百德之首，百善之先"。《孝经》曰："教民亲爱，莫大于孝""孝之为义，初不限于经营家族"。《礼记》曰："孝有三：大孝尊亲，其次弗辱，其下能养。"显然，孝最首要的含义是尊亲。现在说孝，往往指子女赡养父母、晚辈赡养长辈，其实，尊敬先于赡养。为此，孙中山先生在《三民主义》之民族主义部分说："讲到中国固有的道德，中国人至今不能忘记的，首是忠孝，次是仁爱，其次是信义，其次是和平。这些旧道德，中国人至今还是常讲的。……如果是好的，当然是要保存，不好的才可以放弃。"因此，现代哲学家张岱年先生说，我们应该进一步加强伦理学研究①，而且必须遵循去其糟粕、取其精华的原则，深入研究汉代政治伦理

---

① 张岱年先生说："中国古无哲学之称。在先秦时代，一切思想学术统称为'学'。到宋代，有'义理之学'的名称。义理之学包括关于'道体'（天道）、'人道'（人伦道德）以及'为学之方'（治学方法）的学说。其中关于人道的学说可专称为伦理学。伦理学即研究'人伦'之理的学问，亦即研究人与人的关系的学说。"参见张岱年. 中国伦理思想研究［M］. 北京：中国人民大学出版社，2011：1. 其中，"人伦"一词首见于《孟子》一书。孟子曰："使契为司徒，教以人伦：父子有亲，君臣有义，夫妇有别，长幼有序，朋友有信。"（《孟子·滕文公上》）

学，才能更好地弘扬传统伦理道德的精神。

对汉朝德与法的结合问题，学界多有其论。德与法的有机结合，使伦理道德的约束作用依靠法律的强制来维系，法律的运用又以伦理道德的原则来指导。《后汉书》所谓："礼之所去，刑之所取，失礼则入刑，相为表里者也。"① 人们认同伦理道德的同时，也认同了法律。通过"子于事父以事君"（《礼记·丧服四制》）的途径，使"忠君"的法律义务借助于"事父"的伦理道德力量，从而实现了汉代法律与道德的统一，以及政治与伦理的对接。

———————————

① 范晔. 后汉书［M］. 北京：中华书局，1965：1554.

第二章

从汉朝"劫质"案例看道德与法律的关系

引言

道德与法律作为调节社会关系、维护社会秩序、规范人们思想行为的重要手段，备受汉代统治阶级重视。在汉代道德与法律两者并非简单的并存关系，在汉代道德观念中体现着深刻的法律思想，而在汉代法律思想和司法实践中同样体现着厚重的道德观念，并且汉代道德与法律的关系也处在不断变化与发展的社会之中。而本文通过对汉代"劫质"案的考察，集中体现了笔者对汉代道德与法律关系问题的一种诠释。

第一节　汉朝有关"劫质"案件情况概述

汉代"劫质"案件于政治、军事和刑事犯罪诸领域均有不同程度的反映。然而发生在汉代政治、军事领域的"劫质"事件①虽间或涉及汉代伦理道德评价之问题，但尚未发现依法制裁的成案记载，当然也存在不完全属于法律制裁范畴的因素。对汉代刑事犯罪领域之"劫质"案件的行政处理却不乏其例。汉代"劫质"即今天所说的"劫持人质"，是严重的违法犯罪行为，也是严重危害社会治安、应受制裁（或应受处罚）的行为②。笔者认为，仅凭汉代"劫质法"③来看，汉代依"劫质法"处理"劫质"案不仅渗透着深刻的伦理道德因素，也深深蕴含着时代的法律思想，况且实际案例之内容一定也更加丰富。因此，本文仅以刑事犯罪领域之"劫质"案件作为主要考察、论证之中心，并借此深入探讨在汉代具体司法实践中道德与法律之关系。

---

① 范晔. 后汉书 [M]. 北京：中华书局，1965：2692-2693+1805+1099+2573.
② 康树华. 犯罪学：历史·现状·未来 [M]. 北京：群众出版社，1998：43；储槐植，许章润，等. 犯罪学 [M]. 北京：法律出版社，1997：4；王牧. 犯罪学 [M]. 长春：吉林大学出版社，1992：43.
③ 范晔. 后汉书 [M]. 北京：中华书局，1965：1696.

经过笔者统计，在汉代所有的"劫持人质"刑事犯罪案件中，记载并不十分详细、内容不够具体是突出问题，既未言明是否以此勒索钱财，也未言明是否以此让官府投鼠忌器，以逃避官府的追捕。例如，《后汉书》记载：汉顺帝阳嘉三年"三月庚戌，益州盗贼劫质令长，杀列侯"①。以下尚有两例汉代的"劫质"事件，可以说是颇具典型意义。其不仅属于汉代社会治安中的刑事犯罪案例，而且分属于汉代历史上的不同时期。笔者试逐次考察并以汉代道德和法律视角加以分析。案例一源自《汉书》。

> 富人苏回为郎，二人劫之。有顷，广汉（京兆尹赵广汉）将吏到家，自立庭下，使长安丞龚奢叩堂户晓贼，曰："京兆尹赵君谢两卿，无得杀质，此宿卫臣也。释质，束手，得善相遇，幸逢赦令，或时解脱。"二人惊愕，又素闻广汉名，即开户出，下堂叩头，广汉跪谢曰："幸全活郎，甚厚！"送狱，敕吏谨遇，给酒食。至冬当出死，豫为调棺，给敛葬具，告语之，皆曰："死无所恨！"②

通过考察赵广汉的事迹可以知道，这个案件发生在汉宣帝时期。在此案发生前京兆尹赵广汉已处理过有史料记载的一起类似的未遂案件，即"长安少年数人会穷里空舍谋共劫人，坐语未讫，广汉使吏捕治具服"。因此，就汉代刑事犯罪治安案件来讲，根据现有史料来看，可初步得出，至迟在汉宣帝时期"劫质"案件已出现，而且汉宣帝时期发生的这个"劫质"案是汉代已知"劫质"类刑事犯罪案件中最早的记录。笔者也并没有完全排除"劫质"刑事案件在此前汉代实际社会生活中存在的可能。

理由一，秦汉时期在政治军事领域早就出现过"劫质"事件。③ 这些发生过的"劫质"事件源自当时的社会生活实践，因此在汉代现实生活中，犯罪分子为劫掠他人的钱财等目的，必定会想方设法采取一切手段，不可能无闻于"劫质"之胁迫手段。

理由二，引文中赵广汉说"释质，束手，得善相遇，幸逢赦令，或时解脱"，其中"释质"显然是当时久已熟识的司法用语。这为此前汉代出现过"劫质"案件又增加了可能性。

---

① 范晔. 后汉书［M］. 北京：中华书局，1965：263.
② 班固. 汉书［M］. 北京：中华书局，1962：3202.
③ 司马迁. 史记［M］. 北京：中华书局，1982：371.

理由三，西汉专门的"劫质"律令虽至今尚未发现，但西汉相关的"劫人法"在反映汉初法律内容的张家山汉墓竹简中就有体现，即"劫人、谋劫人求钱财，虽未得若未劫，皆磔之……（J68）"①。从此案件的终审判决为"至冬当出死"来看，此"劫人法"也可适用于"劫质"案件。但这里需要说明的是，尽管"劫质"与"劫人"刑事犯罪行为在主要犯罪目的和犯罪处罚上有相同之处，但无论是从犯罪名称，还是从"求钱财"的犯罪手段上看，两种犯罪行为显然并不相同。况且就犯罪目的而言"劫质"行为也不会仅限于"求钱财"，挟持人质同行以保证其安全逃窜也是一种目的。也就是说"劫质"与"劫人"是两种不同性质的犯罪行为。

第二节　从西汉一宗"劫质"案例看道德与法律的关系

从道德和法律视角来讲，此"劫质"案的处置不仅体现了赵广汉作为执法者的业务素质，也体现了他作为执法者的职业操守，乃至道德水准。这是西汉时期处理比较好的一宗解救人质的典型案例，比较充分地体现了人格魅力、道德教化的力量和法律的震慑力、严肃性的统一。

第一，"劫质"案发生后，负有社会治安责任的部门行政长官亲自出现场，且比较迅速，即"有顷，广汉将吏到家"。就本案讲，这与京兆尹赵广汉干练果断，特别是忠于职守的敬业精神有密切关系，即"广汉为人强力，天性精于吏职"②。这也和赵广汉勤于研究、善于研究社会治安科学并及时总结实践经验的职业才能不无关系，所以在关键重大社会治安案件发生后，能够制订快速而有力的处置方案。针对此，陈鸿彝先生、高恒先生对汉代地方官吏的诸多破案措施已有总结③。更值得重视和关注的是赵广汉的职业操守。古人有所谓"食人食者死其事，受其禄者毕其能"④之观念。张锡勤先生和柴文华先生认为："在汉代，更多的人所以忠君，是出于'食人食者死其事'（《汉书》卷九十九下《王莽传下》）的传统观念（这也是古代中国臣子所以

① 张家山二四七号汉墓竹简整理小组. 张家山汉墓竹简［二四七号墓］（释文修订本）［M］. 北京：文物出版社，2006：18.
② 班固. 汉书［M］. 北京：中华书局，1962：3202.
③ 陈鸿彝. 中国治安史［M］. 北京：中国人民公安大学出版社，2002：107；高恒. 秦汉简牍中法制文书辑考［M］. 北京：社会科学文献出版社，2008：106-107.
④ 刘向. 说苑校证［M］. 北京：中华书局，1987：84.

忠君的重要出发点之一）。"① 赵广汉坚决依法行政并有所作为，这本身就是
一种忠于君主的实际行动。正如有学者认为"在帝制时代，居官尽心尽职乃
是忠的表现"②。

　　第二，京兆尹赵广汉做到了及时了解犯罪嫌疑人的情况，具体处置方法
也比较得当。在得知"劫质"犯罪嫌疑人有两名之后，赵广汉马上派长安丞
向犯罪嫌疑人喊话，这最能体现赵广汉的精明干练之处。为了不激化现场的
矛盾，赵广汉可谓晓之以法理、动之以真情。首先是用平和而有礼节的语气
向犯罪嫌疑人提出了"京兆尹赵君谢两卿，无得杀质"的条件。另外，根据
引文中有所交代之情况，即"富人苏回"之内容，初步推断本案的犯罪目的
基本是为了钱财而非杀人，但由于犯罪分子被包围，使得杀害人质的可能性
增加了。因此，这个条件是得以继续谈判的基本前提。否则，如果杀害人质，
况且人质还是"宿卫臣"，那犯罪嫌疑人肯定会被处死，而赵广汉等人的一切
努力也将前功尽弃。于是赵广汉稳住了局面并避免了情况的进一步恶化，这
突出了法律的震慑力，也体现了法律本身的严肃性。接着赵广汉进一步提出
"释质，束手，得善相遇，幸逢赦令，或时解脱"，对犯罪分子进行了耐心的
说服教育。笔者认为，这其中包括了一个承诺、两个结果。一个承诺即如果
释放人质，犯罪嫌疑人起码会有"得善相遇"的照顾。两个结果：其一，劫
持人质所构成的罪行是死罪，时人尽知，而文中隐去未明言；其二，"幸逢赦
令，或时解脱"，这对于生命来说毕竟是一线曙光，而对犯罪嫌疑人来说无疑
也可能是一条最好的出路。在汉代，得遇赦免也是极有可能的事情。③ 犯罪嫌
疑人如果不是亡命之徒，见大势已去，一般不会放弃这种侥幸逢生的机会。
况且"又素闻广汉名"，也就是说，犯罪分子一向了解赵广汉的威名，对他们
一直产生着震慑性的力量。那么，这个"名"到底是指什么呢？

　　《汉书》载，昭帝时期，赵广汉"少为郡吏、州从事，以廉洁通敏下士为
名。举茂材，平准令。察廉为阳翟令。以治行尤异，迁京辅都尉，守京兆
尹。"而在宣帝时，又"迁颍川太守。郡大姓原、褚宗族横恣，宾客犯为盗
贼，前二千石莫能禽制。广汉既至数月，诛原、褚首恶，郡中震栗"，以致形
成"一切治理，威名流闻，及匈奴降者言匈奴中皆闻广汉"的局面，"广汉为
人强力，天性精于吏职。……唯广汉至精能行之，他人效者莫能及也"已广

---

①　张锡勤，柴文华. 中国伦理道德变迁史稿［M］. 北京：人民出版社，2008：214-215.

②　张锡勤. 中国传统道德举要［M］. 哈尔滨：黑龙江大学出版社，2008：272.

③　沈家本. 历代刑法考［M］. 北京：中华书局，1985：529-567.

为流传。①

由此观之，赵广汉自进入仕途为吏以来，在治绩上可以说是治行优异，而其本人可以说是德才兼备，还体现出了疾恶如仇、忠于职守这样鲜明的道德观念。作为劫匪而言，深深震慑他们的恐怕不仅仅是赵广汉吏职之精，广汉忠勇的社会伦理道德之影响可能更具震慑力。就古代的教化手段而言，有礼乐之教、诗书之教以及所谓"神道设教"，充其量这仅属于道德教化的范畴。而赵广汉以法为教进行现场说法，法律对劫匪的震慑在此时此地起到了关键作用，而道德教化的作用仅仅是辅助。在生与死的对决、正义与邪恶的较量中，此法律最终成为阻遏犯罪行为发生的最后一道堤坝。但这并非否认道德教化所具有的普遍而持久的影响力。在此"劫质"案的处理过程中，赵广汉一直坚持不懈地对劫匪进行说服教育，他几乎是以其京兆尹的人格担保，并许以"善相遇"的诺言。这些内容无不体现了中国传统的道德准则，那就是作为人际交往基本准则或规范的"诚"与"信"。赵广汉的诚恳劝说赢得了劫匪的信任，而此后发生的一些事情也在进一步诠释着广汉本人曾许下的充满诚信的诺言，"送狱，敕吏谨遇，给酒食。至冬当出死，豫为调棺，给敛葬具"即是明证，而被判死刑的劫匪"死无所恨"一语也似乎证明"信"这一传统伦理道德以此形式实现了它道德教化的完美社会作用。

第三节　从东汉一宗"劫质"案例看道德与法律的关系

案例二源自《后汉书》。

（汉灵帝时）玄少子十岁，独游门次，卒有三人持杖劫执之，入舍登楼，就玄求货，玄不与。有顷，司隶校尉阳球率河南尹、洛阳令围守玄家。球等恐并杀其子，未欲迫之。玄瞋目呼曰："奸人无状，玄岂以一子之命而纵国贼乎！"促令兵进。于是攻之，玄子亦死。玄乃诣阙谢罪，乞下天下："凡有劫质，皆并杀之，不得赎以财宝，开张奸路。"诏书下其章。初自安帝以后，法禁稍弛，京师劫质，不避豪贵，自是遂绝。②

---

① 班固. 汉书 [M]. 北京：中华书局，1962：3199-3202.
② 范晔. 后汉书 [M]. 北京：中华书局，1965：1696.

首先，我们需要确定这个"劫质"社会治安案件发生的具体时间。在这则资料中没有明确时间标志，但是根据桥玄在"光和元年，迁太尉。数月，复以疾罢，拜太中大夫，就医里舍"①，又因为出"劫质"案现场的司隶校尉、河南尹、洛阳令等京官中有司隶校尉阳球，而阳球在光和二年（179年）为司隶校尉，而且在任司隶校尉当年便转任卫尉，冬十月甲申下狱死了②，所以这既排除了阳球其他时间再任司隶校尉的可能，同时又无疑确立了此案件发生的时间在汉灵帝光和二年。至于是具体的什么时间，笔者认为应该在汉灵帝光和二年三月乙丑到光和二年五月。将光和二年五月作为下限是根据《后汉书》：

> （光和二年）五月，卫尉刘宽为太尉。……冬十月甲申，司徒刘郃、永乐少府陈球、卫尉阳球、步兵校尉刘纳谋诛宦者，事泄，皆下狱死。③

也就是说，汉灵帝光和二年五月卫尉刘宽官升太尉之后，基本可以断定司隶校尉阳球才得以升任卫尉。所以说此案一定发生在阳球升任卫尉的时间之前，即光和二年五月（包含五月若干日）之前。而以光和二年三月乙丑作为此"劫质"案发时间上限，根据有两点。其一，在汉灵帝光和元年十二月丁巳至光和二年三月乙丑期间，桥玄一直担任"掌四方兵事功课"的太尉④。其工作和起居之地理应有较多军吏、卒负责较为严格的保卫工作。因此笔者认为此时不大可能发生"劫质"这样的事件。而光和二年三月乙丑之后桥玄又担任了太中大夫，他于是便有"就医里舍"之举。这对一个级别较高的官员来说，在缺乏足够"警力"保护的情况下到普通里舍居住肯定不会太安全。其二，从"玄少子十岁，独游门次，卒有三人持杖劫执之，入舍登楼"来分析，基本断定桥玄住在居民区的里舍。这就可以断定"劫质"案发的地点就在居民区中，而案发时间上限为光和二年三月乙丑之后。笔者认为此"劫质"案一定发生在汉灵帝光和二年三月乙丑到光和二年五月（包含五月若干日）之间的某个时间。

其次，从法律和道德两个角度综合分析，这确实是一宗极为不寻常的"劫质"案。其特殊之处在于：其一，"劫质"案发生后，被劫质人的监护人

① 范晔. 后汉书 [M]. 北京：中华书局，1965：1696.
② 范晔. 后汉书 [M]. 北京：中华书局，1965：2499-2501.
③ 范晔. 后汉书 [M]. 北京：中华书局，1965：343.
④ 范晔. 后汉书 [M]. 北京：中华书局，1965：342.

的态度很特殊。当三个劫匪劫持了桥玄十岁的小儿子向桥玄"求货"时，"玄不与"，甚至放弃解救儿子的生命。这有悖于常人常理。其二，"劫质"案发生后，现场治安官员司隶校尉阳球的处理方法也比较耐人寻味。阳球在开始围捕劫匪时"恐并杀其（桥玄）子"，这是阳球最初的心理活动，但阳球最后为何又不顾桥玄小儿子的生死而果断下令进攻劫匪，以致"玄子亦死"的结果？如何理解这种看似前后矛盾的行为？而阳球当时又是如何跨过这道心理和道德门槛的呢？

就前者而言，笔者认为，桥玄在幼子被劫持时之所以表现出如此特殊的态度，有一定历史和思想道德方面的背景。据《后汉书》记载：

> 玄少为县功曹。时豫州刺史周景行部到梁国，玄谒景，因伏地言陈相羊昌罪恶，乞为部陈从事，穷案其奸。景壮玄意，署而遣之。玄到，悉收昌宾客，具考臧罪。昌素为大将军冀所厚，冀为驰檄救之。景承旨召玄，玄还檄不发，案之益急。昌坐槛车征，玄由是著名。……灵帝初，征入为河南尹，转少府、大鸿胪。建宁三年，迁司空，转司徒。……自度力无所用，乃称疾上疏，引众灾以自劾。①

由此可知，桥玄年轻时就开始从政且屡受重用、屡蒙圣恩、一生为官。桥玄为官一方，忠心报国、忠于职守，并且是一位疾恶如仇的官吏，直到晚年他仍然流露出心有余而力不足的拳拳报国之心。桥玄忠君忧国，处处以国事为重。应该说，桥玄是中国古代一位有着浓厚忠君思想的封建士大夫，是一个维护封建统治秩序的忠实卫道士。因此，桥玄才会有"奸人无状，玄岂以一子之命而纵国贼乎"之豪言壮语，也才会有请求"凡有劫质，皆并杀之，不得赎以财宝，开张奸路"之慷慨陈词。同样是在汉灵帝时期，赵苞（辽西太守）曾极其痛苦地对其母亲说："昔为母子，今为王臣，义不得顾私恩、毁忠节。"② 为此有学者认为："忠在东汉进一步强化，一个更重要的表现是，当忠孝不能两全时，东汉人往往服从于忠。"③ 这确实是东汉时期的一个现象。更何况"一子之命"根本不可能与"其义不可以加"④ 的最高德行"忠"和"孝"的重要性相提并论，因此更无从凌驾于代表君主或国家意志

① 范晔. 后汉书［M］. 北京：中华书局，1965：1695-1696.
② 范晔. 后汉书［M］. 北京：中华书局，1965：2692.
③ 张锡勤，柴文华. 中国伦理道德变迁史稿［M］. 北京：人民出版社，2008：215.
④ 董仲舒. 春秋繁露［M］. 上海：上海古籍出版社，1989：64.

136

的法律之上。即使桥玄怜爱其幼子，但他在思想上也无法逾越当时"忠孝"高于一切的传统伦理道德观念。也就是说，忠君爱国之思想观念是与坚决支持并模范遵守或执行国家法律相一致的，也是与破坏和践踏国家法律的犯罪分子和犯罪行为势不两立的一种态度。而本案中劫持桥玄之子为人质的劫匪被称为"国贼"，已超出了家仇方面的表述，分明是将其犯罪行为上升到危害国家、危害社会的高度。事实表明，就某个时代和社会而言，道德与法律所反映的思想意识是一致的，道德是法律的基础，因此法律体现着社会道德的观念和思想，也守护着最低的道德底线，二者相辅相成。不过即使主流道德所体现或维护的观念也并非能置于当时法律的完全保护之下，因为法律最终或真正维护的是符合统治阶级利益的核心道德或价值观念。

就后者而言，司隶校尉阳球虽然最终选择了进攻劫匪，但在阳球处理此案过程中理智显然与情感存在过较量，而且法律与道德层面的纠结对阳球的冲击显然也在所难免。分析如下。

司隶校尉阳球比较迅速地到达并包围了"劫质"现场，处置得当。之后准备解救人质而没有断然实施抓捕，即"球等恐并杀其子，未欲迫之"。毫无疑问，这个举措属于情感和道德居于主导地位的阶段。然而"劫质"案情并未因此向有利方向发展，这对阳球来说是非常棘手的问题。作为京畿地区的最高专职治安官，① 阳球当然不会轻易被情感和道德观念所左右，他毕竟是法律的守护者和执行者。在此矛盾情形刚一发生之际，桥玄一席大义弃亲的慷慨之词使问题趋于简单化了，于是司隶校尉阳球也就不会因为不顾人质生命安全这一道德问题而进退失据了。此时此刻理智和法律观念开始处于主导地位。一方面，在这种情况下，如果让劫匪走脱或让劫匪目的得逞的话，阳球势必会被弹劾，甚至因失职致罪。这是司隶校尉阳球不得不好好考虑的问题。另一方面，从引言中可以了解到，至少在东汉安帝之前的几朝曾颁布过"凡有劫质，皆并杀之"之类的社会治安法令，否则，不会有"凡有劫质，皆并杀之，不得赎以财宝，开张奸路"之说。而且史料表明"劫质"的对象自安帝之后已经扩大到权贵阶层，"赎质"现象越来越普遍，从而直接导致京师社会治安法禁松弛，即所谓"初自安帝以后，法禁稍弛，京师劫质，不避豪贵"②。安帝之前已明确"劫质"案属大案，对"劫质"者可以攻杀之。而要想改变京师社会治安法禁松弛的局面，针对"劫质"案而言，就要拒绝"赎

---

① 范晔. 后汉书 [M]. 北京：中华书局，1965：3613.
② 范晔. 后汉书 [M]. 北京：中华书局，1965：1696.

质"，拒绝与"劫质"者妥协而坚决依法办案。适用本案的汉代法律就是"凡有劫质，皆并杀之"，忠实地践行法律就是忠于职守，而忠于职守就是忠于汉朝的天子。表面上看，汉朝法律在与汉代道德的抉择中取得了优势，但归根结底还是汉代道德领域中的终极问题，即"忠"之德在汉代整个统治思想中的核心地位问题。

　　综上所述，本文主要以汉朝城乡现实生活中出现的"劫质"案件为中心进行相关历史学考证，对汉代典型"劫质"案例进行法律、道德层面的分析。宗旨在于，通过考察"劫质"案本身、相关的法律和当事人的言行，深入探讨其中法律与道德的关系问题。汉代是我国法治建设承前启后的重要时代，同时也是我国传统伦理道德体系基本确立的历史时期。毋庸置疑，汉代基本施行了德法相结合的治国理念与实践，也就是所谓"以霸王道杂之"①。本文所探讨的汉代两个"劫质"案均不同程度地涉及法律和道德的关系问题，因此某些特点值得关注。其一，西汉与东汉时期，在处理"劫质"问题时主管官员均能依法办案，但是西汉的赵广汉在处理"劫质"案时的特点是进行了较为细致的法治和德治的宣传和教化，而东汉的阳球在处理"劫质"案时缺失此教化环节。其二，西汉和东汉的法律针对劫持人质的劫匪的惩罚虽然都是死刑，但西汉时期经常进行的大赦也适用于劫匪，所以劫匪"释质""束手"之后还侥幸存在一线生机，这为道德教化留有一定余地，而东汉时期严厉的"劫质"法渐遭破坏，出现"赎质"现象。其三，在西汉和东汉时期的两个"劫质"案处理过程中，前者体现出较为朴素的"信义"之德，而后者则体现出"忠君""节义"等三纲思想的强化。总而言之，通过继续深入考察，就一定会有值得期待的新发现。

---

　　① 班固. 汉书［M］. 北京：中华书局，1962：277.

第三章

从汉朝"持质"法的演变看道德与法律的关系

引言

汉朝"持质"法的相关内容在汉代经历了一个不断演变的过程。本文根据发生在汉代的相关典型案例探讨了汉代"持质"法在不同时期所表现出的变化与发展情况。研究表明,汉代"持质"法展现了相应历史时期的时代特点和阶段性特征。

在清朝法学家沈家本先生的《历代刑法考·汉律摭遗卷二》中有"持质"条的简略陈述,其按语云:"持质者执持人为质,以求财也。观于广汉诸《传》,是西汉此风已盛,京师且然,外郡可知。沿及东汉之末,而犹未息,……但不知汉法何如?"① 由此可知,沈家本先生仅仅指出了"持质"作为汉朝法律制裁的一种犯罪行为已经开始频繁出现的社会状况,并没有明确提出制裁此犯罪行为的汉代"持质"法,也没有进一步探讨该法律出现后在汉代的发展变化情况,更没有对该法在发展变化中的某些特点予以阐述。另外,目前学界对此也尚无专文论述。因此,本文就上述问题试论述之。

第一节 从汉初的"劫人"法谈起

东汉灵帝曾经诏令:"凡有劫质,皆并杀之,不得赎以财宝,开张奸路。"② 主要强调的是禁止"赎质"问题。又据《三国志》本注引"孙盛曰:《光武纪》,建武九年,盗劫阴贵人母弟,吏以不得拘质迫盗,盗遂杀之也。然则合击者,乃古制也。"③ 由此看来,"凡有劫质,皆并杀之"之制不会晚

---

① 沈家本. 历代刑法考 [M]. 北京:中华书局,1985:1404.
② 范晔. 后汉书 [M]. 北京:中华书局,1965:1696.
③ 陈寿. 三国志 [M]. 北京:中华书局,1982:267-268.

于东汉建武九年（33 年），① 至少在西汉中期就已存在了，② 毋庸置疑，汉代"持质"法的完善经历了一个比较长的历史发展过程。又据《汉书》载："长安少年数人会穷里空舍谋共劫人，坐语未讫，广汉使吏捕治，具服。富人苏回为郎，二人劫之。"③ 对此，笔者认为，汉代司法应当以可能存在的"劫人"法来处理苏回被劫案。另外，从沈家本先生所言"持质者执持人为质，以求财也。观于广汉诸《传》，是西汉此风已盛"④ 来看，"此风"应该指汉代社会的"持质"之风，但是由于缺乏材料支撑，沈家本先生也只能以"不知汉法何如"一言以蔽之。事实上，汉初法律中还确实存在关于"劫人""谋劫人"以及对其所采取处罚的详细司法解释。为此，笔者将此条法律暂且命名为"劫人法"，而此法在反映汉初法律内容的简牍中有所体现，即"劫人、谋劫人求钱财，虽未得若未劫，皆磔之……（J68）"⑤。这条法律中有两个"劫持人质"的相关要件：其一，犯罪分子以力挟持受害人或阻止受害人离去；其二，挟持的目的是索要钱财。但该法规定的范围也存在相对宽泛之处。例如，只要"谋劫人求钱财"即使"未劫"也处以磔刑。这虽然有助于预防犯罪和打击犯罪，但该内容毕竟与"劫持人质"的现行犯罪行为还有一段距离，不过对"劫人"而"未得"这一情况的规范倒是有值得肯定之处。另外，此种"劫人钱财"还和一般情况下的"劫夺财物"很难做到严格区分，有时并不属于"劫持人质"行为的范畴，但将"劫人、谋劫人求钱财"完全理解为类似于今天的"抢劫罪"也值得商榷⑥。为此，笔者认为汉初出现的"劫人"法可以作为汉代"持质"法发展的初级阶段。

---

① 朱绍侯先生认为："东汉初曾规定为保护人质安全，允许以财物赎质。"参见朱绍侯. 中国古代治安制度史［M］. 郑州：河南大学出版社，1996：141. 此结论不知有何根据。

② "富人苏回为郎，二人劫之。有顷，广汉将吏到家，……送狱，敕吏谨遇，给酒食。至冬当出死。"参见班固. 汉书［M］. 北京：中华书局，1962：3202. 孔庆明先生和朱绍侯先生据此认为西汉开始出现"持质"法。参见孔庆明. 秦汉法律史［M］. 西安：陕西人民出版社，1992：343；朱绍侯. 中国古代治安制度史［M］. 郑州：河南大学出版社，1996：141.

③ 班固. 汉书［M］. 北京：中华书局，1962：3202.

④ 沈家本. 历代刑法考［M］. 北京：中华书局，1985：1404.

⑤ 张家山二四七号汉墓竹简整理小组. 张家山汉墓竹简［二四七号墓］（释文修订本）［M］. 北京：文物出版社，2006：18-19.

⑥ 曹旅宁先生认为："'劫人、谋劫人'罪名类似当今的抢劫罪，显然是张家山汉简《盗律》重点防范的犯罪。"参见曹旅宁. 张家山汉简研究［M］. 北京：中华书局，2005：61. 笔者认为，此处的"劫人"犯罪显然包含了抢劫和劫持人质两项犯罪内容。

第二节　"持质"法中的人性化特征

在考察汉朝"持质"法发展的过程中，当时官吏具体的办案方法更能体现该法的完善情况，也能够体现该法诸多的时代性特征。我们可以通过解读汉代的经典案例来进一步展示汉朝"持质"法发展第二阶段所具有的某些并不为人所熟知的内涵。《汉书》载：

> 广汉为人强力，天性精于吏职。……富人苏回为郎，二人劫之。有顷，广汉将吏到家，自立庭下，使长安丞龚奢叩堂户晓贼，曰："京兆尹赵君谢两卿，无得杀质，此宿卫臣也。释质，束手，得善相遇，幸逢赦令，或时解脱。"二人惊愕，又素闻广汉名，即开户出，下堂叩头，广汉跪谢曰："幸全活郎，甚厚！"送狱，敕吏谨遇，给酒食。至冬当出死，豫为调棺，给殓葬具，告语之，皆曰："死无所恨！"①

在这场生与死的对决与较量中，法律战胜了犯罪，法律最终历史性地成为阻遏犯罪行为发生的最后一道堤防，但这并非完全否认道德教化在其中的影响力。在此案的处理过程中，赵广汉一直坚持不懈地对劫匪进行说服教育工作，他几乎是以其京兆尹的人格做担保，并许以"得善相遇"的诺言。这就是作为人与人之间往来的基本准则或规范的"诚"与"信"。正是由于赵广汉的诚恳劝说，最后才赢得了两个劫匪的信任，而此后发生的一些事情又进一步诠释着赵广汉本人曾许下的充满诚信的诺言，而被判处死刑劫匪的"死无所恨"一语也似乎证明着"信"这一传统伦理道德以此形式实现了它道德教化的永恒社会作用。另外，特别值得强调的是，在"持质"案发生后尽量争取第一时间迅速出警并控制案发现场，这是取得主动权、避免被动的重要步骤。总之，发生在汉宣帝时期的这宗"持质"案，以赵广汉充满人性化特征的及时妥善处置而告终，它不仅告诉我们此时是一个不乏"劫质"现象的时代，同时也说明了通过说服教育也能够做到既解救人质又依法严厉惩处犯罪分子。不过需要说明的是，这个时期的处置方式并非当场攻杀犯罪分子，而是判以死刑之罪，这应该是汉代"持质"法比较鲜明的又一阶段性特

① 班固.汉书［M］.北京：中华书局，1962：3202.

征。在汉代的现实生活中总有些例外，在处理"持质"案中也难免会遇到不达目的誓不罢休、穷凶极恶的劫匪。这不仅是一个非常棘手的问题，同时也使办案官吏陷入两难境地。此时"持质"法又以新的变通之法进入了下一个颇受争议的新阶段。

第三节　犯罪升级之后"持质法"的变通

东汉时期有"初自安帝以后，法禁稍弛，京师劫质，不避豪贵"① 的说法，这似乎表明"劫质"的对象自安帝之后开始扩大到权贵阶层。对于涉及"豪贵"阶层的"持质"现象可以暂且称为犯罪升级，这种恶性案件的处理并不是一件简单的事情，如果处理不当，其所造成的社会影响颇大。

然而，当真正的恶性"持质"案发生后，汉朝政府治安部门采取"合击"还是"赎质"也要视当时的社会情况而定。一般情况下，新政权建立初期相关法律建设逐渐完善、社会治安也需要强化，某些法律一般会得到比较严格的执行。建武九年（33 年）对"盗劫阴贵人母弟"一案采取合击就是明证。而到东汉王朝中后期，随着"政教凌迟"情况的出现，针对"豪贵"的"持质"案逐渐增多，而司法部门不能严格依法行政，于是"赎质"现象也就越来越普遍。《后汉书》载："先是安平王续为张角贼所略，国家赎王得还，朝廷议复其国。"② 其中"赎王"时间就在汉灵帝中平元年（184 年），这也说明东汉晚期中央政府已经直接出面办理"赎质"案。而史家将汉安帝和汉顺帝之后发生的"赎质"现象指责为"有司莫能遵奉国宪"，说明此现象备受非议，显然将其当作一种"政教凌迟"的表现。

笔者认为，对特殊"劫质"案件的处置，"赎质"显然存在一定的风险，即很容易造成人财两空，甚至出现犯罪分子逃脱的情况，却是挽救人质生命的一种新的尝试，也是一种无奈的选择。这可以说是一种妥协的办案方式，但也可以理解为一种灵活的办案思路。这是一种在冷兵器时代有待进一步探讨的实践。

---

① 范晔. 后汉书 [M]. 北京：中华书局，1965：1696.
② 范晔. 后汉书 [M]. 北京：中华书局，1965：2091.

第四节　忠义托起的法律之剑

在汉代"持质"法发展变化的过程中，"赎质"现象无论是作为统治者的妥协表现，还是作为司法部门的无奈之举，都将继续存续下去。不过，同样是东汉社会的后期，同样是社会比较动荡的汉灵帝时期，同样也是一宗"劫质"案，在该案件处理过程中却再次彰显了法律的神圣与庄严。《后汉书》载：

> ［汉灵帝时］玄少子十岁，独游门次，卒有三人持杖劫执之，入舍登楼，就玄求货，玄不与。有顷，司隶校尉阳球率河南尹、洛阳令围守玄家。球等恐并杀其子，未欲迫之。玄瞋目呼曰："奸人无状，玄岂以一子之命而纵国贼乎！"促令兵进。于是攻之，玄子亦死。玄乃诣阙谢罪，乞下天下："凡有劫质，皆并杀之，不得赎以财宝，开张奸路。"诏书下其章。初自安帝以后，法禁稍弛，京师劫质，不避豪贵，自是遂绝。①

三个犯罪嫌疑人劫持桥玄十岁的小儿子向桥玄"求货"，而"玄不与"。桥玄作为人质的父亲，其态度显得很特殊，而且有悖于常人情理。这又做何解释？笔者认为，桥玄是中国古代一位有着浓厚皇权思想的封建士大夫，他忠君忧国，处处以国事为重，否则其"奸人无状，玄岂以一子之命而纵国贼乎"之言便无从解释。桥玄此后又请求汉灵帝下诏，即"凡有劫质，皆并杀之，不得赎以财宝，开张奸路"，进一步体现出桥玄心中亲情服从于国法的伦理思想，同时法律的神圣与庄严便更鲜明了。

另外，司隶校尉②阳球作为京畿地区的最高治安官，在较短时间内比较迅速地包围了"劫质"现场，且处置得当，即"球等恐并杀其子，未欲迫之"。也就是说，面对此情此景，阳球感到比较为难，但是桥玄的一席大义弃亲的慷慨之词让阳球坚定了下令进攻劫匪的决心。最后法律的严肃性得以伸张，统治阶级的根本利益得到了最大限度地维护。但是，笔者认为在此案中法律

---

① 范晔. 后汉书 [M]. 北京：中华书局，1965：1696.
② 史载："司隶校尉一人，比二千石。本注曰：孝武帝初置，持节，掌察举百官以下，及京师近郡犯法者。元帝去节，成帝省，建武中复置，并领一州。"参见范晔. 后汉书 [M]. 北京：中华书局，1965：3613.

的使命并没有很好地得到实现。众所周知，法律以维护统治阶级利益为根本宗旨，但同时也会最大限度地保护人民群众的生命和财产。因此，本案处理程序缺少对劫匪的说服教育环节，倒是阳球深深受到了桥玄大义弃亲传统"纲常"思想的教育和影响，从而导致了处理问题过于简单化。这是东汉忠君思想强化的结果，同时也导致本阶段"持质"法的贯彻有所强化。

综上所述，通过对汉朝"持质"法的一系列考察。笔者认为：其一，在"持质"法中，"凡有劫质，皆并杀之"的司法理念和司法实践在西汉初期甚至更早时期就已存在了；其二，汉初"劫人"法可作为汉代"持质"法发展的初级阶段；其三，通过人性化的说服教育工作，既能够解救人质，又可以依法严惩"劫持人质"的犯罪分子；其四，"赎质"是挽救人质的一种办法，但也是一种存在争议的变通性选择；其五，汉朝忠君思想让"持质"法更显庄严与神圣。同时也证明，尽管该法在实际执行过程中会随着时代发展而有所变化，甚至有所偏离，但该法的基本精神终究不会改变，因为该法既是维护社会秩序的一种手段①，也是保护广大人民群众生命财产安全的工具之一，更是符合时代发展的产物。

---

① 康树华. 犯罪学：历史·现状·未来［M］. 上海：群众出版社，1998：43.

第四章

从《轻侮法》有关问题谈汉朝道德与法律的关系

引言

东汉时期的《轻侮法》是在汉章帝时期颁布而在汉和帝时期废止的法律。这部法律的颁布与废止深刻地触及汉代道德与法律的关系问题，因此一度产生过很大的社会影响。此法律的颁布具有广泛而久远的伦理道德社会背景，其不仅使汉代此前有所抑制的复仇之风日益泛滥，而且由于保护复仇，也开创了一个社会治安史上值得商榷的先例。一个是存在争议的复仇之风，另一个是值得商榷的《轻侮法》，但前者受到"以孝治天下"的影响，而后者在当时也确实存在加强社会治安管理的初衷。汉和帝时期，随着《轻侮法》的最终废止，汉章帝施行该法以来日益紧张的道德与法律的关系问题又趋于和缓。实践证明，在维护复仇之风这点上，汉章帝的道德观念和法律思想也只是在表面上统一，因为在维护汉帝国封建统治和社会秩序稳定的过程中，当时的道德观念与该法律之间体现出的却是一种"貌合神离"的关系。

第一节　提出考察《轻侮法》的角度

道德与法律在调节社会关系和维护社会秩序的过程中，都具有规范人们思想行为的作用，是进行有效社会管理的两种重要手段。在汉代道德与法律的关系体现在汉代社会的各个方面，对其进行研究有助于加强对汉代道德观念和法律思想的全面了解，同时也能更好地阐释汉代社会治安管理中业已存在的道德与法律关系问题。关于东汉时期《轻侮法》的颁布与废止问题的考察是汉代加强社会治安综合管理方面一个很重要的研究课题，也是研究汉代道德与法律关系问题的一个实际案例。汉代《轻侮法》的颁布与废止是分别发生在东汉章帝与和帝时期的重要事件，即汉章帝时期《轻侮法》颁布与施行和汉和帝时期《轻侮法》的最后废止。由于《轻侮法》的实施一度导致因侮杀人案件的数量迅速上升，以致社会秩序更加混乱，汉和帝时期，尚书张敏曾两次上书，痛陈利弊，最后和帝决定终止此法。

就《轻侮法》而言，可以对其进行不同角度的研究，就东汉章帝时期《轻侮法》的研究来看，学界目前或者将其列入汉朝法律变迁史的内容予以阐述①，或者借助《轻侮法》以解读东汉官吏执法思想中的理性②，或者考察《轻侮法》作为一个影响社会治安秩序的反面案例所起到的推波助澜的作用③。而从《轻侮法》的施行时间如此短暂来看，我们可以看出当时统治阶级在这个问题上一定存在某种严重失误。但是，这种历史的失误在当时能否避免呢？直接回答起来可能并不太容易，而做起来恐怕也会更难。为此，笔者试着从汉代道德与法律的关系考察《轻侮法》颁布与废止的社会背景，这应该是观察问题的一个角度。这样一来，这个新问题也就随之具有了研究的必要性，而汉代相关史料也为此提供了深入解读的可行性。

第二节　《轻侮法》颁布是"德主刑辅"治国理念的极端体现

汉朝统治阶级在深刻总结秦朝"二世而亡"的经验教训后，在治理国家的指导思想方面一直不断地探讨。最终"德主刑辅"思想成为汉朝主流意识形态，这成为汉朝"以孝治天下"的理论基础。法律作为具体社会规范，虽然集中体现了统治阶级的意识形态，但是汉代伦理道德与法律的关系在某些领域、某种程度上还有待进一步的调和与统一。据《后汉书》记载：

> 建初中，有人侮辱人父者，而其子杀之，肃宗贳其死刑而降宥之，自后因以为比。是时遂定其议，以为《轻侮法》。敏驳议曰：
> "夫《轻侮》之法，先帝一切之恩，不有成科班之律令也。夫死生之决，宜从上下，犹天之四时，有生有杀。若开相容恕，著为定法者，则是故设奸萌，生长罪隙。……"《春秋》之义，子不报仇，非子也。而法令不为之减者，以相杀之路不可开故也。今托义者得减，妄杀者有差，

---

① 孔庆明. 秦汉法律史［M］. 西安：陕西人民出版社，1992：345-346.
② 孙家洲. 论汉代执法思想中的理性因素［J］. 南都学坛，2005（01）：11-17.
③ 林永强. 汉代地方社会治安研究［M］. 北京：社会科学文献出版社，2012：234.

使执宪之吏得设巧诈，非所以导"在丑不争"之义……敏复上疏曰："臣
敏蒙恩，特见拔擢，愚心所不晓，迷意所不解，诚不敢苟随众议。臣伏
见孔子垂经典，皋陶造法律，原其本意，皆欲禁民为非也。未晓《轻侮》
之法将以何禁？必不能使不相轻侮，而更开相杀之路，执宪之吏复容其
奸枉。……王者承天地，顺四时，法圣人，从经律。愿陛下留意下民，
考寻利害，广令平议，天下幸甚。"

　　和帝从之。①

　　这则史料不仅提到了"父仇子报"，即"子不报仇，非子也"的伦理道
德问题，而且也体现出了鲜明的法律思想。由此可知，这是反映汉代道德与
法律关系的一则典型资料，也是研究此方面问题的一个良好契机。因此，笔
者暂借东汉时期颁布的《轻侮法》并结合相关史料来深入考察汉代道德与法
律的关系。

　　从社会背景来看，东汉王朝建立后社会上的复仇之风依然兴盛，且当时
未申明复仇之禁。从法治角度上讲，汉章帝颁布《轻侮法》本来是想进一步
强化治安管理，但是在实际社会生活中却出现了事与愿违的局面，严重影响
到了当时的社会治安秩序。从伦理道德方面讲，《轻侮法》的颁布既是"以孝
治天下"大政方针的具体实践，也为孝子贤孙复仇以行孝提供了有力的法律
保障。由此可见，在严禁复仇未加强调，而复仇之禁又不加重申的情况下，
道德与法律发生了前所未有的冲突。道德与法律在某些方面的冲突在古代应
属于一种常态，因为很多习惯、习俗乃至道德观念是在漫长的历史过程中逐
渐形成的，在社会发展过程中最能与时俱进的法律精神，不可避免地与其中
某些内容产生冲突。例如，血亲复仇是中国古代社会中的一种历史现象，也
是中国古代社会相沿已久的一种社会习俗。但是相关史料证明，秦汉时期血
亲复仇在法律上已经被明令禁止。据《汉书》记载：

　　足下为令十年矣，杀人之父，孤人之子，断人之足，黥人之首，甚
众。慈父孝子所以莫敢事刃于公之腹者，畏秦法也。②
　　元朔中，睢阳人犴反，人辱其父，而与睢阳太守客俱出同车。犴反
杀其仇车上，亡去。睢阳太守怒，以让梁二千石。二千石以下求反急，

① 范晔. 后汉书 [M]. 北京：中华书局，1965：1502-1503.
② 班固. 汉书 [M]. 北京：中华书局，1962：2159.

执反亲戚。①

永始、元延间，上怠于政，贵戚骄恣，红阳长仲兄弟交通轻侠，臧
匿亡命。而北地大豪浩商等报怨，杀义渠长妻子六人，往来长安中。丞
相御史遣掾求逐党与，诏书召捕，久之乃得。②

据《后汉书》记载：

魏朗字少英，会稽上虞人也。少为县吏，兄为乡人所杀，朗白日操
刃报仇于县中，遂亡命到陈国。③

初，瑷兄章为州人所杀，瑷手刃报仇，因亡命。④

　　汉朝法律中有关禁止复仇的具体法令内容，虽然现在已经无从查知，但
是通过以上诸例证显然可以得出汉朝有关法律禁止复仇的结论。从维护汉朝
社会治安的角度讲，禁止复仇就是禁止相互仇杀，禁止防止无休无止的冤冤
相报，从而避免出现社会秩序失控的局面。正如桓谭所说："今人相杀伤，虽
已伏法，而私结怨仇，子孙相报，后忿深前，至于灭户殄业，而俗称豪健，
故虽有怯弱，犹勉而行之，此为听人自理而无复法禁者也。今宜申明旧令，
若已伏官诛而私相伤杀者，虽一身逃亡，皆徙家属于边，其相伤者，加常二
等，不得雇山赎罪。如此，则仇怨自解，盗贼息矣。"⑤ 然而，复仇之风即便
有法律之禁，终汉一朝也从没有停息过。毋庸置疑，这是涌动于汉人血脉里
的一种性情，是根植于汉人社会生活中的一种习俗，是充斥于汉代民间并能
获得同情与人格魅力的一种极具广泛性的社会舆论。学者吴灿新说："在宗法
制度和农业社会的背景下，人与人之间的相互关系的协调成为日常家庭生活
和社会生活的主题。因此，重道尚义成为中国最重要的道德价值取向。这种
道德价值取向引导人们重德求善，相应地形成了一种普遍的好名的道德心理。
同时，道德的维系方式，就社会来说，最主要的是社会舆论；而在传统社会
中，道德功能的发挥主要依赖他律，这些在客观上也造成了国人对名声的重

---

① 班固. 汉书［M］. 北京：中华书局，1962：2215.
② 班固. 汉书［M］. 北京：中华书局，1962：3673.
③ 范晔. 后汉书［M］. 北京：中华书局，1965：2200-2201.
④ 范晔. 后汉书［M］. 北京：中华书局，1965：1722.
⑤ 范晔. 后汉书［M］. 北京：中华书局，1965：958.

视与追求。好名在日常生活中常常演化成'爱面子'。"① 而现代学者林语堂对国人由珍爱"名声"逐渐演变成"爱面子"的陋习给予了无情的鞭笞，他说："脸面这个东西无法翻译，无法为之下定义。它像荣誉，又不像荣誉。它不能用钱买，它能给男人或女人实质上的自豪感。它是空虚的，男人为它奋斗，许多女人为它而死。它是无形的，却又靠显示给大众才能存在。它在空气中生存，而人们却听不到它那备受尊敬、坚实可靠的声音。它不服从道理，却服从习惯。它使官司延长，家庭破产，导致谋杀和自杀。它也能使一个不义之徒由于同乡人的斥责而改邪归正。它比任何其他世俗的财产都宝贵。它比命运和恩惠还有力量，比宪法更受人尊敬。"② 由此可见，珍爱"名声"的道德心理一旦左右了社会舆论的方向，复仇之风便无法停息，此方面的史料不乏其例。据《后汉书》记载：

> （申屠蟠）同郡缑氏女玉为父报仇，杀夫氏之党，吏执玉以告外黄令梁配，配欲论杀玉。蟠时年十五，为诸生，进谏曰："玉之节义，足以感无耻之孙，激忍辱之子。不遭明时，尚当表旌庐墓，况在清听，而不加哀矜。"配善其言，乃为谳得减死论。乡人称美之。③

又，

> 酒泉庞淯母者，赵氏之女也，字娥。父为同县人所杀，而娥兄弟三人，时俱病物故，仇乃喜而自贺，以为莫己报也。娥阴怀感愤，乃潜备刀兵，常帷车以候仇家。十余年不能得。后遇于都亭，刺杀之。因诣县自首。……后遇赦得免。州郡表其闾。太常张奂嘉叹，以束帛礼之。④

无论是陈留郡外黄女子缑玉，还是酒泉郡禄福女子赵娥，为了给至亲报仇，她们尽管知道这样做会受到法律的严厉惩罚，但仍然义无反顾、舍生忘死地去报复仇家。而且她们的复仇行为尽管受到了法律的制裁，但同时也得到了时人在社会伦理道德领域的赞许，甚至还得到了法律执行者的同情与眷

① 吴灿新. 中国伦理精神 ［M］. 广州：广东人民出版社，2007：16.
② 林语堂. 中国人 ［M］. 杭州：浙江人民出版社，1988：175.
③ 范晔. 后汉书 ［M］. 北京：中华书局，1965：1751.
④ 范晔. 后汉书 ［M］. 北京：中华书局，1965：2796-2797.

顾。汉代民间之所以存在这种社会现象，是因为汉代的民风使然，当然也有汉政府方面推行的类似于西汉时期董仲舒的"原心定罪"、东汉章帝时期的"轻侮法"等勉励名节的政策措施或法令的推波助澜。正所谓："人怀陵上之心，轻死重气，怨惠必仇，令行私庭，权移匹庶，任侠之方，成其俗矣"①。正如孙家洲先生所说："舆论就像一只无形的手，以一种无从捕捉却又无法回避的力量引导着个人行为。"② 由此可见，汉代盛行之复仇之风严重地扰乱了社会秩序，甚至出现了杀死仇人家属或者族人的滥杀无辜现象以及"死伤横道，旗鼓不绝"③ 的社会局面，显然这种崇尚复仇的社会舆论与汉朝统治阶级以及广大民众所希望的社会治安局面背道而驰。

在汉朝，影响社会治安秩序稳定的风俗习惯就是汉代民间经久不衰的复仇之习俗。复仇之风所造成的社会危害使严肃的法律变成儿戏，让汉朝无数的官吏为之折腰。它所造成的后果严重地破坏了社会秩序，加剧了汉代的社会矛盾。汉哀帝时谏大夫鲍宣曾指出当时民众有"七亡""七死"，其中就有"怨仇相残，五死也"④。毫无疑问，这是对汉代复仇之风对汉代民间社会所造成危害的一个有力控诉。"总而言之，除了人民以复仇形式反抗地主阶级的残暴统治之外，复仇风气可以说有百害而无一利。不仅汉代如此，以后历朝历代仍是如此。因为封建的宗法关系始终得到加强，阶级和阶级压迫依然存在，法律因缺乏人民性而无法摆脱其等级性和不公正性，而旧的传统风俗和道德规范不断束缚和影响着人们的行为准则和方式，复仇作为一种陋习便一直流行，影响着社会的安定。"⑤ 由此说来，汉朝法治建设和道德建设相统一的道路还比较漫长，但陋习终究会逐渐淡出人们的社会生活。在东汉朝末年，建安十年（205 年）春终于出现了明确的禁止复仇的法令。禁令规定"民不得复私仇，禁厚葬，皆一之于法"⑥。这就是历史上绵延已久的复仇之风在法律上被明确禁止的标志，但那时的汉朝早已名存实亡、物是人非了。

此外，东汉学者王符在《潜夫论·述赦》中写道："洛阳至有主谐合杀人者，谓之会任之家。受人十万，谢客数千。又重馈部吏，吏与通奸，利入深重，幡党盘牙，请至贵戚宠臣，说听于上，谒行于下。是故虽严令、尹，终

---

① 范晔．后汉书［M］．北京：中华书局，1965：2184.

② 孙家洲．秦汉法律文化研究［M］．北京：中国人民大学出版社，2007：172.

③ 班固．汉书［M］．北京：中华书局，1962：3673.

④ 班固．汉书［M］．北京：中华书局，1962：3088.

⑤ 周天游．古代复仇面面观［M］．西安：陕西人民教育出版社，1992：107.

⑥ 陈寿．三国志［M］．北京：中华书局，1982：27.

不能破攘断绝。"① 周天游先生也曾深刻地指出："汉承秦制，法禁复仇毫无疑义。但是，制定法律是一回事，执行法律又是一回事。有法不依，因人而异，是人治社会的通病，两汉自不例外。"② 这在很大程度上对汉代乃至中国整个封建时代的"法治"社会管理进行了比较深刻的总结。

第三节　忠孝一体化：汉朝道德与法律关系的纠结

东汉中后期，《轻侮法》虽然早已废除，复仇之禁令又重新恢复并依旧施行着，然而东汉社会中复仇之风依然在四处飘荡，历史延续的复仇之风是汉代根本无法治愈的痼疾。在汉顺帝和汉灵帝时期分别出现了被详细记录的两次较有影响的因父母受到侮辱而报仇杀人的案件。第一个将要介绍的复仇杀人案件发生于东汉顺帝执政时期。据《后汉书》记载：

> 安丘男子毋丘长与母俱行市，道遇醉客辱其母，长杀之而亡，安丘追踪于胶东得之。祐呼长谓曰："子母见辱，人情所耻。然孝子忿必虑难，动不累亲。今若背亲逞怒，白日杀人，赦若非义，刑若不忍，将如之何？"长以械自系，曰："国家制法，囚身犯之。明府虽加哀矜，恩无所施。"祐问长："有妻子乎？"对曰："有妻未有子也。"即移安丘逮长妻，妻到，解其桎梏，使同宿狱中，妻遂怀孕。至冬尽行刑，长泣谓母曰："负母应死，当何以报吴君乎？"乃啮指而吞之，含血言曰："妻若生子，名之'吴生'，言我临死吞指为誓，属儿以报吴君。"因投缳而死。③

汉朝统治阶级在政治上大张旗鼓地宣扬"以孝治天下"的治国理念，而在汉代社会生活中"孝"之伦理思想也早已经是人们普遍遵守的道德观念。复仇之风不但没有削弱，反而成为孝子贤孙孝敬父母亲的重要表现，以致因父母受辱导致孝子报仇杀人案件时有发生。东汉顺帝时期胶东国地方政府处理安丘男子毋丘长激情杀人事件就是当时的一个典型案例，而汉代道德与法律关系在该案件处理过程中有深刻体现。安丘男子毋丘长白天在大庭广众之

---

① 王符. 潜夫论笺校正 [M]. 北京：中华书局，1985：183.

② 周天游. 古代复仇面面观 [M]. 西安：陕西人民教育出版社，1992：76.

③ 范晔. 后汉书 [M]. 北京：中华书局，1965：2101.

下杀死了侮辱他母亲的醉汉，后畏罪潜逃，安丘地方政府治安官吏最终在胶东将其抓捕归案。毋丘长公然在白日杀人，犯的是死罪，然而其犯罪动机确实是因为母亲受辱而报仇杀人，即"子母见辱，人情所耻"，其事出有因，情有可原，也符合当时"孝亲"的社会舆论。不过，鉴于这样一种情况，东汉顺帝时期胶东国侯相吴祐知道毋丘长一旦被押回安丘肯定会被判死刑。为此，吴祐虽然想帮毋丘长，却左右为难，以致发出"今若背亲逞怒，白日杀人，赦若非义，刑若不忍，将如之何？"的无奈之语。这显然道出了汉代道德与法律在此问题理论层面无法统一的尴尬局面，以及在实践层面二者关系的纠结情形。

该案件最后得以顺利解决。首先，由于胶东侯相吴祐的说教，孝子毋丘长最后摆正了心态并能够直面国法，明白大义。也就是说，即便是为父母复仇，也不能报复过当，否则就要承担相应的法律责任。于是汉代现实社会中存在的那种道德与法律的关系在孝子毋丘长的心理层面实现了平衡与统一。其次，由于胶东侯相吴祐的说教，安丘男子毋丘长心甘情愿认罪伏法。从汉朝法律角度讲，毋丘长的认罪态度只能说明相关禁复仇法律的有效机制可以顺利实现了。但是，作为胶东国最高行政长官的侯相吴祐，想利用自己手中的权力和自己的影响力为值得同情的孝子毋丘长做些事情。于是为了能让毋丘长留下后人，吴祐便将远在安丘的毋丘长妻子接来与毋丘长同宿狱中，直到妻子怀孕才分别。这在古代社会治安管理过程中也是比较罕见的案例，是何等的仁德之举。汉朝法网虽然日渐严密，但地方上有些官吏在执法理念上却不乏温情与仁爱，于是严肃的法律与充满人情味的道德在此案例中真正实现了理论上和实践上的和谐统一。

东汉后期，第二个被详细记录下来的因为父母受侮辱而复仇杀人案件发生在东汉灵帝时期。这种类型的案例虽然记载得不多，但是该案例具有较大的影响力，也更具有代表性。这对于考察汉代道德与法律关系方面的某些问题比较有说服力。据《后汉书》记载：

> 阳球字方正，渔阳泉州人也。家世大姓冠盖。球能击剑，习弓马。性严厉，好申、韩之学。郡吏有辱其母者，球结少年数十人，杀吏，灭其家，由是知名。初举孝廉，补尚书侍郎，贤达故事，其章奏处议，常为台阁所崇信。出为高唐令，以严苛过理，郡守收举，会赦见原。[①]

---

① 范晔. 后汉书［M］. 北京：中华书局，1965：2498.

资料中的阳球可以说出身名门望族，其能文能武，是郡中一个比较有影响力的人物。在这样的社会背景下，"郡吏有辱其母者"，阳球当即召集了一些所谓"少年"，也就是今天所说的地痞流氓，不仅杀死了那个惹是生非的郡府官员，还将其全家全部杀死。无论在西汉时期，还是在东汉中期，即便是为父母复仇杀人，灭门这种情况也已经触犯了刑律，但是在东汉后期，情形却大不相同了。阳球为此不仅没有被官府治罪反而远近闻名。不仅如此，阳球还被"初举孝廉，补尚书侍郎，……出为高唐令"。这就是东汉后期发生的奇怪事情，确实令人费解。笔者认为，东汉后期由于政府的大力宣传，"以孝治天下"的观念更加深入人心，"孝"已经成为政治生活乃至社会生活中与"忠"一样重要的伦理道德规范了。"忠孝"已经合为一体，古语有所谓"忠臣必出于孝子之门"之说。从阳球进入仕途这个案例看，东汉后期，"举孝廉"时主要考察的是"孝"行，而不是"廉"，因为此前阳球未进仕途，"廉"与"不廉"根本无从谈起。也就是说，在东汉后期被举荐的人只要"孝"行通过审查，就可以被举荐为"孝廉"了。此外，史载："汉制使天下诵《孝经》，选吏举孝廉。"① 关于东汉时期孝廉选举的这则史料正可以作为佐证，因此阳球复仇杀人后反而受世人盛赞并由此进入仕途就不难理解了。

东汉后期，随着汉朝"以孝治天下"的观念日益深入人心和"忠孝"思想的一体化，东汉社会道德与法律的关系问题也由此发生了一些变化。也就是说，汉代人的想象中出现了"忠就是孝，而孝也就是忠"这样的逻辑。不过，汉朝统治阶级也会根据需要，在需要"忠"的时候"倡忠"，而在需要"孝"的时候"倡孝"，"忠孝"伦理道德思想完全成为封建统治阶级深入控制人民思想意识和驾驭人民群众的工具。

就东汉后期道德与法律的关系而言，东汉后期阳球复仇杀人事件所反映出来的历史信息说明形成并确立于西汉中期的"德主刑辅"统治思想进一步极端化，以致某些领域中的道德观念行将替代法律意识，这不仅表现在汉代人的思想里，而且已经出现在当时的社会实践中。当汉代某些道德观念日益强化之时，也正是汉代法律意识日益弱化之时，汉朝专制主义中央集权体制因此受到严重的破坏。于是汉王朝的统治思想在经历了汉初"以法治国"之后，逐渐实现了向"德主刑辅"的转变，并最终走向了完全"以德治国"的倾向。众所周知，曾经的汉帝国是在总结秦帝国完全"以法治国"的极端统

---

① 范晔. 后汉书 [M]. 北京：中华书局，1965：2051.

治思想基础上逐步强盛起来的，不过汉帝国由于过分地强调"以孝治天下"的统治思想，结果陷入了无法挽回的历史局面，其从一个极端走向了另一个极端，从而预示着有着四百余年历史的汉帝国即将告别历史的舞台。

综上所述，汉代道德与法律关系体现在汉代社会的许多领域，毫无疑问，这为研究者提供了较大的深入考察范围和进一步拓展认识的空间。汉代的法律精神不仅包涵中国传统的"法"文化，还充斥了大量的儒家伦理道德观念。关于汉代道德与法律关系的研究不仅有一定的学术价值，而且还有相当大的社会价值。为此，笔者对东汉章帝所颁布实施的《轻侮法》相关问题的考察主要针对该法所涉及的一系列道德和法律问题，以及二者的关系问题。通过考察《轻侮法》，笔者用一系列的事实说明了汉代"以孝治天下""以德治国"的社会思想观念日益强化，而"以法治国"的思想意识相对减弱。在汉代，尤其是东汉时期，"忠""孝"伦理道德思想观念日益强化，这是封建统治阶级重视的结果。为了加强封建统治秩序，更好地控制民众，一切有利于加强统治的伦理道德思想都被统治阶级披上了法律的外衣。于是伦理道德左右了具有较大独立精神的法律，而相关伦理道德观念就更加深入人心了。考古资料表明，就连当时比较偏远的江苏扬州地区也因此受到了深刻的影响①。笔者通过考察，最后证明汉代的道德之于法律的影响力越来越大，并且有时还在很大程度上主宰了社会法治建设的大方向，而汉代的法律则成了道德的"奴仆"。尽管这种情形还不完全是汉代道德与法律关系的常态局面，不过它的消极影响对社会也产生了不小的伤害。这也许正是"以德治国"单一化统治思想应该汲取的历史教训，这是"以法治国"绝对化倾向后的又一个思想极端，为汉代乃至之后我国历代封建王朝提供了关于道德与法律关系建设的一面镜子或一个反面教材。实践证明，东汉章帝颁布实施《轻侮法》这一举措确实值得商榷，是政治上的短视，且不说在指导思想方面具有一定的片面性，在理论上自然也存在错误，在实践过程中也极为有害。

---

① 江苏扬州胥浦 101 号汉墓竹简"先令券书"就是反映此方面情况的一批珍贵资料。参见李均明，何双全．散见简牍合辑［M］．北京：文物出版社，1990：105-106．

第五章

汉朝社会"五伦"中的朋友关系研究

问题的提出

在中国古代，传统社会伦理关系的认识经历了漫长的历史时期，在系统化的归纳过程中体现着阶段性与日益成熟的特点。学者认为："春秋时期的人们已经对社会伦理关系进行了一定程度的整理，但是这种整理还不完整。"①也就是说，春秋时期的社会伦理关系在系统性认识方面尚存在一定的潜在空间。时至战国，社会伦理关系日益系统化，出现了针对当时社会关系的"五伦"思想。孟子指出："父子有亲、君臣有义、夫妇有别、长幼有序、朋友有信。"（《孟子·滕文公上》）孟子首次鲜明地提出了五种社会伦理关系，并历史性地提出了实际社会关系中早已存在但在理论建设上被忽视的"朋友"一伦。随着先秦以来"纲常"思想的日益完善，其体系也在西汉武帝时期得以正式确立。② 为了强化"纲常"伦理思想并使其更加深刻且更具广泛的社会影响力，东汉时期统治阶级还对伦理道德思想体系进行了不断的补充和完善。统治阶级在"三纲"基础上又相继提出包括朋友关系在内的"六纪"（《贾谊治安策》）③ 思想，这是一个极为重要的体现。《白虎通德论·三纲六纪》曰："六纪者，谓诸父、兄弟、族人、诸舅、师长、朋友也。"④ 关于其具体伦理道德要求，《白虎通德论》曰："诸舅有义，族人有序，昆弟有亲，师长有尊，朋友有旧。"⑤ 又曰："六纪为三纲之纪者也。"⑥ 这样一来，秦汉以来中国古代社会关系的伦理道德规范就更加全面了。在汉代这六类社会关系中，目前学界尚未有从"朋友"这个角度探讨汉代道德与法律关系问题的。为此，笔者不揣浅陋，试论之。

---

① 张锡勤，柴文华. 中国伦理道德变迁史稿［M］. 北京：人民出版社，2008：158.
② 张锡勤，柴文华. 中国伦理道德变迁史稿［M］. 北京：人民出版社，2008：191.
③ 西汉初年贾谊说："六亲有纪"。
④ 班固. 白虎通德论［M］. 上海：上海古籍出版社，1990：58.
⑤ 班固. 白虎通德论［M］. 上海：上海古籍出版社，1990：58.
⑥ 班固. 白虎通德论［M］. 上海：上海古籍出版社，1990：58.

第一节　汉代朋友的类型及道德规范

在现实生活中，交朋择友本是平常之事，但作为社会伦理关系，却是人际交往活动的一个重要方面。古时的人们以同门为"朋"，以同志为"友"，只是后来才把"朋友"二字连起来用，用以特指志同道合、过从较密的人之间的一种关系。对待这种特殊的人伦关系，汉代人在已有的朋友类型基础上又进一步细化，形成了更具体的道德规范。主要包含了这样几方面的内容：第一，交朋择友要交"益友"而不交"损友"，即交那些对自己有助益的朋友，而不交对自己有损害的朋友。孔子曾提出，要与直率的人交朋友，与诚实的人交朋友，与博学多闻的人交朋友。第二，朋友之间要以"信义"为本，以诚相待，而不可虚情假意，不可"以利为朋""以势为朋"，相互勾结，狼狈为奸。第三，朋友相处还要相互责善，指出并帮助纠正对方的缺点和过失。第四，朋友之间还要相互帮助，既能共享欢乐，又能患难相扶。此外，传统道德还主张要分清公义和私义，不能因私交而损害公义，不能为了朋友而损害国家、天下和人民的利益。这些思想都是极其可贵的。古人的交友之道，是古人在长期的为人处世实践之中提炼出来的。它对于纠正今人的利交有着极其重要的现实意义。就汉代朋友类型及其道德规范的基本情况而言，笔者下面对其予以归纳与阐释。

第一类是以"信义"为本的朋友。关于朋友类型的划分，生活于春秋后期的孔子曾曰："益者三友，损者三友。友直，友谅，友多闻，益矣。友便辟，友善柔，友便佞，损矣。"（《论语·季氏》）也就是说，交朋择友要交"益友"而不交"损友"，即结交那些对自己有助益的朋友，而不交对自己有损害的朋友。孔子将朋友分为"益友"和"损友"两种类型，这种划分在实际生活中非常有指导意义。孔子还曾提出要与直率的人交朋友，与诚实的人交朋友，与博学多闻的人交朋友。朋友之间必须重信义、以诚相待，而不可虚情假意①等一系列交友原则，坚决反对"以利为朋""以势为朋"的交友观念。东汉时期的山阳范巨卿就是一个以"信"闻名古今之人，史载：

---

① 孔子在《论语·学而》中曰："与朋友交，言而有信。"参见孔子. 论语［M］. 沈阳：辽宁教育出版社，1997：2.

范式字巨卿，山阳金乡人也，一名氾。少游太学，为诸生，与汝南张劭为友。劭字元伯。二人并告归乡里。式谓元伯曰："后二年当还，将过拜尊亲，见孺子焉。"乃共剋期日。后期方至，元伯具以白母，请设馔以候之。母曰："二年之别，千里结言，尔何相信之审邪？"对曰："巨卿信士，必不乖违。"母曰："若然，当为尔酝酒。"至其日，巨卿果到，升堂拜饮，尽欢而别。①

东汉的范巨卿与张劭同学且为好友，"信士"的美誉让两位老朋友始终相知，不因时间而改变。东汉豫章人陈重与同郡雷义有莫逆之交，基本属于此种类型。史载："（陈重）少与同郡雷义为友，具学鲁诗、颜氏春秋。……乡里为之语曰：'胶漆自谓坚，不如雷与陈。'"② 这是舆论对"友"的鼓励。二人相知，为官相让，始终同心相善，显然，符合社会道德规范的行为往往能得到舆论的褒扬。学者仲长统曾指出："人之交士也，仁爱笃恕，谦逊敬让，忠诚发乎内，信效著乎外。流言无所受，爱憎无所偏。幽暗则攻己之所短，会同则述人之所长。有负我者，我又加厚焉。有疑我者，我又加信焉。"（仲长统《昌言》）显然仲长统在以信为本的交友之道上又进一步发展了春秋以来仅限于"益友""损友"的划分理论，使交友之道更为丰富与充实了。

第二类是所谓"生死之交"或"刎颈之交"。史载东汉京兆人廉范曾官至太守，以气侠立名，"初，范与洛阳庆鸿为刎颈交，时人称曰：'前有管鲍，后有庆廉。'鸿慷慨有义节，位至琅琊、会稽二郡太守，所在有异迹"③。庆廉二人相互声援、相互帮助，意气相投故结生死之交。仲长统指出："患难必相恤，利必相及。行潜德而不有，立潜功而不名。孜孜为此，以设其身。"（仲长统《昌言》）所说的就是这个道理。

第三类是汉代所谓的"诤（争）友"，即能直言规过的朋友。《孝经·谏诤》曰："士有争友，则身不离于令名。"意思是说，如果士能有几个在关键时刻直言规劝的朋友，对他规过劝善，那么他的行为就能免于失误，并拥有美好的名声。史载："卢植曰：'……夫士立诤友，义贵切磋……'"④ 也就是说，朋友相处要相互责善，能够指出并帮助纠正对方的缺点和过失。汉代著

---

① 范晔. 后汉书 [M]. 北京：中华书局，1965：2676-2677.
② 范晔. 后汉书 [M]. 北京：中华书局，1965：2686+2688.
③ 范晔. 后汉书 [M]. 北京：中华书局，1965：1104.
④ 范晔. 后汉书 [M]. 北京：中华书局，1965：2113.

作《白虎通德论》对此也有相关论述。① 朋友之间要相互帮助，不仅能共享欢乐，更重要的是能够患难相扶。

第四类是所谓的"生友"，也就是重交情的朋友。当然，朋友之间的交情有浅也有深。这类朋友在日常生活中比较常见一些。史载：

> 樊晔字仲华，南阳新野人也。与光武少游旧。建武初，征为侍御史，迁河东都尉，引见云台。初，光武微时，尝以事拘于新野，晔为市吏，馈饵一笥，帝德之不忘。②
>
> 贾淑字子厚，林宗乡人也。虽世有冠冕，而性险害，邑里患之。林宗遭母忧，淑来修吊，既而钜鹿孙威直亦至。③

引文中的樊仲华和光武帝刘秀曾经是朋友，而贾子厚、孙威直与郭林宗也是朋友。前者，刘秀年轻时在南阳新野因事被拘捕于新野监狱，当时樊仲华是管理新野市场的小官吏，当得知昔日朋友被抓进监狱，他"馈饵一笥"前去慰问，也就是表示一下老朋友的一点儿情义。而后者郭林宗"遭母忧"，作为一般朋友的贾子厚、孙威直前来吊唁也是人之常情。这类朋友往往是社会关系中普通人际交往的重要组成部分，但其中也会有一些更为要好的朋友。史载：

> 后元伯（汝南张劭）寝疾笃，同郡郅君章、殷子征晨夜省视之。元伯临尽，叹曰："恨不见吾死友！"子征曰："吾与君章尽心于子，是非死友，复欲谁求？"元伯曰："若二子者，吾生友耳。山阳范巨卿，所谓死友也。"寻而卒。④

汝南张劭病情加重后，与他同郡的郅君章、殷子征早晚尽心尽力地照顾他，此二人应该是张劭不错的朋友，尽心尽力。此引文中出现的汝南张劭的死友山阳范巨卿应该是下面将要说明的另一类朋友的典范。

第五类是所谓的"死友"，指交情笃厚、至死不相负的朋友。在基本相同

---

① 《白虎通德论》："朋友之道四焉，通财不在其中：近则正之，远则称之，乐则思之，患则死之。"参见班固. 白虎通德论［M］. 上海：上海古籍出版社，1990：38.

② 范晔. 后汉书［M］. 北京：中华书局，1965：2491.

③ 范晔. 后汉书［M］. 北京：中华书局，1965：2229-2230.

④ 范晔. 后汉书［M］. 北京：中华书局，1965：2677.

的前提下，具体情况也不尽相同，需分别叙述之。史载：

> 式忽梦见元伯玄冕垂缨屣履而呼曰："巨卿，吾以某日死，当以尔时葬，永归黄泉。子未我忘，岂能相及？"式怅然觉寤，悲叹泣下，具告太守，请往奔丧。太守虽心不信而重违其情，许之。式便服朋友之服，投其葬日，驰往赴之。①

汉代（主要是东汉时期）"死友"的意义要比通常人们想象的更宽泛一些。除此之外，其还指基于同学之情义，二人虽未曾谋面却可以以身后事相托付的朋友。史载：

> 后到京师，受业太学。时诸生长沙陈平子亦同在学，与式未相见，而平子被病将亡，谓其妻曰："吾闻山阳范巨卿，烈士也，可以托死。吾殁后，但以尸埋巨卿户前。"乃裂素为书，以遗巨卿。既终，妻从其言。时式出行适还，省书见瘗，怆然感之，向坟揖哭，以为死友。乃营护平子妻儿，身自送丧于临湘。②

虽然长沙陈平子与山阳范巨卿二人同授业于洛阳太学，实属同学关系，但是可能由于太学生人数较多，两者之间并不认识。山阳范巨卿属于重情义、尚义气之人，即时人称慕的所谓"烈士"，他的为人处世情况长沙陈平子早有耳闻。因此，长沙陈平子觉得自己死后，身在异乡的孤儿寡妻无人照顾并难以完成诸多善后之事，所以毅然将自己未竟的事情托付给完全可以信任的范巨卿——这个让他死后都能够放心的朋友。此外，下面这两种情况也应该属于此类朋友关系范畴。史载：东汉前期，"晖（朱晖）又与同郡陈揖交善，揖早卒，有遗腹子友，晖常哀之。及司徒桓虞为南阳太守，召晖子骈为吏，晖辞骈荐友。"③ 东汉后期，何颙"友人虞伟高有父仇未报，而笃病将终，颙往候之，伟高泣而诉。颙感其义，为复仇，以头醊其墓"④。

东汉前期朱晖与同郡的陈揖交情不错，他们显然是一对老朋友。陈揖去世得早，他的遗腹子长大后在从政时得到了朱晖以一个长辈身份的特别照顾。

---

① 范晔. 后汉书 [M]. 北京：中华书局，1965：2677.
② 范晔. 后汉书 [M]. 北京：中华书局，1965：2678.
③ 范晔. 后汉书 [M]. 北京：中华书局，1965：1459.
④ 范晔. 后汉书 [M]. 北京：中华书局，1965：2217.

东汉后期何颙与虞伟高是好朋友。虞伟高病重将亡，临死之前说自己有父仇没有来得及报，并想以之托付给好友何颙。何颙基于朋友之情义慨然应允并发誓替朋友报杀父之仇。由此观之，东汉前期的朱晖和东汉后期的何颙及其各自的朋友不仅是生前重情重义的"生友"，更是能够将身后之事托付给对方的"死友"。

第六类是杵臼之交。所谓"杵臼之交"，就是抛却贫贱与富贵观念之差别，也没有权力与地位的高低之分，完全基于才、学、识方面的倾慕而结成的好友。古语曰"君子之交淡如水"，此之谓也。汉代此类交友类型为汉代朋友之交续写了新的内容，有所谓"忘年之交"（《后汉书·吴祐传》）。

汉代人交友的类型主要是这些，其余尚有"奔走之友"①"宾友"② 等不一而足。这比较深刻地反映了汉代社会中有关朋友关系的人伦思想，这些思想浸透着文明之光，都是极其宝贵的文化财富。汉代人的交友之道是他们在长期为人处世的实践中逐渐总结并提炼出来的，对于纠正今人的"利交"有着极为重要的现实意义。不仅如此，针对某些历史事件，当我们对其中的汉代朋友关系进行深入考察时，广泛存在于汉代社会朋友之间的道德观念与法律意识就越发突显，当时朋友之间对这二者关系的认识也隐约呈现出来。笔者试图通过西汉和东汉前后两个时段的变化突出这个观点。

第二节　汉代朋友之间的道德观念与法律意识

汉代的人们对社会关系中的"朋友"关系非常重视，朋友之间的相知和相互往来是他们社会生活的重要组成部分。汉代朋友之交有不同的类型，而且各自又演绎出多种多样的情况。从这些事例中，我们可以分析并了解汉代朋友之间真实的道德观念与法律意识。

汉代人非常珍惜朋友之间的友谊而不在乎自己的一时得失，甚至甘冒牺牲自己权力与地位的风险。在秦汉之际就有一个令人纠结的事例，这件事让今人处理的话，恐怕也很难做出两全其美的抉择。据《汉书》记载："会羽季

---

① 史载："袁绍慕之，私与往来，结为奔走之友。……颙常私入洛阳，从绍计议。"参见范晔. 后汉书［M］. 北京：中华书局，1965：2217.

② 史载隗嚣"而退欲为西伯之事，尊师章句，宾友处士，偃武息戈，卑辞事汉，喟然自以文王复出也"。参见范晔. 后汉书［M］. 北京：中华书局，1965：539.

父左尹项伯素善张良，夜驰见张良，具告其实，欲与俱去，毋特俱死。"① 项伯背着他的侄子项羽夜见朋友张良，虽说不上违法，但"具告其实"就有违法犯罪的重大嫌疑了，同时项伯也涉嫌背叛项羽军事集团。不过，为了挽救朋友张良的生命，身为左尹的项伯义无反顾地抛却了这些能置他于不利境地的危险。张良曾有大恩②于项伯在前，项伯显然无法绕过这堵高墙。在项伯的心目中，他的朋友之"义"重于一切，哪怕是将置他于不利的法律。

在汉代同样有这样一种人：为了朋友之义，即使朋友是上级很不喜欢的人，他也不在乎；为了朋友之情，就算他自身的某些利益会因此受到非常大的影响，也在所不惜。史载：

> 王陵，沛人也。始为县豪，高祖微时兄事陵。及高祖起沛，入咸阳，陵亦聚党数千人，居南阳，不肯从沛公。及汉王之还击项籍，陵乃以兵属汉。……项王怒，亨陵母。陵卒从汉王定天下。以善雍齿，雍齿，高祖之仇。陵又本无从汉之意，以故后封陵，为安国侯。③

众所周知，雍齿是汉高祖刘邦的仇人。王陵在皇权至高无上的汉代，在以权代法为寻常事的古代社会，他没有为此疏远昔日老友雍齿。他始终与雍齿保持着良好的朋友关系。由此可见，王陵交友的原则不受权力和法律所左右，而是奉行"义气"并信守着"朋友有旧"的道德原则。朋友之间，有难就应该相互伸以援手，至少不能落井下石。

在汉代有一个特别值得深入探讨的问题，就是在最危险的时刻，汉代人想到的常常不是寻求亲戚帮忙，而往往是投奔朋友以寻求帮助。此时此刻，对于朋友而言，就面临着道德与法律的痛苦抉择，当然这也在一定程度上反映出时代对二者关系的一种认知。这种情形的出现对朋友关系确实也是深刻的考验。在秦朝这样的例子已经不少，④ 而在汉朝这方面的史料较多。出卖朋友方面的事例亦有之。史载：

---

① 班固．汉书［M］．北京：中华书局，1962：25.
② 张良曰："项伯杀人，臣活之。"参见司马迁．史记［M］．北京：中华书局，1982：312.
③ 班固．汉书［M］．北京：中华书局，1962：2046-2047.
④ 史载："单父人吕公善沛令，避仇，从之客，因家焉。"参见班固．汉书［M］．北京：中华书局，1962：3. "项梁杀人，与籍避仇于吴中。"参见司马迁．史记［M］．北京：中华书局，1982：296.

项王亡将钟离眜家在伊庐，素与信善。项王败，眜亡归信。汉怨眜，闻在楚，诏楚捕之。……信见眜计事，眜曰："汉所以不击取楚，以眜在。公若欲捕我自媚汉，吾今死，公随手亡矣。"乃骂信曰："公非长者！"卒自刭。信持其首谒于陈。高祖令武士缚信，载后车。①

西汉王朝建立后，西楚将领钟离眜无处躲藏，只好投奔昔日老友、当时的楚王韩信。可是，西汉政府得知钟离眜在楚后，便向韩信施加压力并让其逮捕钟离眜。楚王韩信显然惧怕法律的制裁，因此他不顾与钟离眜的朋友关系，最终还是弃友以自保，于是落得一个卖友求生、不仁不义的骂名。

当然，在已掌握的汉代史料中，舍生取义方面的事例更多一些。史载：

季布，楚人也，为任侠有名。项籍使将兵，数窘汉王。项籍灭，高祖购求布千金，敢有舍匿，罪三族。布匿濮阳周氏，周氏曰："汉求将军急，迹且至臣家，能听臣，臣敢进计；即否，愿先自刭。"布许之。②

楚国人季布是非常有名的侠客。他身为西楚霸王项羽手下大将，多次置汉王于困境，因此可谓战功赫赫。但是，季布在项羽败亡后成了西汉政权急于抓捕的要犯，于是季布被迫四处躲避，并藏匿起来。季布最终将濮阳周氏家作为藏身之处，笔者认为周氏应该是季布的一个值得信任的朋友。汉法有"舍匿，罪三族"之规定，季布的朋友濮阳周氏不会不知道，因此他面对汉朝残酷的法律，也一定会有所权衡，但是最终道德的力量还是起到了决定性作用。这是何等侠义之举！或许汉代的侠客只是一小部分人，并不能完全代表汉代其他社会各阶层，但是这种侠义精神在当时的社会中却有着广泛的影响。东汉时期孔褒（孔融的哥哥）一家舍生忘死救助张俭（张俭与孔褒是老朋友）的侠义行为就非常令人感动。史载：

山阳张俭为中常侍侯览所怨，览为刊章下州郡，以名捕俭。俭与融兄褒有旧，亡抵于褒，不遇。时融年十六，俭少之而不告。融见其有窘色，谓曰："兄虽在外，吾独不能为君主邪？"因留舍之。后事泄，国相以下，密就掩捕，俭得脱走，遂并收褒、融送狱。二人未知所坐。融曰：

① 班固. 汉书［M］. 北京：中华书局，1962：1875-1876.
② 班固. 汉书［M］. 北京：中华书局，1962：1975.

"保纳舍藏者，融也，当坐之。"褒曰："彼来求我，非弟之过，请甘其罪。"吏问其母，母曰："家事任长，妾当其辜。"一门争死，郡县疑不能决，乃上谳之。①

张俭因为得罪了左右朝政的宦官中常侍侯览，遭到政府部门全国范围的通缉和追捕。在这种万分危机的情况下，张俭首先想到的藏身处就是他的朋友孔褒家。这说明汉代的朋友关系在社会生活和人际关系中的重要地位。而孔褒、孔融和其母亲都是非常重情义之人，一家人甘愿冒着受到牵连的危险，毅然收留并"舍藏"了孔褒的老朋友张俭。后来孔褒和孔融兄弟二人因为"舍匿"朝廷要犯而被捕获罪。孔褒曰："彼来求我，非弟之过，请甘其罪。"由此可见，孔褒甘心接受法律的制裁显然是源自他对朋友关系的深沉理解和朴实信念。也就是说，孔褒重视朋友之情，视朋友之情义重于法律的约束，并超越于法治思想层面之上。

第三节　汉代朋友之间关于道德与法律关系的认识

以上仅就汉朝的道德观念与法律意识在汉代社会某些层面孰轻孰重进行了一些考察。汉代社会重视"朋友关系"、珍视朋友之间的情义是毫无疑问的。笔者认为，这种情形的出现与盛行和广泛而普遍流行于汉代的侠义精神有密切的联系，逐渐形成的汉代侠义精神对汉代"朋友"观念和"朋友"关系准则的进一步完善起到了很大的影响，并深深融入汉民族的血脉之中。为了进一步加强对汉代"朋友"这个社会概念的了解，并理解他们对道德与法律关系的认识，下面就二者关系在汉代纵向历史时段中所表现出来的特点再做深入之分析。

韩非子曰："儒以文乱法，侠以武犯禁。"② 其中的"侠"就是通常所说的侠客。侠客群体其实早在春秋战国时期就已经出现了分化，不仅有刺客之侠，也有民间隐逸之侠，他们基本奉行"士为知己者死"的侠义观念。两汉时期有许多闾巷布衣之侠，他们不仅遵奉着拯救整个人间社会之困厄的侠义观念，而且具有更大的担当精神。他们中的大多数不参与当时社会中各派政

---

① 范晔. 后汉书 [M]. 北京：中华书局，1965：2262.
② 韩非. 韩非子 [M]. 上海：上海古籍出版社，1989：155.

治势力的纷争，常常是急贫民之所急，全力救助弱势群体。西汉之侠继承了先秦的侠客精神，而东汉在此基础上又有新的演变，因此西汉和东汉两个时期的侠义之举各具鲜明之特点。我们对西汉和东汉两个时期分别予以考察。史载：

> 郭解，河内轵人也，温善相人许负外孙也。解父任侠，孝文时诛死。解为人静悍，不饮酒。少时阴贼感慨，不快意，所杀甚众。以躯借友报仇，藏命作奸剽攻，休乃铸钱掘冢，不可胜数。适有天幸，窘急常得脱，若遇赦。①

汉朝社会中有些人为了自己的朋友尽心尽力，甚至不惜牺牲自己的生命，西汉前期的郭解就是这样一个人。郭解少年时为朋友两肋插刀，拼自家性命，为别人报仇，也常常为人排忧解难。郭解对待朋友可以说充满侠义精神，而其在对待道德与法律的关系上更是重道义而轻法律，甚至蔑视法律。由此可见，西汉时期布衣之侠把行侠仗义当作生活的一部分。至于朝官，他们在遇到自己有困难的朋友时，也不得不面对道德与法律的关系问题，如何处理也是因人而异。随着汉朝中央集权的不断加强和法治建设日益完善，汉代也涌现出不少"在位清白""笃厚节俭"的"良吏"，西汉景帝、武帝时的赵禹就是其中的一个代表人物。史载：

> 为人廉倨，为吏以来，舍无食客。公卿相造请，禹终不行报谢，务在绝知友宾客之请，孤立行一意而已。②

诚然，赵禹身为朝廷官吏，恪尽职守。他对"知友"之请一概谢绝，并且带有几许傲慢的侠者成分，这当然有些过分，但是他为了公正执法而必须严格保持自己的廉洁，过分一点儿也是可以理解的。同时这也突显了汉武帝时期法治建设强化的时代烙印。王莽末年李通在南阳密谋造反，李通父亲李守的朋友、时任中郎将的黄显得知此事后，也经历了一次道德与法律关系问题的洗礼。史载：

---

① 班固. 汉书 [M]. 北京：中华书局，1962：3701.
② 班固. 汉书 [M]. 北京：中华书局，1962：3652.

守密知之，欲亡归。素与邑人黄显相善，时显为中郎将，闻之，谓守曰："今关门禁严，君状貌非凡，将以此安之？不如诣阙自归。事既未然，脱可免祸。"守从其计，……乃系守于狱。而黄显为请……会前队复上通起兵之状，莽怒，欲杀守，显争之，遂并被诛。①

的确，对于身为朝廷重臣、时任中郎将的黄显而言，一面是有生命之忧的好朋友李守，一面是新朝严酷的法律。他让朋友先自首，就是想在确保朋友生命安全的前提下尽力妥善处理这件事。他首先以侥幸的心理企图使好朋友、宗卿师李守脱离牢狱之灾，不过由于李通的迅速起兵，事态因此严重恶化，愤怒的王莽将李守和为李守说情的黄显一同诛杀了。本来黄显想处理好道德与法律这对关系，他知道，作为好朋友他根本无法逾越道德情感铸就的高墙，但是作为朝廷命官，他也没有足以左右法律之剑的特权。他想以牺牲法律来成全道德的做法没有任何保障，其结局是自己也成了这次事件的牺牲品，显然他没能将道德与法律这对关系处理好。东汉桓帝年间身为小吏的孙斌及其朋友闾子直、甄子然做了一件救人于难的义举。在这件事上他们是如何处理道德与法律这对关系的，下面我们来考察一下。史载：

单超积怀忿恨，遂以事陷种，竟坐徙朔方。超外孙董援为朔方太守，稸怒以待之。初，种为卫相，以门下掾孙斌贤，善遇之。及当徙斥，斌具闻超谋，乃谓其友人同县闾子直及高密甄子然曰："……吾今方追使君，庶免其难。若奉使君以还，将以付子"……于是斌将侠客晨夜追种，及之于太原，遮险格杀送吏，……遂得脱归。种匿于闾、甄氏数年。②

可以称为"闾巷布衣之侠"的孙斌一直感谢对自己有知遇之恩的第五种，这次正逢时任中常侍的单超陷害恩人第五种，所以孙斌基于义愤约他的朋友闾子直、甄子然一起营救第五种。他们追至太原杀害了押送第五种的吏员，这显然已经严重触犯了法律，更有甚者，闾子直、甄子然为了不让第五种暴露，二人将其隐藏了多年，显然他们又犯了"舍匿"罪。孙斌及其朋友闾子直、甄子然高举道德的旗帜，全然不顾法律的约束，这是东汉后期对道德与法律关系的另一种处理方法。看来两全其美确实不易，那么道德与法律二者

① 范晔. 后汉书［M］. 北京：中华书局，1965：574-575.
② 范晔. 后汉书［M］. 北京：中华书局，1965：1404.

关系处于一个统一体中的情况是否存在？我们接下来考察一下。史载：

> 初，雄荐周举为尚书，举既称职，议者咸称焉。及在司隶，又举故冀州刺史冯直以为将帅，而直尝坐臧受罪，举以此劾奏雄。雄悦曰："吾尝事冯直之父而又与直善，今宣光以此奏吾，乃是韩厥之举也。"由是天下服焉。①

传统道德还特别强调要分清公义和私义。不能因为朋友之间私交甚好而损害公义，更不能为了朋友而损害国家、天下和人民的利益，进而走上违法犯罪的道路。左雄的思想境界高，他说得对，因此值得称赞；左雄对于道德与法律二者关系的认识是正确的，因此值得提倡。

小结

综上所述，通过考察汉代的朋友关系，我们对汉代社会关系中的道德观念与法律意识有了更深刻的认识。对于汉代道德与法律关系也有了进一步的解读。在西汉时期，朋友的关系以及朋友相助更多体现出的是先秦遗留的一种侠客精神，而东汉时期闾巷布衣的侠义行为主要是全力救助受邪恶势力迫害而逃亡的正义人士。有许多侠士为此献出了生命，还有很多献出生命的侠士没有留下姓名。他们仗义救人、臧亡匿死的行动具有更多的正义性。在道德与法律关系的认识与实践上留下了深深的时代烙印。

---

① 范晔. 后汉书［M］. 北京：中华书局，1965：2022.

第六章

汉朝针对边疆少数民族的德治与法治管理

引言

西汉武帝时期，匈奴开始出现降附汉朝现象，而汉政府为此采取了设置五属国等军政措施，对其加强管理。自建武二十四年（48 年）呼韩邪单于所部南匈奴款塞归降汉政府后，东汉政府便将其逐渐迁居于塞内缘边诸郡并对其进行不断强化的军政管理。而整个汉代中央政府对归附匈奴所采取的一系列军政管理实质上应属于边疆社会治安管理范畴，这是此前学界未曾特别强调的问题。西汉武帝时期，乌桓开始降附汉政府。汉政府为此采取了一系列措施对其加强管理，并使其协助汉政府守边。在东汉初年，众多乌桓族人逐渐开始向化并不断归降汉政府，于是东汉政府便将其迁居于塞内缘边诸郡予以军政管辖。自乌桓降附之后，东汉政府对乌桓民族采取了一系列相应的军政措施，进一步强化管理。而整个汉代政府对降附乌桓所采取的军政管理实质上属于边疆社会治安管理，这也是此前学界未曾强调的问题，因此值得深入研究。汉代西北羌人活动地区从汉武帝时期开始逐渐成为汉朝的统治区域，此后羌人成为汉朝历届政府军政管理下的一个少数民族。但是，秦汉之际正是多民族国家共同体的形成时期，由于汉朝政府民族政策等方面的原因，汉代在整个羌区的统治经常处于不稳定状态，尤其是后汉时期，羌民起义不时发生，这严重扰乱了汉朝边疆统治秩序。为此汉朝历届政府对羌区实施了诸多军政管理措施，这些治安措施不仅维持了汉政府在羌区的长期统治，也维护了汉朝多民族国家的统一。

汉代针对归附之匈奴族、乌桓族和羌人的管理超出了一般意义上的普通行政管理。归附之匈奴族、乌桓族和羌人基本被妥善安置在边疆地区，但其时有变乱之举，对边疆地区的社会稳定、经济发展和人民生活造成了极大的危害，于是汉朝中央和地方政府有时不得已对其进行军事管制，这符合传统社会管理的观念。《汉书》记载："故圣人因天秩而制五礼，因天讨而作五刑。大刑用甲兵，其次用斧钺；中刑用刀锯，其次用钻凿；薄刑用鞭扑。大者陈诸原野，小者致之市朝，其所繇来者上矣。"① 又，"文德者，帝王之利器；威武者，文德之辅助也"。故此"鞭扑不可弛于家，刑罚不可废于国，征伐不可偃于天下"②。其实在西汉前期，基于稳定国内秩序和加强、巩固边疆建设的考量，西汉政府一直在不断加强武备力量。史载："天下既定，踵秦而置材官于郡国，京师有南北军之屯。至武帝平百粤，内增七校，外有楼船，皆岁时讲肄，修武备云。至元帝时，以贡禹议，始罢角抵，而未正治兵振旅之事也。"③ 由此可见，汉武帝时期汉政府建立了强大的军事力量。这对边疆地区社会秩序的维护起到了很大的作用。当然，汉朝各级政府及其军政领导为了达到长期稳定边疆的目的，也采取了一些怀柔方法和道德教化措施。实践证明，汉朝统治阶级以德法并用的方式管理边疆逐步取得了共识，并取得了较好的社会效果。

第一节　汉朝针对边疆归附匈奴的管理

秦末汉初，匈奴十分强盛，对汉王朝构成了严重的威胁。④ 为此，汉武帝时期国力强盛的汉朝对匈奴进行了长期、大规模的军事打击，这直接导致了匈奴族内部的分裂。汉元狩二年（前121年）"秋，匈奴昆邪王杀休屠王，并将其众合四万余人来降，置五属国以处之。以其地为武威、酒泉郡"⑤。也就是说，汉政府对降附汉朝之匈奴民众给予了妥善安置。而汉宣帝甘露二年（前52年），"呼韩邪单于款五原塞，……明年，呼韩邪单于复入朝"⑥。这表明呼韩邪单于所部已臣服于汉并成了汉朝的番邦。⑦

东汉建武二十四年（48年）春，"八部大人共议立比为呼韩邪单于，以其大父尝依汉得安，故欲袭其号。于是款五原塞，愿永为汉蕃蔽，扞御北虏。帝用五官中郎将耿国议，乃许之。其冬，比自立为呼韩邪单于"⑧。从此匈奴便分为南北两部分，而南匈奴成为汉朝统治下的一个少数民族。在建武二十

①　班固. 汉书［M］. 北京：中华书局，1962：1079-1080.
②　班固. 汉书［M］. 北京：中华书局，1962：1091.
③　班固. 汉书［M］. 北京：中华书局，1962：1090.
④　班固. 汉书［M］. 北京：中华书局，1962：3750.
⑤　班固. 汉书［M］. 北京：中华书局，1962：176-177.
⑥　班固. 汉书［M］. 北京：中华书局，1962：3798.
⑦　田继周. 秦汉民族史［M］. 成都：四川民族出版社，1996：113.
⑧　范晔. 后汉书［M］. 北京：中华书局，1965：2942.

六年（50年），"诏乃听南单于入居云中。……令中郎将置安集掾史将驰刑五十人，持兵弩随单于所处，参辞讼，察动静。……于是复诏单于徙居西河美稷，因使中郎将段郴及副校尉王郁留西河拥护之，为设官府、从事、掾史。令西河长史岁将骑二千，弛刑五百人，助中郎将卫护单于"①。此后南匈奴作为华夏民族大家庭中的一员便逐渐融入了汉朝边疆社会的历史发展之中。后汉末年，"南匈奴久居塞内，与编户大同而不输贡赋"②。这是毋庸置疑的基本史实。

匈奴臣服汉朝后，即便南匈奴演变为汉朝的一个内属少数民族，在相当长的时期内沿边匈奴民族经常有扰边情况发生，这对汉朝北部边疆造成了较大的社会危害，对此汉朝政府也极力维护和加强了北部边疆的社会治安管理。学界以往的研究基本是对汉朝与匈奴族的民族关系问题加以论述，然而笔者认为，将这段历史纳入汉朝边疆社会治安研究应该是一个值得尝试的研究角度。汉朝在维护和加强北部边疆统治秩序的过程中有许多针对归附匈奴扰边行径而采取的社会治安管理措施，这值得深入研究，现试考论之。

一、设置机构并派军队监护

西汉武帝时期开始出现匈奴族向汉朝归降的事件，即武帝元狩二年（前121年）秋，"匈奴昆邪王杀休屠王，并将其众合四万余人来降，置五属国以处之。以其地为武威、酒泉郡"③。而在汉宣帝甘露三年（前51年）二月匈奴呼韩邪单于又朝汉回归，"汉遣长乐卫尉高昌侯董忠、车骑都尉韩昌将骑万六千，又发边郡士马以千数，送单于出朔方鸡鹿塞。诏忠等留卫单于，助诛不服，又转边谷米糒，前后三万四千斛，给赡其食"④。也就是说，早在汉武帝时期汉政府就曾设立五属国来妥善安置归降匈奴，而在汉宣帝时期对归降汉朝的呼韩邪单于更是十分善待。汉政府除了供给呼韩邪单于部众大量的粮食，还派遣将领率重兵保卫呼韩邪单于的安全并协助其管理部众。

东汉时期，建武二十六年（50年），"遣中郎将段郴、副校尉王郁使南单于，立其庭，去五原西部塞八十里。……诏乃听南单于入居云中。……又转河东米糒二万五千斛，牛羊三万六千头，以赡给之。令中郎将置安集掾史将驰刑五十人，持兵弩随单于所处，参辞讼，察动静。……于是复诏单于徙居

---

①　范晔. 后汉书［M］. 北京：中华书局，1965：2943-2945.

②　司马光. 资治通鉴［M］. 北京：中华书局，1956：2146.

③　班固. 汉书［M］. 北京：中华书局，1962：176-177.

④　班固. 汉书［M］. 北京：中华书局，1962：3798.

西河美稷，因使中郎将段郴及副校尉王郁留西河拥护之，为设官府、从事、掾史。令西河长史岁将骑二千，弛刑五百人，助中郎将卫护单于"①。自此以后，一方面汉朝在南匈奴开始设置使匈奴中郎将②等一批高级军事将领，同时还设置了参与其部政务、负责观察局势的安集掾史。这是汉朝设匈奴中郎将的最早记载，也是汉朝有效管辖南匈奴的开始，总之这些汉朝的军政官吏及其所部军队均肩负着保卫南单于安全的重要使命。另一方面，内徙并妥善安置受到北匈奴威胁的南匈奴部众，这说明汉政府把已经属汉的匈奴族确实当成了民族大家庭中的一员来帮助。当然，汉政府所做的这一切主要是为了保护、巩固乃至增强南匈奴助汉守边的实力，并借此进一步维护南匈奴所在边疆地区社会秩序的稳定。

另外，东汉明帝永平八年（65年），"遣越骑司马郑众北使报命，而南部须卜骨都侯等知汉与北虏交使，怀嫌怨欲畔，密因北使，令遣兵迎之。郑众出塞，疑有异，伺候果得须卜使人，乃上言宜更置大将，以防二虏交通。由是始置度辽营，以中郎将吴棠行度辽将军事，副校尉来苗、左校尉阎章、右校尉张国将黎阳虎牙营士屯五原曼柏。又遣骑都尉秦彭将兵屯美稷。其年秋，北虏果遣二千骑候望朔方，作马革船，欲度迎南部畔者，以汉有备，乃引去"③。而和帝永元六年（94年），"崇因与朱徽上言：'南单于安国疏远故胡，亲近新降，欲杀左贤王师子及左台且渠刘利等。又右部降者谋共迫胁安国，起兵背畔，请西河、上郡、安定为之做备。'……崇、徽因发诸郡骑追赴之急，众皆大恐，安国舅骨都侯喜为等虑并被诛，乃格杀安国"④。这说明东汉明帝时度辽将军吴棠、使匈奴中郎将杜崇和行度辽将军朱徽的存在对南匈奴所在地区社会秩序和治安的稳定起到了显而易见的作用。

汉朝政府为有效管理归附的南匈奴，以属国的管理模式对其加以统治。同时，在关键地区设置使匈奴中郎将、度辽将军、左右校尉、骑都尉、长乐卫尉等将领，并驻扎军队以保护、监督、侦察和防御内外情况。其中，属国体制的设立起到的社会治安作用十分明显。汉昭帝始元六年（前81年），在盐铁会议上大夫说："浑耶率其众以降，置五属国以距胡，则长城之内，河山

① 范晔.后汉书［M］.北京：中华书局，1965：2943-2945.
② 范晔.后汉书［M］.北京：中华书局，1965：3626.
③ 范晔.后汉书［M］.北京：中华书局，1965：2949.
④ 范晔.后汉书［M］.北京：中华书局，1965：2955.

之外，罕被寇灾。"① 而"南匈奴久居塞内，与编户大同而不输贡赋"②，表明，汉朝政府对南匈奴所进行的一系列军政管理措施效果显著，对稳定汉朝北部边疆社会秩序起到了积极的作用。

二、制衡与调解相结合

汉朝驻南匈奴属国军政官员对于南匈奴内部出现的矛盾则一般采取绥靖政策，而当矛盾激化、兵戎相见之时，在调解中又往往保护较弱一方。

和帝永元五年（93年），"安国既立为单于，师子以次转为左贤王，觉单于与新降者有谋，乃别居五原界。单于每龙会议事，师子辄称病不往。皇甫棱知之，亦拥护不遣，单于怀愤益甚"③。永元六年（94年），单于安国与左贤王师子有矛盾，又与使匈奴"中郎将杜崇不相平，乃上书告崇。崇讽西河太守令断单于章，无由自闻。……朱徽遣使晓譬和之，安国不听，城既不下，乃引兵屯五原。崇、徽因发诸郡骑追赴之急，众皆大恐，安国舅骨都侯喜为等虑并被诛，乃格杀安国"④。

可知，汉朝驻南匈奴属国的军政官员们意欲分化、削弱南匈奴而防止其中一方做大的意图和做法相当明显。属国军政官员为了有效控制南匈奴，在牵制其中较强一方的同时，也实现了制衡南匈奴的目的。这是属国军政官员们掌控南匈奴的一种手段，也是汉政府管理少数民族惯用的一种策略和方法。

三、以人质束缚匈奴

在汉朝与匈奴的关系史上，此政治条件早在汉武帝时就已提出。武帝元封四年（前107年），派遣杨信出使匈奴。"杨信说单于曰：'即欲和亲，以单于太子为质于汉。'单于曰：'非故约。故约，汉常遣翁主，给缯絮食物有品，以和亲，而匈奴亦不复扰边。今乃欲反古，令吾太子为质，无几矣。'"⑤ 这是汉朝在匈奴示好并欲建立藩属关系时首次提出的交换条件，但未得到匈奴的积极响应。此后为防备匈奴归附后又有异心，汉朝坚决要求其"遣子入侍"，送上人质作为信诺成为汉朝君臣的普遍共识。所谓"若不置质，空约和

---

① 桓宽．盐铁论［M］．上海：上海人民出版社，1974：94.
② 司马光．资治通鉴［M］．北京：中华书局，1956：2146.
③ 范晔．后汉书［M］．北京：中华书局，1965：2954.
④ 范晔．后汉书［M］．北京：中华书局，1965：2955.
⑤ 班固．汉书［M］．北京：中华书局，1962：3773.

亲，是袭孝文既往之悔，而长匈奴无已之诈也"①。汉朝以此进一步加强了对匈奴的制约作用。

汉宣帝甘露元年（前53年）春正月，"匈奴呼韩邪单于遣子右贤王铢娄渠堂入侍。"②；甘露二年（前52年），"呼韩邪单于款五原塞，愿奉国珍朝三年正月"，甘露三年，"单于就邸，留月余，遣归国。单于自请愿留居光禄塞下，有急保汉受降城"③。这样一来，匈奴与汉朝确立了臣属关系。

匈奴呼韩邪单于通过"遣子右贤王铢娄渠堂入侍"这一行动来取得汉朝政府的信任，这也是匈奴首次"遣子入侍"之举。此举表明了呼韩邪单于归附汉朝的决心，对于汉朝来讲，"遣子入侍"是匈奴呼韩邪单于忠心归附汉朝的体现，也是必不可少的主要条件，更是表现了汉、匈两个民族之间共守道德基础的建立。当然，汉朝的真正目的是通过匈奴"遣子入侍于汉"来控制归附汉朝的匈奴单于的动向，以便束缚其不轨行为。

四、以禁令约束归附匈奴

在匈奴单于归附汉朝后，为了明确双方的权利和义务，双方曾达成共同遵守的约定，以巩固长期以来汉匈之间屡遭破坏的信誉观念，即所谓"匈奴数背约束，边境屡被其害"④。之后，汉朝针对有关逃亡人员、乌桓的"皮布税"等问题又以中央政府的名义向已归附的匈奴下达了具有法律性质的禁令，从而强化了对已归附匈奴的规制和约束。这是汉政府在加强伦理道德约束之外，进一步加强法治化管理的重要举措之一。

汉宣帝和汉元帝时期，西汉中央政府与匈奴定有盟约，即"自长城以南天子有之，长城以北单于有之。有犯塞，辄以状闻；有降者，不得受"⑤。从此盟约内容所反映的精神主旨来看，其中的主要含义是要求匈奴务必遵守双方订立之约束。然而，表面上虽然属于盟约，但是从汉匈当时的臣属关系来看，其实质上又具有中央政府颁布的禁令性质，因而可以理解为主要针对匈奴一方所实行的约束。理由有两条：其一，呼韩邪单于的遗言说道："有从中国来降者，勿受，辄送至塞，以报天子厚恩。"⑥ 由此可见呼韩邪单于忠于汉

---

① 班固. 汉书 [M]. 北京：中华书局，1962：3832.
② 班固. 汉书 [M]. 北京：中华书局，1962：268.
③ 班固. 汉书 [M]. 北京：中华书局，1962：3798.
④ 班固. 汉书 [M]. 北京：中华书局，1962：3831.
⑤ 班固. 汉书 [M]. 北京：中华书局，1962：3818.
⑥ 班固. 汉书 [M]. 北京：中华书局，1962：3818.

朝天子的一片真情实意。其二，当时单于面对汉朝使者责问其违反禁令，即"叩头谢罪，执二虏还付使者"①，其表现也可以看出这种约束。

发生于汉平帝元始二年（2 年）的西域属国车师后王句姑、去胡来王唐兜叛汉降匈奴事件的解决，说明这个禁令在一定程度上规制着当时臣属于汉朝的匈奴，表现在汉朝中央政府遣使"告单于曰：'西域内属，不当得受，今遣之。'……单于叩头谢罪，执二虏还付使者"②。同年，汉朝遣使者收回宣帝所订立的约束时，又向单于颁布了四条新的禁令："中国人亡入匈奴者，乌孙亡降匈奴者，西域诸国佩中国印绶降匈奴者，乌桓降匈奴者，皆不得受。"③ 汉末，"汉既班四条，后护乌桓使者告乌桓民，毋得复与匈奴皮布税。……匈奴颇杀人民，驱妇女弱小且千人去，置左地，告乌桓曰：'持马畜皮布来赎之。'乌桓见略者亲属二千余人，持财畜往赎，匈奴受，留不遣。"王莽称制伊始，"将率还到左犁汙王咸所居地，见乌桓民多，以问咸。咸具言状，将率曰：'前封四条，不得受乌桓降者，亟还之。'咸曰：'请密与单于相闻，得语，归之。'单于使咸报曰：'当从塞内还之邪，从塞外还之邪？'"④

由此可见，汉末禁令在王莽新朝时期依然得到了贯彻执行。当然，这后两条史料所反映的是汉朝中央政府颁布于匈奴禁令的时效性，或者可以理解为是对有关禁令内容的进一步诠释。

五、针对首领的斩首行动

这是汉朝政府针对归附匈奴的首领所采取的一种非常手段，旨在通过刺杀活动的首领来制止不易平定且屡禁不止的战乱。这种办法或可称为"斩首行动"。史载：

顺帝永和五年（140 年）夏，"南匈奴左部句龙王吾斯、车纽等背畔，率三千余骑寇西河，因复招诱右贤王，合七八千骑围美稷，杀朔方、代郡长史。……吾斯等遂更屯聚，攻没城邑"⑤。又"秋，句龙吾斯等立句龙王车纽为单于。东引乌桓，西收羌戎及诸胡等数万人，攻破京兆虎牙营，杀上郡都尉及军司马，遂寇掠并、凉、幽、冀四州。……冬，遣中郎将张耽将幽州乌桓诸郡营兵，击畔虏车纽等，战于马邑，斩首三千级，获生口及兵器牛羊甚

---

① 班固. 汉书 [M]. 北京：中华书局，1962：3819.
② 班固. 汉书 [M]. 北京：中华书局，1962：3818-3819.
③ 班固. 汉书 [M]. 北京：中华书局，1962：3819.
④ 班固. 汉书 [M]. 北京：中华书局，1962：3820.
⑤ 范晔. 后汉书 [M]. 北京：中华书局，1965：2960.

众。车纽等诸豪帅骨都侯乞降，而吾斯犹率其部曲与乌桓寇抄"。汉安二年
（143年）"冬，中郎将马寔募刺杀句龙吾斯，送首洛阳"①。

南匈奴左部句龙王吾斯等部起兵叛汉，造成了缘边郡县巨大的财产和人
员损失。汉政府虽几次进剿之，然而南匈奴左部句龙王吾斯仍不断进行劫掠。
为此，中郎将马寔才招募刺客刺杀了一向愚顽不化的南匈奴左部句龙王吾斯，
直接而迅速地解决了动乱。② 这沉重打击了南匈奴分裂势力，使边疆社会秩序
有所好转。事实证明，擒贼擒王或"斩首行动"在稳定边疆社会秩序方面具
有一定作用。其一，其旨在打击首恶，而大部分南匈奴民众毕竟是胁从者，
因此这对争取广大民众放弃斗争有一定作用，同时也竭力维护了民族团结。
其二，"斩首行动"在一定程度上消弭了首要策动者的气焰，压制了变乱势
头，为进一步维持所在地区的社会治安创造了条件。

当然，尽管这种办法能起到削弱变乱的作用，但对当时的汉朝政府来讲，
也不过是一种应急之举。汉政府对发生于顺帝永和五年（140年）夏的这场
南匈奴内部反汉变乱进行了多次军事镇压，但形势越来越严峻。南匈奴单于
面对部下也是无计可施。史载："天子遣使责让单于，开以恩义，令相招降。
单于本不豫谋，乃脱帽避帐，诣并谢罪。并以病征，五原太守陈龟代为中郎
将。龟以单于不能制下，逼迫之，单于及其弟左贤王皆自杀。"③ 所以说，暗
杀首领的办法不过是当时情况下的一种权宜之策。

六、领导降夷整肃边防

汉朝政府在镇压匈奴族变乱事件中曾有效使用了乌桓、鲜卑、羌胡等少
数民族军队。这是汉政府充分利用归附少数民族的军事力量"以夷制夷"的
一个典型范例，同时表明一些少数民族的军事力量已经成为协助汉朝维护边
疆社会治安的重要力量。

东汉顺帝永和五年（140年）夏，"南匈奴左部句龙王吾斯、车纽等背
畔，率三千余骑寇西河，因复招诱右贤王，合七八千骑围美稷，杀朔方、代
郡长史。马续与中郎将梁并、乌桓校尉王元发缘边兵及乌桓、鲜卑、羌胡合
二万余人，掩击破之"④。秋，"句龙吾斯等立句龙王车纽为单于。东引乌桓，
西收羌戎及诸胡等数万人，攻破京兆虎牙营，杀上郡都尉及军司马，遂寇掠

① 范晔. 后汉书 [M]. 北京：中华书局，1965：2961-2963.
② 范晔. 后汉书 [M]. 北京：中华书局，1965：2963.
③ 范晔. 后汉书 [M]. 北京：中华书局，1965：2960.
④ 范晔. 后汉书 [M]. 北京：中华书局，1965：2960.

并、凉、幽、冀四州。……冬，遣中郎将张耽将幽州乌桓诸郡营兵，击畔虏车纽等"①。

汉朝政府调动少数民族军队参与镇压匈奴变乱的原因，笔者认为，首先是增加或进一步充实了镇压的军事力量。其次，调动归附少数民族军队参与镇压变乱少数民族的利处更多：第一，可以充分借重并发挥北方游牧、渔猎民族骑兵的战斗力；第二，少数民族之间相互打击，可以加深他们之间的怨恨，有利于汉朝中央对他们更好地驾驭、控制。这种"以夷制夷"的措施在巩固边疆社会秩序中被汉政府多次运用，② 同时也确实起到了应有的维护社会治安的作用。

七、汉军是执行军事镇压的主力

汉朝政府武装镇压南匈奴变乱并非仅局限于"以夷制夷"的军事行动。汉朝政府为了巩固和维护当地的统治秩序，针对南匈奴变乱更多的是直接派汉军执行军事镇压政策。

东汉和帝永元六年（94 年），"降胡五六百人夜袭师子，安集掾王恬将卫护士与战，破之"③。永元八年（96 年），"南单于以其右温禺犊王乌居战始与安国同谋，欲考问之。乌居战将数千人遂复畔，出塞外山谷闲，为吏民害。秋，庞奋、冯柱与诸郡兵击乌居战，其众降"④。安帝永初三年（109 年），南单于檀起兵反汉，"攻中郎将耿种于美稷。……冬，遣行车骑将军何熙、副中郎（将）庞雄击之。四年春，檀遣千余骑寇常山、中山，以西域校尉梁慬行度辽将军，与辽东太守耿夔击破之"⑤。

以军队镇压违法犯罪行为，镇压分裂国家、变乱投敌行径，古已有之，⑥一般情况是一个国家在社会出现严重动荡、社会治安几近失控的情况下所采取的暴力措施。通过对反社会、反政府异己势力彻底地军事镇压，不仅可以维护国家的主权，还能够重新恢复所在地区的社会秩序。事实说明，汉朝通过对归附匈奴族中变乱、分裂势力的军事镇压，有力地维护了国家的统一和

---

① 范晔. 后汉书 [M]. 北京：中华书局，1965：2962.
② 林永强. 汉朝羌区军政防控措施考论 [J]. 军事历史研究，2010（04）：90-95.
③ 范晔. 后汉书 [M]. 北京：中华书局，1965：2955.
④ 范晔. 后汉书 [M]. 北京：中华书局，1965：2956-2957.
⑤ 范晔. 后汉书 [M]. 北京：中华书局，1965：2957-2958.
⑥ 史载："昔周之法，建三典以刑邦国，诘四方：一曰，刑新邦用轻典；二曰，刑平邦用中典；三曰，刑乱邦用重典。"参见班固. 汉书 [M]. 北京：中华书局，1962：1091.

领土的完整，同时也加强了汉朝对归附匈奴的社会治安管理。

小结

综上所述，通过考察汉朝针对归附匈奴的管理，初步总结出了汉朝中央和地方政府为巩固归附匈奴族所在边疆地区的统治秩序而采取的预防兼具治理的七方面治安管理措施。尽管汉朝对归附的匈奴族不断加强行政管理，但是由于汉族与匈奴族之间的长期隔阂和存在于汉人心目中"蛮夷莫测"的观念，加上匈奴族叛服不定特点的影响，这种管理不可避免地具有一定的军事管控性质。汉朝在管理边疆少数民族过程中所采取的政策和措施在某种程度上也确实存在某些不足，这主要是阶级性和时代性方面的原因。① 为此，笔者认为，汉朝在归附匈奴所在边疆区域执行民族政策时，虽然在一定程度上强调"防其大故，忍其小过"的管理思想，但某些地方军政官员也存在"天性虐刻""多所扰发"的情况。② 所以汉政府在处理汉匈民族关系时，因俗而治、总揽大体而略于小节，这十分必要，但在实行民族团结政策时还不能完全落到实处。另外，在北部边疆汉、匈民族长期杂居而文化亦渐染，汉、匈民族不仅崇尚诚信，也均以"孝"为美德③。事实证明，共守的道德往往不仅存在于不同的阶级中④，也常常存在于不同民族之中，它可以是各族人民共同认可的价值标准⑤。孔子曰："言忠信，行笃敬，虽蛮貊之邦行矣；言不忠信，行不笃敬，虽州里行乎哉？"（《论语·卫灵公》）。所指的就是这个道理。这仅仅是汉族和匈奴族共存共荣的前提，而不是真正实现民族团结的表象，因此双方均有将之进一步发扬光大之必要。总之，汉朝政府在对归附匈奴所采取的一系列军政管理措施中，一方面主要体现为军事化、法制化的管理，另一方面也有来自汉政府和民间方面伦理道德的影响，也时时刻刻起着积极作用。汉朝统治阶级为了加强对归附匈奴的管理，既极力强化法治管理，同时又特别注重伦理道德建设。在主观上，汉朝统治者是为了稳定边疆的社会治安，进而稳定封建国家的统治秩序；在客观上，良好的边疆社会环境有利于边疆多民族聚居地区经济、文化等领域的全面发展，同时也进一步增强了汉朝统一多民族国家的凝聚力和向心力。

---

① 林永强. 汉朝羌区军政防控措施考论［J］. 军事历史研究，2010（04）：90-95.
② 范晔. 后汉书［M］. 北京：中华书局，1965：2895.
③ 范晔. 后汉书［M］. 北京：中华书局，1965：2939.
④ 张岱年. 中国伦理思想研究［M］. 上海：上海人民出版社，1989：63.
⑤ 张锡勤，柴文华. 中国伦理道德变迁史稿［M］. 北京：人民出版社，2008：105.

第二节　汉朝针对边疆降附乌桓的管理

乌桓民族属东胡族系，其以所居之乌桓山①为族名。②乌桓是汉朝东北部边疆地区的一个少数民族，其与汉朝中央确立藩属关系始于汉武帝时期。史载："乌桓自为冒顿所破，众遂孤弱，常臣服匈奴，岁输牛马羊皮，过时不具，辄没其妻子。及武帝遣骠骑将军霍去病击破匈奴左地，因徙乌桓于上谷、渔阳、右北平，辽西、辽东五郡塞外，为汉侦察匈奴动静。其大人岁一朝见。于是始置护乌桓校尉，秩二千石，拥节监领之，使不得与匈奴交通。"③自此至东汉，乌桓与汉政府的关系越来越密切。虽然此后时叛时服，但是乌桓开始逐渐成为汉朝统治下的一个少数民族，这已经是不争的事实。④笔者认为，这主要表现为乌桓"保塞降附"的附属地位和汉朝中央、地方政府逐渐开始对乌桓族进行正式的军政管理。汉朝政府的这种不断加强的军政监管就是对乌桓民族所在地区实行的社会治安管理。然而，我们对汉政府（王莽新朝政权时期也包括在内）所采取的一系列治安管理措施未必有全面而系统的了解，同时鉴于目前学界对其尚无专文论述，因此笔者试考论之。

一、迁徙安置与军事监控并行

汉武帝时期，汉朝击败了匈奴左部后，为了便于控制，便将乌桓迁徙于边郡塞外之地，以助政府戍守边防。同时，在乌桓族聚集地区设置护乌桓校尉以对其实行军事管理和控制，即汉武帝元狩四年（前119年）"因徙乌桓于上谷、渔阳、右北平，辽西、辽东五郡塞外，为汉侦察匈奴动静。其大人岁一朝见。于是始置护乌桓校尉，秩二千石，拥节监领之，使不得与匈奴交通"⑤。从地缘政治管理上看，汉政府将乌桓族迁徙于缘边"五郡"塞外，这既有利于对其进行控制，又可达到让其侦察北部匈奴动静以守边的目的。同时，护乌桓校尉的设置使汉朝监控乌桓的政策有了具体军事保证，而护乌桓校尉的"拥节监领"权力又使这种军事监控更为灵活且有效。

---

① 郭沫若. 中国史稿：第二册 [M]. 北京：人民出版社，1978：233-234.
② 范晔. 后汉书 [M]. 北京：中华书局，1965：2979.
③ 范晔. 后汉书 [M]. 北京：中华书局，1965：2981.
④ 田继周. 秦汉民族史 [M]. 成都：四川民族出版社，1996：238-239.
⑤ 范晔. 后汉书 [M]. 北京：中华书局，1965：2981.

　　汉宣帝以后直至西汉末年，乌桓地域基本安定，并处于所谓"保塞降附"状况。但是，乌桓一旦强大也常常扰边，此前汉政府设置度辽将军一职就是要借此加强军事掌控。史载："昭帝时，乌桓渐强，乃发匈奴单于冢墓，以报冒顿之怨，匈奴大怒，乃东击破乌桓。……明友乘乌桓新败，遂进击之，斩首六千余级，获其三王首而还。由是乌桓复寇幽州，明友辄破之。宣帝时，乃稍保塞降附。"① 这在某种程度上说明此时乌桓"保塞降附"的基本社会状况。当然，这种相对安定的局面和汉朝中央政府不断加强边疆军事力量密不可分。汉朝增设度辽将军一职便是明证。史载：昭帝元凤三年（前78年）"冬，辽东乌桓反，以中郎将范明友为度辽将军，将北边七郡，郡二千骑击之"。本注引应劭曰："当度辽水往击之，故以度辽为官号。"② 据此判断，汉代度辽将军一职至迟在汉昭帝元凤三年（前78年）已设立，其职能主要是加强对乌桓一族的军事管理，③ 同时，也负责往来商道之安全畅通④。这不仅有力地打击了乌桓族的扰边行径，同时，对汉朝整个东北部边疆社会秩序的稳定也起到了积极的配合作用。

　　西汉后期和王莽统治时期，乌桓曾一度变乱扰边并役属于匈奴。东汉王朝建立后，光武帝初年乌桓扰边情况依然很严重。直到东汉建武二十五年（49年）乌桓扰边情况才有所好转，并开始出现乌桓向化、朝贡之记载。史载："（建武）二十五年（49年），辽西乌桓大人郝旦等九百二十二人率众向化，诣阙朝贡，献奴婢牛马及弓虎豹貂皮。是时四夷朝贺，……乌桓或愿留宿卫，于是封其渠率为侯王君长者八十一人，皆居塞内，布于缘边诸郡，令招来种人，给其衣食，遂为汉侦候，助击匈奴、鲜卑。"⑤ 其中也有大量乌桓族人被东汉政府安置于塞内缘边诸郡。

　　随着东汉政府将大量乌桓人迁徙于塞内诸郡并予以安置，为此可以明确地说，乌桓在事实上已经成为汉朝政府统治下的一个少数民族。光武帝建武二十五年（49年）之后，乌桓或愿留宿卫，皆居塞内，布于缘边诸郡，"时司徒掾班彪上言：'乌桓天性轻黠，好为寇贼，若久放纵而无总领者，必复侵掠居人，但委主降掾史，恐非所能制。臣愚以为宜复置乌桓校尉，诚有益于附集，省国家之边虑。'帝从之。于是始复置校尉于上谷宁城，开营府，并领

---

① 范晔. 后汉书［M］. 北京：中华书局，1965：2981.
② 班固. 汉书［M］. 北京：中华书局，1962：229.
③ 阚骃. 十三州志［M］. 北京：中华书局，1985：1.
④ 范晔. 后汉书［M］. 北京：中华书局，1965：2983.
⑤ 范晔. 后汉书［M］. 北京：中华书局，1965：2982.

鲜卑，赏赐质子，岁时互市焉"①。"顺帝阳嘉四年（135年）冬，乌桓寇云中，遮截道上商贾车牛千余辆。度辽将军耿晔率二千余人追击，……于是发积射士二千人，度辽营千人，配上郡屯，以讨乌桓，乌桓乃退。"② 乌桓校尉"拥节。长史一人，司马二人，皆六百石"③。由此可见，乌桓降附汉朝后所居之地逐渐被安置在北部缘边诸郡、县内。汉朝中央政府为了加强对其军政管理而设置官吏，先后有主降掾史、乌桓校尉及属官乌桓长史、乌桓司马、度辽将军等。有关考古资料④进一步证实，乌桓校尉以上谷宁城为其治所，设置了规模较大的营府（也称"莫府"，即"幕府"），它是汉政府在其东北部缘边地区所设的一个重要军政机构。东汉时乌桓校尉的管辖范围比西汉初置时有所扩大，⑤ 此时乌桓校尉不仅以军事力量震慑、监控降附乌桓民族的活动，也震慑、监控鲜卑民族的活动，而且还负责赏赐其质子、胡汉之间的岁时互市的安排等事关民族关系和经贸往来之诸多行政事务。

总而言之，东汉政府将降附乌桓人安置于塞内诸郡的措施，一方面有利于加强对其控制，进一步加强了防范和打击匈奴、鲜卑扰边的力量，但另一方面也增加了地方政府对其不法行径监管的难度，当时司徒掾班彪的担心在后来得到应验就是明证。当然，主降掾史、乌桓校尉、度辽将军以及地方郡县等军政机构所辖军事力量对于纠察乌桓族人的不法行为和打击其变乱扰边行径确实起到了明显的军事治安作用。

二、针对乌桓颁布的有关禁令

西汉中央政府在不断加强对降附乌桓的军事管理的同时，也对乌桓正式颁布过有关禁令。史载："汉既班四条，后护乌桓使者告乌桓民，毋得复与匈奴皮布税。匈奴以故事遣使者责乌桓税，……乌桓距曰：'奉天子诏条，（之）[不] 当予匈奴税。'"⑥ 由此可见，禁令"毋得复与匈奴皮布税"是汉政府以"诏条"形式向乌桓正式颁布的一条禁令。这充分表明乌桓已经归属汉朝，乌桓民众也已经成为汉朝的子民，乌桓此后称臣纳贡的对象已经不是此前的匈奴，而是对其拥有绝对管辖权的汉朝政府。这不仅体现出乌桓民族的归属

① 范晔. 后汉书 [M]. 北京：中华书局，1965：2982.
② 范晔. 后汉书 [M]. 北京：中华书局，1965：2983.
③ 孙星衍，等. 汉官六种 [M]. 北京：中华书局，1990：154.
④ 内蒙古自治区博物馆文物工作队. 和林格尔汉墓壁画 [M]. 北京：文物出版社，1978.
⑤ 黄盛璋. 历史地理论集 [M]. 北京：人民出版社，1982：518.
⑥ 班固. 汉书 [M]. 北京：中华书局，1962：3820.

关系，也表明汉朝中央政府的法令已经对乌桓民族某些具体的社会经济活动具有一定的规制作用，因此汉朝中央政府的管理程度进一步加深。

这和此前在汉平帝元始二年（2年）汉朝中央政府向匈奴颁布的四条禁令基本精神完全一致，即"中国人亡入匈奴者，乌孙亡降匈奴者，西域诸国配中国印绶降匈奴者，乌桓降匈奴者，皆不得受"①。这就是汉平帝元始二年（2年）汉朝收回宣帝所为约束②的同时，又向匈奴单于颁布的四条禁令。显而易见，这是匈奴单于必须奉行的汉朝禁令，然而也间接申明了乌桓吏民不得投降他国的约束。总之，汉朝中央政府针对乌桓的禁令"毋得复与匈奴皮布税"的法律依据十分充分。同时也表明，汉朝中央政府直接向乌桓宣布这条禁令而不必告诫匈奴，这是汉朝在完全主宰地缘政治格局之后自然形成的法则。

三、政府以人质约束乌桓

在汉朝，周边一些少数民族在降附汉朝后，中央政府对其往往附带入质条件。从中国古代历史上看，这是一个由来已久的政治惯例，但在较早的春秋时期，各政权之间多为相互交换人质③，在汉代中央政府仍然实行"质子"之制。此举一方面可以表示归附者的诚意，另一方面对受降的一方来说也是以此约束归附者离心倾向和防其变乱的一种政治手段。史载：光武帝建武二十五年（49年），乌桓或愿留宿卫，皆居塞内，布于缘边诸郡，"于是始复置校尉于上谷宁城，开营府，并领鲜卑，赏赐质子，岁时互市焉"④。由此可见，乌桓内属并迁居于塞内的同时，与鲜卑族一样，仍然需要"遣子入侍"，汉政府还设置了专门"质馆"⑤对其进行直接管理。在必要时，汉朝政府随时可以用所谓"质子"约束和牵制乌桓的非法活动。

当然，"入质"的形式不仅限于汉朝中央政府控制降附少数民族的政治层面，有时还用于边疆民族斗争过程中的一些具体的军事胁迫行动。史载："及王莽篡位，欲击匈奴，兴十二部军，使东域将严尤领乌桓、丁令兵屯代郡，皆质其妻子于郡县。乌桓不便水土，惧久屯不休，数求谒去。莽不肯遣，遂

① 班固. 汉书［M］. 北京：中华书局，1962：3819.
② 班固. 汉书［M］. 北京：中华书局，1962：3818.
③ 十三经清人注疏［M］. 北京：中华书局，1987：190-191.
④ 范晔. 后汉书［M］. 北京：中华书局，1965：2982.
⑤ 范晔. 后汉书［M］. 北京：中华书局，1965：2986.

自亡畔，还为抄盗，而诸郡尽杀其质，由是结怨于莽。"① 从某种意义上说，无论是汉王朝，还是王莽的新朝均以"入质"形式胁迫乌桓人参加汉朝军队的军事行动。由此看来，"入质"之"质"不论高低贵贱，当"入质"一方难以割舍时，"入质"便成了拥"质"一方约束"入质"一方政治、军事等活动的要挟手段。

四、征调乌桓军队绥靖北疆

乌桓以"俗善骑射"而著称。可以说，这的确是一个出则为兵而入则为民的民族，同时也是一个能征惯战的民族。汉政府在控制了乌桓某些族属之后便充分利用该民族骁勇善战的特点，经常征调乌桓军队戍守边防重镇或打击其他少数民族的不法侵扰、变乱行径，以维护汉王朝边疆地区社会秩序的安宁。

为此，有学者认为："乌桓各部世代为东汉守边，实际上成了一支世袭的雇佣军队。"② 这是一个非常有趣的提法。乌桓军队协助汉朝边防军于边郡驻防者确实有之，即"及王莽篡位，欲击匈奴，兴十二部军，使东域将严尤领乌桓、丁令兵屯代郡"③。除此之外，乌桓军队被征调并协同其他友军于边疆作战者也不乏其例：永平十六年（73 年），"护乌桓校尉文穆将……定襄郡兵及乌桓、鲜卑万一千骑出平城塞"④；永元六年（94 年）"冬十一月，护乌桓校尉任尚率乌桓、鲜卑，大破逢侯"⑤；永和五年（140 年）夏，"南匈奴左部句龙王吾斯、车纽等背畔，……马续与中郎将梁并、乌桓校尉王元发缘边兵及乌桓、鲜卑、羌胡合二万余人，掩击破之"⑥以及"冬，遣中郎将张耽将幽州乌桓诸郡营兵，击畔虏车纽等"⑦。但是，笔者根据现有材料认为，乌桓军队并非由汉政府招募而组建，也未发现汉朝政府向乌桓军队提供日常财政或物资的相关资料，因此尚不能视其为雇佣军队，这是在认识角度上产生的误区。

---

① 范晔. 后汉书［M］. 北京：中华书局，1965：2981.
② 朱绍侯. 中国古代史［M］. 福州：福建人民出版社，1985：367. 另外，雷依群等也持基本同样的观点，认为"由于乌桓各部世代守边，实际上变成了一支世袭的雇佣军"。参见雷依群，施铁清. 中国古代史［M］. 北京：高等教育出版社，1999：178.
③ 范晔. 后汉书［M］. 北京：中华书局，1965：2981.
④ 范晔. 后汉书［M］. 北京：中华书局，1965：810.
⑤ 范晔. 后汉书［M］. 北京：中华书局，1965：179.
⑥ 范晔. 后汉书［M］. 北京：中华书局，1965：2960.
⑦ 范晔. 后汉书［M］. 北京：中华书局，1965：2962.

笔者进而认为，军队驻防或随调出征本应是降附汉朝后的少数民族军队理应承担的责任和义务，乌桓军队自然也不例外。乌桓军队配合中央政府执行镇压它族变乱的任务，就是致力于绥靖汉朝北疆，从而维护了各民族共同生活的边境社会治安。但是，乌桓本身也会在民族斗争中削弱自己的力量，这样更有利于中央政府控制日益桀骜不驯的乌桓民族。

五、封赏降附乌桓与岁时互市

汉朝中央政府对降附少数民族实行封赏之制是其一贯的怀柔笼络政策。这一方面体现了汉朝的宗主国地位，另一方面也是以此制度实现羁縻辖属乌桓的目的。同时，汉朝对降附之乌桓也实行"互市"形式的民族经济政策。史书对这两方面均有记载。

东汉建武二十五年（49年），"是时四夷朝贺，络绎而至，天子乃命大会劳飨，赐以珍宝。乌桓或愿留宿卫，于是封其渠率为侯王君长者八十一人，皆居塞内，布于缘边诸郡，令招来种人，给其衣食"①；同年，"于是始复置校尉于上谷宁城，开营府，并领鲜卑，赏赐质子，岁时互市焉"②；汉安帝永初三年（109年）秋，燕门乌桓率众王无何（允）等叛乱，东汉政府"乃遣车骑将军何熙、度辽将军梁懂等击破，大破之。……是后乌桓稍复亲附，拜其大人戎朱庑为亲汉都尉"③。

针对缘边郡县降附乌桓族人与边民杂居情况，汉朝政府对乌桓始终不断加强军事监控。与此同时，汉政府也对乌桓实行封赏、互市等感化和笼络的柔性政策，这些都属于汉朝民族政策④的重要内容。这种以封赏乌桓渠率的笼络政策不仅有利于实现乌桓族人的自我管理，也有利于汉朝边疆地区政局的稳定，而且"互市"在很大程度上满足了乌桓等少数民族在经济和日常生活上的需求，有利于当地社会的安定。汉朝中央政府对乌桓施行了一系列羁縻笼络政策，这些政策虽然绝非一劳永逸，却是一种道德教化与法律强制相结合的表现形式，显然是一种良性的管理范式。

六、汉政府镇压乌桓扰边行径

尽管汉朝政府为有效控制乌桓族采取了一系列的防范或笼络措施，但由

<hr/>

① 范晔. 后汉书［M］. 北京：中华书局，1965：2982.
② 范晔. 后汉书［M］. 北京：中华书局，1965：2982.
③ 范晔. 后汉书［M］. 北京：中华书局，1965：2983.
④ 林永强. 汉朝羌区军政防控措施考论［J］. 军事历史研究，2010（04）：90-95.

于所谓"乌桓天性轻黠，好为寇贼"①，且乌桓族时有发展壮大之时，所以，乌桓扰边以及变乱事件时有发生。

在西汉中期，"昭帝时，乌桓渐强，……明友乘乌桓新败，遂进击之，斩首六千余级，获其三王首而还。由是乌桓复寇幽州，明友辄破之"②。东汉"光武初，乌桓与匈奴连兵为寇，代郡以东尤披其害……建武二十一年，遣伏波将军马援将三千骑出五阮关掩击之"③。东汉"安帝永初三年夏，渔阳乌桓与右北平胡千余寇代郡、上谷。……乃遣车骑将军何熙、度辽将军梁慬等击，大破之"④。东汉"顺帝阳嘉四年冬，乌桓寇云中，遮截道上商贾车牛千余两。度辽将军耿晔率二千余人追击"⑤。东汉"桓帝永寿中，朔方乌桓与休著屠各并畔，中郎将张奂擎平之"⑥。显然，汉朝东北部边疆因此时有动荡之局面，这对汉政府制定的边疆社会治安政策无疑形成了巨大的挑战。

中国古代早就有"大刑用甲兵"⑦之说。面对边疆社会秩序横遭破坏的情况，汉政府坚决实行残酷的军事镇压政策，而面对汉政府的军事镇压，乌桓时叛时降，直到汉末。自汉灵帝中平四年（187年），中国北部边疆实际上已经处于军阀割据之下，故此后乌桓情况不在本文讨论范围之内。⑧

综上所述，本文通过考察最终得出了三方面的结论。其一，对于降附汉朝的乌桓族人来讲，汉政府对其违法犯罪行为和变乱行径执行"社会治安管理"不仅合理，而且合法。其二，乌桓族是处于匈奴与汉朝之间的一个弱小民族，它曾役属于匈奴，后降附于汉朝。乌桓族在迁居于汉朝东北部塞内一些缘边郡县后，对维护边疆社会秩序有过积极贡献，但其确实存在扰乱边疆社会秩序之恶行。汉朝政府为稳定其东北边疆的统治秩序，对降附乌桓族采取了不少行之有效的军政管理措施，对维护东北边疆的社会治安起到了非常重要的作用，这也是本文重点考论的内容。其三，汉朝对所属乌桓族所采取的诸多军政管理措施虽然都起到了不同程度的历史作用，但是这些军政管理措施肯定有其历史局限性。汉朝时某些乌桓族群"时降时叛"的状况就是对

① 范晔. 后汉书 [M]. 北京：中华书局，1965：2982.
② 范晔. 后汉书 [M]. 北京：中华书局，1965：2981.
③ 范晔. 后汉书 [M]. 北京：中华书局，1965：2982.
④ 范晔. 后汉书 [M]. 北京：中华书局，1965：2983.
⑤ 范晔. 后汉书 [M]. 北京：中华书局，1965：2983.
⑥ 范晔. 后汉书 [M]. 北京：中华书局，1965：2983.
⑦ 班固. 汉书 [M]. 北京：中华书局，1962：1080.
⑧ 田继周. 秦汉民族史 [M]. 成都：四川民族出版社，1996：246.

此局限性的注释，可谓"固其身不易，同其心更难"。笔者认为，尊重民俗①、明习边事、奉行恩信②等治边经验固然重要，但其也只是建设边疆良性社会治安的前提条件，而发展边疆社会经济、铸就共同文化心理才是奠定民族融合的基石。换言之，华夏民族的心理认同感才是民族团结和社会长治久安的持久生命力之所在。

第三节　汉朝针对西北羌区的行政管理

秦汉时期，羌人地处中原之西北部。秦朝统一全国后，羌人被秦朝界于西北长城之外③。汉景帝时，羌人中出现了归附汉朝之种属，汉朝将他们分徙于西北沿边诸县、道并加以管理④。于是一部分羌人开始成为汉朝的少数民族。汉武帝时，在挫败羌人与匈奴联兵侵犯汉朝边郡之后，开始设置护羌校尉对羌人进行管理，但是大量的羌人却移居西海和盐池地区⑤。为了加强对西北羌区的管理，昭帝时设置了金城郡⑥。王莽辅政时又设置西海郡⑦。随后"又增法五十条，犯者徙之西海。徙者以千万数，民始怨矣"⑧。这些只是汉朝军政机构和汉族居住区向西北发展的重要记录，当然还会有一些基层单位的设置和一些因贫困或灾难而徙边者。随着汉朝在西北羌区的扩展与统治，所辖区域羌人便成为汉朝统治下的少数民族。汉朝政府对边郡少数民族一般实行"以其故俗治，毋赋税"⑨的民族管理政策，但还是不断激起羌人的反抗斗争。史载：

> 及武帝征伐四夷，开地广境，北却匈奴，西逐诸羌，乃渡河湟，筑令居塞；初开河西，列置四郡，通道玉门，隔绝羌胡，使南北不得交关。

①　范晔．后汉书［M］．北京：中华书局，1965：2895.
②　范晔．后汉书［M］．北京：中华书局，1965：810.
③　范晔．后汉书［M］．北京：中华书局，1965：2876.
④　范晔．后汉书［M］．北京：中华书局，1965：2876-2877.
⑤　范晔．后汉书［M］．北京：中华书局，1965：2876-2877.
⑥　班固．汉书［M］．北京：中华书局，1962：224.
⑦　范晔．后汉书［M］．北京：中华书局，1965：2878.
⑧　班固．汉书［M］．北京：中华书局，1962：4077-4078.
⑨　司马光．资治通鉴（全二十册）［M］．北京：中华书局，1982：686；司马迁．史记［M］．北京：中华书局，1982：1440.

于是障塞亭燧出长城外数千里。时先零羌与封养牢姐种解仇结盟，与匈奴通，合兵十余万，共攻令居、安故，遂围枹罕。①

至元康三年，先零乃与诸羌大共盟誓，将欲寇边。帝闻，复使安国将兵观之。安国至，召先零豪四十余人斩之，因放兵击其种，斩首千余级。于是诸羌怨怒，遂寇金城。②

东汉王朝对西北羌人也不断加强统治，遂有"中兴以来，羌寇最盛，诛之不尽，虽降复叛"③ 之说。直至汉末，羌人的变乱与寇盗行径始终未断，而汉朝中央政府对其也是极尽镇抚之能事。从民族关系角度理解中央王朝与被统治和管理的边疆少数民族的关系时，翁独健先生说过："在我国阶级对抗的社会中，无论是统一时期还是在我国领域内分裂为不同国家之时，都存在着统治民族与被统治民族。不管哪个民族处于统治地位，都与被统治民族处于不平等的地位，都实行民族压迫政策。"④ 因此，汉族统治者对羌人也会实行民族压迫政策。然而就汉朝对羌人实行军政管理而言，汉朝统治阶级对羌人人民，也像对广大汉族人民的统治一样，实行阶级剥削和压迫政策。史载：

建武九年，隗嚣死，司徒掾班彪上言："今凉州部皆有降羌，羌胡被发左衽，而与汉人杂处，习俗既异，言语不通，数为小吏黠人所见侵夺，穷恚无聊，故致反叛。夫蛮夷寇乱，皆为此也。"⑤

又，

东号子麻奴立。初随父降，居安定。时诸降羌布在郡县，皆为吏人豪右所徭役，积以仇怨。⑥

汉朝时期，西北降羌虽与汉族习俗不同，但许多降羌已久居汉郡县与汉人杂处，其中许多羌人深受汉朝地方政府官吏和当地豪强地主的剥削和压迫。

① 范晔. 后汉书 [M]. 北京：中华书局，1965：2876.
② 范晔. 后汉书 [M]. 北京：中华书局，1965：2877.
③ 范晔. 后汉书 [M]. 北京：中华书局，1965：2151.
④ 翁独健. 中国民族关系史纲要 [M]. 北京：中国社会科学出版社，1990：8.
⑤ 范晔. 后汉书 [M]. 北京：中华书局，1965：2878.
⑥ 范晔. 后汉书 [M]. 北京：中华书局，1965：2886.

在实际社会生活中，羌人中已有不少归附汉朝并接受汉朝政府领导的羌人种属，由于长期受汉族农业社会的影响，一些羌人种属已逐渐汉化。

为此，笔者认为，汉朝统治阶级的统治政策和施政措施固然有鲜明的阶级和时代局限性，但这完全是为维护其统治秩序服务的。司马光针对汉人段颎的言行曾谈道："夫蛮夷戎狄，……御之得其道则附顺服从，失其道则离叛侵扰，固其宜也。……若乃视之如草木禽兽，不分臧否，不辨去来，悉艾杀之，岂作民父母之意哉！且夫羌之所以叛者，为郡县所侵冤故也；叛而不即诛者，将帅非其人故也。……岂得专以多杀为快邪！夫御之不得其道，虽华夏之民，亦将蜂起而为寇，又可尽诛邪！然则段纪明之为将，虽克捷有功，君子所不与也。"① 说明这种残酷的镇压完全是一种暴力统治方式，它既是一种民族压迫的产物，也具有鲜明的阶级压迫的一般特点。因此，羌人反抗汉朝的斗争既是反对民族压迫的斗争，也是反对统治阶级压迫的阶级斗争。

把羌人的反抗和汉朝政府的治理过分理解为民族之间的斗争是欠妥的，而过分强调汉朝对羌区由来已久的行政管理和阶级压迫而造成的武装反抗也是不足取的。毫无疑问的是，羌人的许多反抗汉朝政府的斗争是在汉朝的军政管理下出现的。为此，笔者认为，汉朝对羌人的统治与管理已经属于汉朝行政管理的范畴，而汉朝政府对羌人扰边行径的治理自然是汉代边疆社会治安管理的重要组成部分，这样一来，就在一定程度上改变了理解汉羌关系的视角。本文正是鉴于以上认识来考论汉朝对羌区的军事治安措施的。本文考论内容的时间段限起自羌人归降于西汉景帝时期而止于东汉灵帝中平元年（184 年）的黄巾起义。这种考论除了有助于了解汉朝边疆社会治安管理的实际意义，更具有转变研究视角和提升理论认识的意义。

根据笔者的考察，汉朝政府在所控制和管理的新拓羌区，为防范和制止羌民扰乱和破坏边疆社会治安秩序而采取了诸多军政治安措施，现考论如下。

第一，为了安置西北地区归服的羌民，汉政府在西北边疆以郡县（道）、属国管理之。而所属郡县（道）和属国的军政长官均有维护归降羌民所处之地的社会治安之职责。史载：

> 景帝时，研种留何率种人求守陇西塞，于是，徙留何等于狄道、安故，至临洮、氐道、羌道县。②

---

① 司马光. 资治通鉴（全二十册）［M］. 北京：中华书局，1982：1817.
② 范晔. 后汉书［M］. 北京：中华书局，1965：2876.

西汉昭帝始元六年（前81年），

秋七月，……以边塞阔远，取天水、陇西、张掖郡各二县置金城郡。①

西汉神爵二年（前60年），

其秋，羌若零、离留、且种、儿库共斩先零大豪犹非、杨玉首，……初置金城属国以处降羌。②

东汉建武十一年（35年）夏，

先零种复寇临洮，陇西太守马援破降之。后悉归服，徙置天水、陇西、扶风三郡。③

汉朝中央政府通过在西北地区设置郡、县（道）安置了大量的降羌，其中行政机构"道"相当于汉朝的县级单位，是主要安置归附少数民族的行政区域。据《汉书·百官公卿表》记载："列侯所食县曰国，皇太后、皇后、公主所食曰邑，有蛮夷曰道。"④ 另外，"属国"相当于汉朝郡级政权，并置汉族都尉官来管理，所辖地区人数较多且居民为相对集中的归附少数民族。据《后汉书·百官五》记载，汉武帝时，"又置属国都尉，主蛮夷降者。中兴建武六年，……省关都尉，唯边郡往往置都尉及属国都尉，稍有分县，治民比郡"⑤。为此，笔者认为，"属国"往往是以所邻某郡名命名之，另有所谓："属国，分郡离远县置之，如郡差小，置本郡名。"⑥ 这是汉朝中央政府统治边疆地区的一种军政管理方式，也是中央对其最终实行郡县制管理的一种过

---

① 班固. 汉书 [M]. 北京：中华书局，1962：224.
② 班固. 汉书 [M]. 北京：中华书局，1962：2993.
③ 范晔. 后汉书 [M]. 北京：中华书局，1965：2878-2879.
④ 班固. 汉书 [M]. 北京：中华书局，1962：742.
⑤ 范晔. 后汉书 [M]. 北京：中华书局，1965：3621.
⑥ 范晔. 后汉书 [M]. 北京：中华书局，1965：3619.

渡方式①。这里有一些比较明确的事例。郡、县（道）和属国管理羌区的各级军政长官把维护当地社会治安视为其重要行政职能之一。史载：

> 夏四月，安定属国胡叛，屯聚青山，遣将兵长史陈诉讨平之。②
>
> 初，武都塞上白马羌共破屯官，反叛连年。二年春，广汉属国都尉击破之，斩首六百余级，……于是陇右复平。③
>
> 中元元年，武都参狼羌反，杀略吏人，太守与战不胜，陇西太守刘盱遣从事辛都、监军掾李苞，将五千人赴武都，与羌战，斩其酋豪，首虏千余人。时武都兵亦更破之，斩首千余级，余悉降。④
>
> 时为卢水胡所击，比铜钳乃将其众来依郡县。种人颇有犯法者，临羌长收系比铜钳，而诛杀其种六七百人。显宗怜之，乃下诏曰："……其小种若束手自诣，欲效功者，皆除其罪。若有逆谋为吏所捕，而狱状未断，悉以赐有功者。"⑤
>
> 明年，……安定降羌烧何种胁诸羌数百人反叛，郡兵击灭之，悉没入弱口为奴婢。⑥

在沿边郡、县（道）和属国对所属羌民进行管理的过程中，羌民变乱原因固然有民族矛盾，但汉朝政府和汉朝豪民的阶级压迫也不容忽视，这种反抗运动从而具有了民族性和阶级性的双重色彩。于是剧烈的社会动荡使汉政府在边疆羌区面临严重的社会治安问题。为稳定汉朝在羌区的统治和各族民众社会生产、生活秩序以及生命财产安全，汉朝政府不断加强其政治统治、军事防控及社会治安管理。

第二，汉朝政府为了加强对羌区的防控和军事镇压力量，在西汉武帝时正式设置了护羌校尉，全面主持西羌军事⑦，汉朝在羌区的社会治安力量得到了进一步的加强。史载：

---

① 范晔. 后汉书 [M]. 北京：中华书局，1965：2857.
② 范晔. 后汉书 [M]. 北京：中华书局，1965：73.
③ 范晔. 后汉书 [M]. 北京：中华书局，1965：2894.
④ 范晔. 后汉书 [M]. 北京：中华书局，1965：2879.
⑤ 范晔. 后汉书 [M]. 北京：中华书局，1965：2880.
⑥ 范晔. 后汉书 [M]. 北京：中华书局，1965：2885.
⑦ 范晔. 后汉书 [M]. 北京：中华书局，1965：3626.

是岁，西羌庞恬、傅幡等怨莽夺其地作西海郡，反攻西海太守程永，永奔走。莽诛永，遣护羌校尉窦况击之。①

又，

时先零羌与封养牢姐种解仇结盟，与匈奴通，合兵十余万，共攻令居、安故，遂围枹罕。汉遣将军李息、郎中令徐自为将兵十万人击平之。始置护羌校尉，持节统领焉。羌乃去湟中，依西海、盐池左右。汉遂因山为塞，河西地空，稍徙人以实之。②

东汉时期在西北地区设置军政机构的时间始于建武九年（133 年），光武帝刘秀"即以牛邯为护羌校尉，持节如旧。及邯卒而职省"③。其具体职能有"持节领护，理其怨结，岁时循行，问所疾苦"④，如果降羌反对汉朝，它又成为主要的镇压工具。史载：

建康元年春，护羌从事马玄遂为诸羌所诱，将羌众亡出塞，领护羌校尉卫瑶追击玄等，斩首八百余级，得牛马羊二十余万头。⑤
顺帝永建元年，陇西钟羌反，校尉马贤将七千余人击之，战于临洮，斩首千余级，皆率种人降。进封贤都乡侯。自是凉州无事。⑥
延熹二年，访卒，以中郎将段颎代为校尉。时烧当八种寇陇右，颎击大破之。⑦

汉朝护羌校尉隶属凉州，是专门管理羌人的最高军事长官。其职级较高，责任也重大。由于东汉羌区社会治安始终不利，所以东汉政府屡易其职官，据笔者不完全统计，从光武帝建武九年（33 年）到汉桓帝延熹六年（163年），百余年间先后更置护羌校尉 26 人次。同时也反映了汉朝羌区社会治安

①　班固．汉书［M］．北京：中华书局，1962：4087.
②　范晔．后汉书［M］．北京：中华书局，1965：2876-2877.
③　范晔．后汉书［M］．北京：中华书局，1965：2878.
④　范晔．后汉书［M］．北京：中华书局，1965：2878.
⑤　范晔．后汉书［M］．北京：中华书局，1965：2897.
⑥　范晔．后汉书［M］．北京：中华书局，1965：2893.
⑦　范晔．后汉书［M］．北京：中华书局，1965：2897.

是十分复杂而难于治理的现实。

第三，为了配合郡、县（道）、属国和驻军对羌区的治理，汉朝政府在重要地区置坞壁、屯兵以保聚百姓，筑城、亭燧以守护之，从而强化了当地社会治安的维持。史载：

> 肃宗建初元年……迷吾又与封养种豪布桥等五万余人共寇陇西、汉阳，于是遣行车骑将军马防，长水校尉耿恭副，讨破之。于是临洮、索西、迷吾等悉降。防乃筑索西城，徙陇西南部都尉戍之，悉复诸亭候。①

东汉顺帝永和五年（140 年），

> 五年夏，且冻、傅难种羌等遂反叛，攻金城，与西塞及湟中杂种羌胡大寇三辅，杀害长吏。机、秉并坐征。于是发京师近郡及诸州兵讨之，拜马贤为征西将军，以骑都尉耿叔副，将左右羽林、五校士及诸州郡兵十万人屯汉阳。又于扶风、汉阳、陇道作坞壁三百所，置屯兵，以保聚百姓。②

东汉安帝永初五年（111 年），

> 任尚坐无功征免。羌遂入寇河东，至河内，百姓相惊，多奔南度河。使北军中侯朱宠将五营士屯孟津，诏魏郡、赵国、常山、中山缮作坞候六百一十六所。③

东汉安帝元初元年春（114 年），

> 遣兵屯河内，通谷冲要三十三所，皆作坞壁，设鸣鼓。④

东汉顺帝永建四年（129 年），

① 范晔. 后汉书［M］. 北京：中华书局，1965：2881.
② 范晔. 后汉书［M］. 北京：中华书局，1965：2895.
③ 范晔. 后汉书［M］. 北京：中华书局，1965：2887.
④ 范晔. 后汉书［M］. 北京：中华书局，1965：2889.

使谒者郭璜督促徙者，各归旧县，缮城郭，置候驿。既而激河浚渠
为屯田，省内郡费岁以亿计。①

汉朝政府在羌区建置坞壁、屯兵建筑，筑城、亭燧、鸣鼓等设施对保聚
百姓起到很大作用，有力地保护了一方平安。这是羌区社会治安防护建设最
重要的基础设施。关于在汉末动荡历史环境下这些设施在羌区的功效，河西
诸郡所建保聚百姓之城障、坞壁可作参考②。可想而知，在汉朝羌区社会治安
管理过程中，为保护西北地区各族民众生命财产安全，维护当地的社会秩序，
这些防御设施作为军事治安管理的重要依托，自然也应当起到以备不时之需
的社会治安功用。

第四，在汉朝治理羌区变乱过程中，针对变乱种羌，有时也采取擒贼先
擒王的"斩首"行动，即刺杀羌人变乱者的首领，以此造成其暂时群龙无首
之局面，以便击破之，继而实现维持社会秩序的目的。史载东汉安帝元初二
年（115 年）春，

号多等率众七千余人诣参（护羌校尉庞参）降，遣诣阙，赐号多侯
印绶遣之。参始还居令居，通河西道。而零昌种众复分寇益州，……至
秋，蜀人陈省、罗横应募，刺杀叔都，皆封侯赐钱。③
……四年（117 年）二月，尚（任尚时为中郎将）遣当阗种羌榆鬼
等五人刺杀杜季贡，封榆鬼为破羌侯。……秋，任尚复募效功种号封刺
杀零昌，封号封为羌王。……五年，邓遵募上郡全无种羌雕何等刺杀狼
莫，赐雕何为羌侯，封遵武阳侯，三千户。④

从以上资料看，汉军刺杀变乱首领的手段实为镇压变乱的辅助手段，这
从汉军在进攻叛羌的同时就有计划地招募刺客可以得到印证。"斩首"行动可
以打击变乱势力的嚣张气焰，使变乱势力在短时间内难以组织有效进攻，但
这种手段也很难一劳永逸。不过采取斩除其首领的手段对平定有些羌人变乱
的直接效果却也明显⑤。这证明此种战术手段也是可行的，在军事理论中可以

① 范晔. 后汉书［M］. 北京：中华书局，1965：2890.
② 班固. 汉书［M］. 北京：中华书局，1962：2977.
③ 范晔. 后汉书［M］. 北京：中华书局，1965：2889.
④ 范晔. 后汉书［M］. 北京：中华书局，1965：2891.
⑤ 范晔. 后汉书［M］. 北京：中华书局，1965：2891.

将其纳入"不战而屈人之兵"之范畴。这不仅可以省去不必要的人力、物力的消耗，还可以减少许多负面影响。看来在古代社会治安研究中应予以特别重视，其震慑作用和必要时的使用对维护社会治安和反对国家分裂具有相当的作用。

第五，汉朝政府为了维护、加强其在羌区的统治秩序，进而削弱羌人势力、打击变乱，也惯用离间诸种羌之术，借以造成其内部分化、瓦解，从而使变乱诸种羌或降或散。据史料记载，由于羌种众炽盛，护羌校尉张纡不能讨。

> 永元元年，纡坐征，以张掖太守邓训代为校尉，稍以赏略离间之，由是诸种少解。①
> ……五年，尚坐征免，居延都尉贯友代为校尉。友以迷唐难用德怀，终于叛乱，乃遣驿使构离诸种，诱以财货，由是解散。友乃遣兵出塞，攻迷唐于大小榆谷，获首虏八百余人，收麦数万斛。②

东汉和帝永元十年（98年），

> 谒者耿谭领代营屯白石。谭乃设购赏，诸种颇来内附。迷唐恐，乃请降。③

汉朝政府离间种羌的目的是使其内部出现分裂，借以更容易地控制诸种羌或者借以平定种羌的变乱。具体的手段有三：其一是派遣驿使直接挑拨诸种之间的关系，从而使其内讧；其二是以赏赐财货引诱某支或几支种羌来降，削弱其内部；其三是以较为强大的军事进攻力量作为后盾，并附之以凡变乱诸羌内部有立功表现的，给予数量不等的财物奖赏的条件，以此使变乱诸羌内部瓦解。史载西汉神爵元年（前61年），赵充国遣靡当儿弟雕库归告诸种豪："大兵诛有罪者，明白自别，毋取并灭。天子告诸羌人，犯法者能相捕斩，除罪。斩大豪有罪者一人，赐钱四十万，中豪十五万，下豪二万，大男三千，女子及老小千钱，又以其所捕妻子财物尽与之。"④ 按赵充国的策略，

---

① 范晔. 后汉书［M］. 北京：中华书局，1965：2883.
② 范晔. 后汉书［M］. 北京：中华书局，1965：2883.
③ 范晔. 后汉书［M］. 北京：中华书局，1965：2884.
④ 班固. 汉书［M］. 北京：中华书局，1962：2977.

诸豪竟不烦汉兵而下，从而瓦解了先零等羌预谋的变乱。汉朝政府所使用的离间诸种的办法既是削弱羌人或变乱内部力量的一种手段，当然也是汉朝为了维护其羌区社会秩序的惯用办法。

第六、防止诸羌种解仇结盟。

汉朝西北羌人通过解仇结盟方式联合了更大的力量，这给被抄掠的地区造成了巨大的破坏，也对汉朝边疆军事防御和边疆社会治安造成了巨大的压力。① 为防止诸羌种解仇结盟，汉朝不同时期的中央政府和地方军政官员也采取了一系列必要的措施。史载：

> 至宣帝时，遣光禄大夫义渠安国觇行诸羌。②

西汉宣帝元康三年（前 63 年），赵充国对曰：

> 疑匈奴使已至羌中，先零、罕、开乃解仇作约。到秋马肥，变必起矣。宜遣使者行边兵豫为备，敕视诸羌，毋令解仇，已发觉其谋。③

东汉顺帝永建四年（129 年），

> 马贤以犀苦兄弟数背叛，因系质于令居。其冬，贤坐征免，右扶风韩皓代为校尉。明年，犀苦诣皓自言求归故地，皓复不遣。因转湟中屯田，置两河间，以逼群羌。皓复坐征，张掖太守马续代为校尉。两河间羌以屯田近之，恐必见图，乃解仇诅盟，各自儆备。续欲先示恩信，乃上移屯田还湟中，羌意乃安。④

总结以上汉朝中央政府防止诸羌种解仇结盟的措施，笔者认为，应当主要有如下四条内容。其一，是中央政府派官员"觇行诸羌"，以便岁时平理怨情和问民疾苦。史载建武九年（33 年），司徒掾班彪上言："今凉州部皆有降羌，羌胡被发左衽，而与汉人杂处，习俗既异，言语不通，数为小吏黠人所见侵夺，穷恚无聊，故致反叛。夫蛮夷寇乱，皆为此也。……旧制……凉州

---

① 范晔. 后汉书 [M]. 北京：中华书局，1965：2883+2876+2877.
② 范晔. 后汉书 [M]. 北京：中华书局，1965：2877.
③ 班固. 汉书 [M]. 北京：中华书局，1962：2972-2973.
④ 范晔. 后汉书 [M]. 北京：中华书局，1965：2894.

部置护羌校尉，皆持节领护，理其怨结，岁时循行，问所疾苦。又数遣使译通动静，使塞外羌夷为吏耳目，州郡因此可得微备。"① 其二，是以边兵相威慑并监视之。其三，是示之以恩信并做出必要的让步。其四，是刻意怂恿诸胡羌相斗，以便使其仇仇相报。另外，史书也有记载：湟中诸胡皆言"汉家常欲斗我曹"②。应该说，在当时汉朝各级政府的政治、军事活动中这些措施对防止羌人解仇结盟的确起到一定的实效。

第七，汉朝政府对变乱诸羌执行镇压政策。

虽然汉朝中央政府也常常施行安抚之策，史载神爵元年（前 61 年）春，赵充国遣靡当儿弟雕库归告诸种豪："大兵诛有罪者，明白自别，毋取自灭。天子告诸羌人，犯法者能相捕斩，除罪。斩大豪有罪者一人，赐钱四十万，中豪十五万，下豪二万，大男三千，女子及老小千钱，又以其所捕妻子财物尽与之。"③ 但对一些反复变乱且难以管理者虽降而聚杀之。史载：

> 章和元年，复与诸种步骑七千人入金城塞。张纡遣从事司马防将千余骑及金城兵会战于木乘谷，迷吾兵败走，因译使欲降，纡纳之。遂将种人诣临羌县，纡设兵大会，施毒酒中，羌饮醉，纡因自击，伏兵起，诛杀酋豪八百余人。④

东汉安帝永初五年（111 年）春，

> 复以任尚为侍御史，击众羌于上党羊头山，破之，诱杀降者二百余人，乃罢孟津屯。⑤

汉朝政府为维护羌区社会秩序的安定，一方面示之以恩信以尽力安抚变乱羌人，体现了汉政府以和平方式解决民族问题的政策；另一方面，汉政府对难以控制且屡叛屡降的种羌，往往采取诱降而聚杀之的办法，这种措施应当有永绝后患之意。当时持此种观点的大有人在。东汉桓帝永康元年（167年），汉朝护羌校尉段颎认为："狼子野心，难以恩纳，势穷虽服，兵去复动，

① 范晔. 后汉书 [M]. 北京：中华书局，1965：2878.
② 范晔. 后汉书 [M]. 北京：中华书局，1965：610.
③ 班固. 汉书 [M]. 北京：中华书局，1962：2977.
④ 范晔. 后汉书 [M]. 北京：中华书局，1965：2882.
⑤ 范晔. 后汉书 [M]. 北京：中华书局，1965：2887-2888.

唯当长矛挟胁、白刃加颈耳。……而久乱并凉，累侵三辅，西河、上郡，已各内徙，安定、北地，复至单危，自云中、五原，西至汉阳二千余里，匈奴、种羌，并擅其地，是为痈疽伏疾，留滞胁下，如不加诛，转就滋大。……如此，则可令群羌破尽，匈奴长服，内徙郡县，得反本土"，同时又认为"诛之不尽，虽降复叛""建长久之策，欲绝其根本，不使能殖"①。汉政府对付变乱羌人的后一种办法，只不过是欲维持其长久治安而采取的其中一种残酷镇压的手段而已。

第八，汉朝政府在统治羌区期间，基本以汉朝的军政力量为主，但在打击羌人变乱的过程中也多次使用少数民族军队镇压羌乱。有时派遣少数民族军队镇压羌乱，有时汉朝军事将领率其他少数民族军队镇压羌乱，有时汉朝边防军也联合并率领其他少数民族军队共同镇压羌乱。这在汉朝军政治安史上也算是以夷治夷的案例。史载东汉和帝永元八年（96 年），护羌校尉史充"遂发湟中羌胡出塞击迷唐，而羌迎败充兵，杀数百人"。②

东汉安帝元初元年（114 年），羌种号多数参与了叛乱，因此叛羌均受到了汉军打击"号多退走，还断垄道，与零昌通谋。侯霸、马贤将湟中吏人及降羌胡于枹罕击之，斩首二百余级"。③

东汉桓帝延熹二年（159 年），段颍"迁护羌校尉。会烧当、烧何、当煎、勒姐等八种羌寇陇西、金城塞，颍将兵及湟中义从羌万二千骑出湟谷，击破之"。④

东汉桓帝延熹四年（161 年）冬"上郡沈氏、陇西牢姐、乌吾诸种羌共寇并、凉二州，（护羌校尉）段颍将湟中义从讨之"。⑤

在汉朝统治的少数民族之中，既有短期归服之少数民族，也有相当长归义之少数民族。例如，湟中月氏胡对汉朝比较归顺，"号曰义从胡"⑥。在这些少数民族中有不少民族或民族中的种群与汉民族融合较深，有的少数民族和汉朝的政治、经济、文化已有比较密切的联系。为此，汉朝将这些归附少数民族称为"义从"之胡，其中显然存在一定的中国传统道德观念评价。汉朝往往利用这些归附少数民族整肃变乱羌人，这也是边疆法治管理过程中常

---

① 范晔. 后汉书［M］. 北京：中华书局，1965：2148，2151.
② 范晔. 后汉书［M］. 北京：中华书局，1965：2883.
③ 范晔. 后汉书［M］. 北京：中华书局，1965：2889.
④ 范晔. 后汉书［M］. 北京：中华书局，1965：2146.
⑤ 范晔. 后汉书［M］. 北京：中华书局，1965：2147.
⑥ 范晔. 后汉书［M］. 北京：中华书局，1965：2899.

有之事。在汉政府整肃社会治安秩序过程中，某些少数民族及其军队对维护汉朝边疆社会治安也做出了一定的历史贡献。

小结

综上考论，笔者认为，汉朝中央政府在羌区设置了行政管理机构、驻扎边防军队，并以此实行军政管理。从中央政府对地方管理的角度来看，汉朝执行社会治安军政管理应有其合理性。同时，羌区所发生的一系列羌乱也对当地羌汉人民的生命、财产造成了巨大的破坏。史载："往者羌虏背叛，始自凉并，……五州残破，六郡削迹，周回千里，野无孑遗，寇钞祸害，昼夜不止，百姓灭没，日月焦尽。"① 这反映了当时广大西北地区人民在羌区社会治安被破坏后遭受了巨大的人为灾难。因此，从边疆地区民众利益的角度来说，汉政府进一步加强社会治安管理有其必要性。

尽管汉朝中央政府为了巩固其在西北地区的统治基础和维护汉王朝在西北羌区的社会治安秩序，在西北羌区实施了一系列的军政社会治安管理措施，就社会治安管理而言，有其合理性和必要性，但"羌乱"终汉一朝始终没有得到根本的治理。究其原因，笔者认为，汉朝在西北羌区的社会治安政策和措施尚存有缺陷。

首先，民族平等的政策未得到真正、自始至终的贯彻。史载，东汉顺帝永和四年（139 年），"大将军梁商谓机等曰：'戎狄荒服，蛮夷要服，言其荒忽无常。而统领之道，亦无常法，临事制宜，略依其俗。今三君素性疾恶，欲分明黑白。……其务安羌胡，防其大故，忍其小'"。然而"机等天性虐刻，遂不能从。到州之日，多所扰发"②。实际上，汉朝在其他地方的统治也不同程度地存在此种情况③，"防其大故，忍其小过"的思想、因俗而治的民族政策，均未得到自始至终的一贯执行。

其次，汉朝政府在用人问题上也未必始终得当。史载，西汉宣帝时"诏举可护羌校尉者，时充国病，四府举辛武贤小弟汤。充国遽起奏：'汤使酒，不可典蛮夷。不如汤兄临众。'时汤已拜受节，有诏更用临众。后临众病免，

① 王符.潜夫论笺校正［M］.北京：中华书局，1985：150.
② 范晔.后汉书［M］.北京：中华书局，1965：2895.
③ 《后汉书》"超曰：'……宜荡佚简易，宽小过，总大纲而已。'超去后，尚私谓所亲曰：'我以班君当有奇策，今所言平平耳。'尚至数年，而西域反乱，以罪被征，如超所戒。"参见范晔.后汉书［M］.北京：中华书局，1965：1586.

五府复举汤，汤数醉酗羌人，羌人反畔，卒如充国之言"①；东汉顺帝永和六
年（141年），皇甫规曰："……夫羌戎溃叛，不由承平，皆由边将失于绥御。
乘常守安，则加侵暴。苟竞小利，则致大害，……酋豪泣血，惊惧生变。是
以安不能久，败则经年。"② 这说明汉朝边将如果不尽心绥御职责而却擅加侵
暴治域内羌民，即使羌人易制③，如此做法也会导致羌人难治的局面。由此可
见，社会治安的好坏是检验地方官员是否称职的重要尺度。

　　至此，笔者认为，由于汉朝时期的汉夷民族关系的时代性和当时统治阶
级的阶级局限性，决定了汉朝不可能很好地处理当时边疆少数民族的某些问
题。马克思主义经典作家说："人对人的剥削一消灭，民族对民族的剥削就会
随之消灭。民族内部的阶级对立一消失，民族之间的敌对关系就会随之消
失。"④ 所以在当时的情况下汉朝中央政府与所有降羌实行真正的民族平等政
策不可能做到，但必须指出的是，这倒进一步凸显了针对蛮夷施行教化之道
的重要性。同时，整个汉朝在羌区坚持不懈地进行军政社会治安管理，客观
上也有力地维护了多民族封建专制主义国家的统一。

　　最后笔者借用东汉王充的一段话结束本章论述。《论衡》："治国之道，所
养有二：一曰养德，二曰养力。养德者，养名高之人，以示能敬贤；养力者，
养气力之士，以明能用兵。此所谓文武张设，德力具足者也，事或可以德怀，
或可以力摧。外以德自立，内以力自备。慕德者不战而服，犯德者畏兵而
却。……夫德不可独任以治国，力不可直任以御敌也。韩子之术不养德，偃
王之操不任力。二者偏驳，各有不足。"⑤ 同样道理，就治理国家而言，伦理
道德和法律必须相辅相成，不可偏废德法之中的任何一方。

　　① 班固．汉书［M］．北京：中华书局，1962：2993．
　　② 范晔．后汉书［M］．北京：中华书局，1965：2129-2130．
　　③ 班固．汉书［M］．北京：中华书局，1962：2972．
　　④ 马克思，恩格斯．共产党宣言［M］//马克思，恩格斯．马克思恩格斯选集：第一卷．
　　　北京：人民出版社，1995：270．
　　⑤ 王充．论衡［M］．上海：上海古籍出版社，1990：98．

第七章

关于汉朝道德与法律关系的几个观点的再认识

序言

关于汉朝道德与法律的关系问题，汉代不同时期的一些思想家、政治家都曾为此做过不同角度或者不同深度的分析与阐述。经过汉初对秦朝速亡的反思，以及汉代社会跌宕起伏的长期历史发展过程的检验，汉代主流思想家逐渐得出，汉代道德与法律应该是一种在理论上并重，而在实践中并用的关系，即二者相辅相成、缺一不可。同时，道德与法律的这种相辅相成的关系也日益引起了汉代政治家的特别关注与重视。在此结论得出的漫长过程中，汉代道德与法律关系上的认识应该说经历了一系列的曲折与变化。对此，笔者认为，这不仅反映出汉代较为复杂的社会背景下许多鲜为人知的历史信息，而且也反映出汉代统治阶级对道德与法律两者关系认识水平的逐步提高，以及统治阶级上层在意识形态领域的日益成熟。从当代一些学者的相关研究来看，已经证明此论点不误。例如，有学者说："对于道德的重要性，《淮南子》是很重视的。从个人来说，它认为'势不若德尊，财不若义高'（《修务训》），在治理国家上，也不能放弃道德仁义。它总结历史经验说：'故乱国之君，务广其地而不务仁义，务高其位而不务道德，是释其所以存而造其所以亡也。'（《氾论训》）也就是说，国君的存亡，不在于地广位高，而在于是否施行仁义道德。这比法家那种只凭法、术、势，比道家那种返璞归真，都积极得多。在一定程度上肯定了人的主观能动作用。在有些篇章里，它把仁义与法制做了比较。'民无廉耻，不可治也；非修礼义，廉耻不立。民不知礼义，法弗能正也。非崇善废丑，不向礼义。无法不可以为治也。不知礼义，不可以行法。'又，'仁义者，治之本也……且法之生也，以辅仁义。今重法而弃义，是贵其冠履而忘其头足也。'（《泰族训》）他认为仁义是治之本，法制是辅。不知礼义不可以行法。'法能杀不孝者，而不能使人为孔、曾之行；法能刑窃盗者，而不能使人为伯夷之廉。'（《泰族训》）也就是说，法律只能治末，而不能治本。法律只能消极地防范，而道德才能发挥积极的鼓励作用，使人成为遵守制度的模范。这里虽然有些抬高了道德的作用，贬低

198

了法律的意义，可是关于道德和法律的特点及其起作用方式的论述，对后人还是很有启发的。"①

此外，朱贻庭还认为："编撰于西汉初年的儒家经典《礼记》一书，其中有些文章在总结秦朝灭亡的经验教训中，也论及了道德与法治的关系。认为'刑罚积而民怨背，礼义积而民和亲'；礼义犹如提防，提防坏之必有水灾，'以礼义为无用而废之必有乱患'。而秦只行刑罚而不用礼义，致使'祸几及身，子孙诛绝'（《大戴礼记·礼察》）。又《盛德》指出：德法者，'所以御民之嗜欲好恶以慎天法，以成德法也，刑法者，所以威不行德法者也'。认为刑法'不务塞其源'，只是治其表，而德法才是'御民之本'。用《礼察》的话来说，就是'礼者禁将然之前，法者禁于已然之后'。两者相较，应以德教为主，充分肯定了道德教化对于治民的作用。"② 总之，一些学者关于汉代伦理道德与法律关系的真知灼见为我们进一步理解道德与法律的关系提供了不少有益的参考。

汉代是中国历史上的一个重要阶段，也是中国伦理道德和法律建设史上的一个重要时期。中国传统道德的基本原则和规范——三纲五常，以及道德与法律并用并重的国策正式确立于汉代，并为此后历朝历代所继承。道德与法律相辅相成的治国思想是社会秩序稳定和社会全面发展的基本保证，也是中国历史上大一统的封建帝国长期存在的根本原因。作为一个朝代，汉朝历史绵延了四百余年的时间，伦理道德和法律的建设经历了曲折的发展过程。至于汉代道德与法律关系的认识过程也比较曲折，对此笔者试考察论述之。

第一节　关于汉高祖和陆贾在德与法关系上认识的考察

西汉王朝建立后，新兴的地主阶级认真总结了秦朝之所以失天下和汉朝之所以得天下的原因，并深刻吸取了秦帝国迅速灭亡的历史经验和教训。就道德与法律的关系而言，汉高祖刘邦和太中大夫陆贾分别阐述过一些有关秦亡汉兴的真知灼见，这些言论反映了秦末汉初统治阶级在经历重大历史转折时关于道德与法律关系方面的一些认识，因此都比较深刻，而且也具有相当

---

① 　陈瑛，温克勤，唐凯麟，等．中国伦理思想史［M］．贵阳：贵州人民出版社，1985：242.
② 　朱贻庭．中国传统伦理思想史［M］．上海：华东师范大学出版社，2003：198.

大的代表性。

在总结秦王朝法律制度方面的错误时，西汉高祖时期身为太中大夫的陆贾在其著作《新语·无为》中总结道："秦非不欲为治，然而失之者，乃举措暴众而用刑太极故也。"显然思想家陆贾从政治伦理角度，也就是从道义上对秦王朝的暴政给予了谴责。而汉高祖刘邦率军队刚进入关中时也不无感慨地说："父老苦秦苛法久矣。"① 由此观之，汉高祖刘邦最初对于秦王朝的苛法持十分痛斥的态度，但这只不过是表面现象，实际上刘邦还是极为赞同法治主义路线而鄙视儒家以德治为中心的仁政思想。史载：

> 骑士曰："沛公不好儒，诸客冠儒冠来者，沛公辄解其冠，溲溺其中。与人言，常大骂。"

又，

> 陆生时时前说称《诗》《书》。高帝骂之曰："乃公居马上而得之，安事《诗》《书》!"②

此一时而彼一时，后来高祖刘邦在其统治思想上还是发生了一些变化，在这个过程中思想家陆贾起到了很大的作用。史载：陆贾"粗述存亡之征，凡著十二篇。每奏一篇，高帝未尝不称善，左右呼万岁，号其书曰'新语'"。也就是说，西汉初年高祖刘邦的统治思想坚决排斥以德治为主的儒家思想，不过由于陆贾循循善诱地反复劝谏，刘邦的统治思想才最终逐渐发生了一些转变。但是，汉初刘邦强化法治的思想和路线依然是其主体统治思想。史载：

> 天下既定，命萧何次律令，韩信申军法，张苍定章程，叔孙通制礼仪，陆贾造《新语》。③

不仅如此，西汉统治阶级又因为"四夷未附，兵革未息，三章之法不足

---

① 班固．汉书［M］．北京：中华书局，1962：23.

② 司马迁．史记［M］．北京：中华书局，1982：2692+2699.

③ 班固．汉书［M］．北京：中华书局，1962：81.

以御奸，于是相国萧何捃摭秦法，取其宜于时者，作律九章"①。由此可见，最初刘邦在关中宣布的所谓"约法三章"② 确实是一种为了争取民心的权宜之策而已。随着汉王朝的确立与发展，也是为了适应新形势的需要，作为国家刑法典的汉律内容在秦律基础上又有了增加，即在《盗》《贼》《囚》《捕》《杂》《具》六篇之外，又新增《兴》《厩》《户》三篇③。

也就是说，汉高祖刘邦为了重建和进一步巩固汉王朝的统治秩序，同时也为了彻底铲除异己势力进而巩固至高无上的皇权，逐步强化了汉王朝法律制度的建设，法治主义思想路线因此得到了进一步的贯彻执行。然而，汉初新兴的地主阶级也面临着一系列严峻的社会问题。史载："汉兴，接秦之敝，诸侯并起，民失作业，而大饥馑。凡米石五千，人相食，死者过半。高祖乃令民得卖子，就食蜀汉。天下既定，民亡盖臧，自天子不能具醇驷，而将相或乘牛车。"④ 鉴于此，统治阶级也不得不采取与民休息的政策，即"上于是约法省禁，轻田租，什五而税一，量吏禄，度官用，以赋于民"⑤。

由此观之，汉初高祖刘邦主要施行的是崇尚酷法重刑的法治主义思想路线，同时也在一定程度上接受并融合了道家所谓的"无为而治"和儒家以德治为核心的仁政思想路线。抛开道家"无为而治"的思想，仅就汉初高祖刘邦执政时期道德与法律的关系而言，无论在理论上的重视程度，还是在实践中的应用情况，显而易见前者仅仅处于附属地位，而后者显然处于强势的支配地位。

与此同时，为了巩固新生的封建政权，汉初新兴地主阶级的思想家陆贾积极而深刻地总结了秦亡的历史经验教训。身为太中大夫陆贾著《新语》一书并借此宣扬自己的治国理想。《新语》一书对汉初的制度建设有很大影响，陆贾在书中所阐述的有关内容不仅包括总结秦亡的历史经验，还对汉初的政治指导思想进行了深刻的论述。这其中就有关于道德与法律关系方面的经典论述，我们从中可以进一步领略二者之间的这种主次关系。史载："鸟兽草木，尚欲各得其所，纲之以法，纪之以数，而况人乎。"（《明诫》）从中可

① 班固. 汉书 [M]. 北京：中华书局，1962：1096.
② 史载，"与父老约，法三章耳：杀人者死，伤人及盗抵罪。余悉除去秦法。"参见班固. 汉书 [M]. 北京：中华书局，1962：23.
③ 史载："汉承秦制，萧何定律，除参夷连坐之罪，增部主见知之条，益事律《兴》《厩》《户》三篇，合为九篇。"参见房玄龄等. 晋书 [M]. 北京：中华书局，1974：922.
④ 班固. 汉书 [M]. 北京：中华书局，1962：1127.
⑤ 班固. 汉书 [M]. 北京：中华书局，1962：1127.

以看出，陆贾作为一个新兴地主阶级的思想家，同样也崇尚法治主义思想。他指出人际关系需要"纲纪"作为准则，而社会秩序则需要"法数"来维护。但是，陆贾在总结秦亡的历史经验教训时，着重指出了巩固政权仅仅依靠武力和刑法是根本办不到的。他鲜明地指出："马上得之，宁可以马上治乎？且汤武逆取而以顺守之，文武并用，长久之术也。"① 也就是说，汉王朝应该在"逆取"政权之后施行"顺守"的政治指导思想，文武并用，从而才能实现社会的长治久安。

陆贾作为一个时代感非常鲜明的地主阶级思想家，他的治国思想非常丰富而且深邃。在此认识基础上，他对道德与法律关系的认识尚有不少真知灼见。《新语》载："怀德者众归之，恃刑者民畏之。归之则充其侧，畏之则去其域。故设刑者不厌轻，为德者不厌重，行罚者不患薄，布赏者不患厚。"（《至德》）在这里陆贾进一步强调完全凭借刑法巩固政权的不足和缺失之处，也再次强调了德治思想和德治实践的可取之处。他进而指出"德盛者威广""德布则功兴"（《道基》）。就打天下而言，常言道"得民心者得天下"，说的就是一个民心向背问题，其实巩固政权的道理也是如此。巩固政权的根本办法也在于得民心，而想要得到民众的拥护就必须进行"布德"之举措。

总的来说，陆贾的治国思想不仅重视法治，也重视德治。史载："民畏其威而从其化，怀其德而归其境，美其治而不敢违其政。"法律的威慑作用与道德的感化作用二者缺一不可，但同时也体现出道德教化具有前提性和根本性的特点。陆贾所谓"法令者，所以诛恶，非所以劝善"，说的就是道德教化才是治国之根本措施，而"法治"只能建立在"德治"这个前提基础之上。否则，就会出现《新语》中所说的秦朝末年那种"虐行则怨积"的严重社会局面。有学者因此认为，实际上这就是所谓的"德主刑辅"思想②。换言之，可以说这种思想体现了以道德教化为主体，法律约束为辅助的社会管理形态。当然，思想家陆贾除此之外还主张"无为而治"的黄老道家思想③，即所谓"道莫大于无为，行莫大于谨敬"。因此，汉初的统治思想实际上是法、道、儒思想并存，但三者却不是并列关系。按孔庆明先生的说法，汉初执行的是

① 班固. 汉书 [M]. 北京：中华书局，1962：2113.
② 孔庆明. 秦汉法律史 [M]. 西安：陕西人民出版社，1992：172.
③ 朱贻庭先生认为："黄老之学，或曰黄老之术，是借黄帝之名，取老子之学，兼采各家的一种综合性学术思想，其术主守道任法，无为而治。"参见朱贻庭. 中国传统伦理思想史 [M]. 上海：华东师范大学出版社，2003：199.

一条法道结合的法治思想，而陆贾极力提倡的儒家"德治"思想也只不过作为是"无为而治"的"具体形式和手段"① 而已。之所以出现这种情况，和当时严峻的政治形势有关。正如有学者所说："在西汉初期，'黎民得离战国之苦，君臣俱欲休息于无为'（《史记·吕后本纪》），统治者所推崇的是适应于'与民休息'（《汉书·循吏传》）国策的黄老之学，儒家思想并没有马上取得'独尊'的地位。甚至不时遭到'好黄帝老子言'的当权者的压抑和打击，直到汉武帝时期，才出现了儒学取代'黄老'而定于一尊的客观形势。"②

为此，笔者认为，真正思想家的治国理想往往比较深邃，汉初的陆贾就是这样一位思想家。他不仅主张法治主义思想，也主张儒家的德治主义思想，还主张道家"无为而治"的思想。从纯理论上来讲，陆贾坚决主张的"德主刑辅"的治国思想才是巩固政权的正确指导方针。而从当时面临的严峻社会现实来看，陆贾在指出实行法治路线的必要性的同时，又着重地强调了道家的"无为而治"思想也是正确的治国理政之道。而作为一个优秀的政治家，其治国思想一定是针对国家的形势进行的比较准确的判断，对当前与将来的政策均有所考量。汉高祖刘邦可以说就是这样一位历史实用主义者，他立足于当前的局势，同时又放眼未来，因此折中执行了一条具有鲜明"无为而治"思想内容的法治主义路线，同时又于实践过程中让"德治"主义的民本思想向人民释放出新兴地主阶级应有的、具有鲜明时代特征的善意与仁慈。

第二节　关于汉文帝与贾谊在德与法关系上认识的考察

汉朝初年在经历了高祖、惠帝和吕后执政之后，代王刘恒即皇帝位，也就是西汉历史上比较有名的帝王——汉文帝。汉初以来"无为而治"的思想在社会舆论的呼唤和倡导下、在国家积贫积弱的大背景下逐渐成为时代的思潮，③ 因此汉文帝在深入吸取秦朝灭亡历史教训后实行的是一条法家、道家思想相结合的路线。不过，汉文帝虽然始终坚持以法治国，但在具体施政过程中他却更加致力于落实"约法省刑"和"无为而治"，而且确确实实地将

---

① 孔庆明. 秦汉法律史［M］. 西安：陕西人民出版社，1992：173.
② 朱贻庭. 中国传统伦理思想史［M］. 上海：华东师范大学出版社，2003：198-199.
③ 司马迁说："孝惠皇帝、高后之时，黎民得离战国之苦，君臣具欲休息乎无为。"参见司马迁. 史记［M］. 北京：中华书局，1982：412.

"黄老思想"之风化作了时代期盼的雨露，也让汉代民众得以尽享封建社会少有的"文景之治"之下的安居与乐业。① 在汉文帝执政期间，文帝本人和文帝时期年轻有为的政治家贾谊同样也面对过道德与法律的关系问题。在此笔者首先以相关史实来考察汉文帝执政期间对道德与法律关系的看法。史载：汉文帝元年（前179年），"封将军薄昭为轵侯。"② 而"十年冬，行幸甘泉。将军薄昭死。"③ 不过，《史记·孝文本纪》对薄昭的显达和死难却无记载。关于薄昭之死，《汉书》"轵侯薄昭条"载：汉文帝"元年正月乙巳封，十年，坐杀使者，自杀。帝临，为置后"④。至于更详细的情况，后来《资治通鉴·汉纪》又有所记载，"十年冬，上行幸甘泉。将军薄昭杀汉使者。帝不忍加诛，使公卿从之饮酒。欲令自引分，昭不肯；使群臣丧服往哭之，乃自杀"。显然，薄昭虽贵为国舅，但是他犯下的却是杀头之罪，汉文帝虽不忍心加诛，但最终还是以委婉的方式赐死了其舅薄昭。也就是说，法律是保证社稷而存天下的，贵贱亲疏以法公断，同时伦理道德问题也确实难以回避，于是在孰轻孰重而需要决断时，最终的结果是国家利益高于一切，充满理性主义的法律战胜了带着情感主义的伦理道德，因为这一切都是由封建统治阶级的最高意志和根本利益所决定的。

　　贾谊是汉文帝时期著名的思想家和政治家⑤。他的思想对汉文帝和当时社会均产生了较大的影响。贾谊十分强调儒家的仁政礼治思想，高度重视伦理道德建设，并全面地论证了它的重要性⑥，当然贾谊也没有忽视法治思想，也提倡黄老之学。他想以儒家的"礼治"为基础，配之以法治，行之于无为。

---

① 司马迁曰："文帝时，会天下新去汤火，人民乐业，因其欲然，能不扰乱，故百姓遂安。"参见司马迁．史记［M］．北京：中华书局，1982：1243. 班固曰："汉兴，扫除烦苛，与民休息。至于孝文，加之以恭俭，孝景遵业，五六十载之间，至于移风易俗，黎民醇厚。"参见班固．汉书［M］．北京：中华书局，1962：153. 汉文帝继续减轻百姓兵役和杂役负担，以致"丁男三年而一事"。参见班固．汉书［M］．北京：中华书局，1962：2832. 租税从汉初的"什伍而税一"降到"三十而税一"。参见班固．汉书［M］．北京：中华书局，1962：1127，1135.

② 班固．汉书［M］．北京：中华书局，1962：111.

③ 班固．汉书［M］．北京：中华书局，1962：123.

④ 班固．汉书［M］．北京：中华书局，1962：683.

⑤ 史载："文帝悦之，超迁，岁中至太中大夫。"参见班固．汉书［M］．北京：中华书局，1962：2221.

⑥ 张锡勤等学者曾对此进行过四个方面的深刻总结。参见张锡勤等．中国伦理思想通史［M］．哈尔滨：黑龙江教育出版社，1992：259.

他说:"夫仁义恩厚,人主之芒刃也;权势法制,人主之斤斧也。"① 同时,他还在《新书》中提出"明主者,南面而正,清虚而静""命物自定"以求"各得其所"(《道术》)。他认为,实现清静无为的根本途径就是用仁义礼法这些"制物之术",这样就可以变"无为"为"有为"。贾谊从历史和现实两方面全面论述了汉家建立封建礼义经制的重要性。指出:"秦王置天下于法令刑罚,德泽无一有",以致出现"君臣乖乱,六亲殃戮,奸人并起,万民离叛"的局面。至于汉初败坏的社会风气,贾谊认为这是秦朝不重礼仪的结果,以致"遗风余俗,犹尚未改"。他在《新书·礼》中进一步指出:"礼者,所以固国家,定社稷,使君无失其民者也。主主臣臣,礼之正也;威德在君,礼之分也;尊卑大小,强弱有位,礼之数也。"又,"故礼者,所以守尊卑之经、强弱之称者也"。又,"君仁臣忠,父慈子孝,兄爱弟敬,夫和妻柔,姑慈妇听,礼之至也"。意思就是说,礼就是封建名分等级制度以及与之相应的道德观念,或者可以理解为"仁义道德以礼为形式,礼又以仁义道德为内容,二者相互渗透,相互依赖,密不可分"②。最后贾谊总结道:"夫礼者禁于将然之前,而法者禁于已然之后。"而且还谈道:"以礼义治之者,积礼义;以刑罚治之者,积刑罚。刑罚积而民怨背,礼义积而民和亲。故世主欲民之善同,而所以使民善者或异。或道之以德教,或驱之以法令。道之以德教者,德教洽而民气乐;驱之以法令者,法令极而民风哀。哀乐之感,祸福之应也。"③ 最后他在《新书》中坚信"谨守伦纪,则乱无由生"(《服疑》)的永恒道理。

贾谊以儒术为核心力图实现儒家、法家、道家思想的结合,但是最后却没有被以汉文帝为代表的统治阶级所接受。不过,"贾谊对道德建设和道德教育的论述,是对儒家思想的继承和发挥,具有一定的理论价值,对于当时的生产力发展和社会秩序的稳定具有重要意义"④。而且,贾谊的思想代表了汉朝历史发展的必然趋势,他的一生也正是以"建久安之势,成长治之业"⑤的政治理想和追求为社会发展目标的。随着西汉社会历史条件的成熟,思想家董仲舒最后实现了这个历史的重大转变。对此,学术界也不乏经典论述。

① 班固.汉书[M].北京:中华书局,1962:2236.
② 张锡勤,等.中国伦理思想通史[M].哈尔滨:黑龙江教育出版社,1992:265.
③ 班固.汉书[M].北京:中华书局,1962:2253.
④ 张锡勤等学者曾对此进行过四个方面的总结。参见张锡勤等.中国伦理思想通史[M].哈尔滨:黑龙江教育出版社,1992:260.
⑤ 班固.汉书[M].北京:中华书局,1962:2231.

朱贻庭先生说："陆贾、贾谊等汉初思想家对秦亡教训的总结，体现了新兴地主阶级对自身统治经验的深刻反思，表明汉初封建统治者已经从秦亡的历史教训中认识到先秦儒家思想对于治国牧民的特殊价值。不过，这并不意味着要抛弃法家的法治学说，他们所否定的只是包含法治学说中的'不务德而务法'的片面性，从而在治国道路上形成了'文武并用'的新概念，用汉宣帝的话来说，就叫'霸王道杂之'（《汉书·元帝纪》）。这不仅是'汉家自有'的'制度'，也是以后封建统治者用以统治农民的基本策略。然而在形式上公开打出的则是'王道''仁政'的儒家旗号。"①

第三节　汉武帝"独尊儒术"与董仲舒"德主刑辅"思想认识

董仲舒在西汉景帝时期立为博士，于是开始招收弟子讲学，② 他被后世学界公认为汉代的大儒。汉武帝时期举行贤良文学之士以对策，董仲舒以"天人三策"相对，实际上就是董仲舒所提出的"重教化""行德治""树立君主绝对权威"三篇"对策"③。在这里董仲舒为巩固封建制度提出了鲜明的指导思想和政治法律主张，为此受到了汉武帝的欣赏和重视。

董仲舒在与汉武帝的"对策"过程中直接提出了历史上著名的"独尊儒术，罢黜百家"的政治主张。④ 就是要把儒家的《易》《诗》《书》《礼》《乐》《春秋》六经，作为治理国家的指导思想，在这种思想的指导下建立礼法制度。正如有的学者所说："综观董仲舒的著作，他是以儒家的思想为指导，把法、道两家思想纳入儒家的思想体系；或者说，他接受法治和无为，但必须在儒家思想的指导下，实现儒、法、道的合流，实现礼、法的合体。"⑤ 而以儒家思想为指导，在法制上就必须实行"德主刑辅"的思想路线，即董仲舒所说："前德而后刑""刑者德之辅""尊德而卑刑"⑥。继而，董仲舒对施行"德主刑辅"思想的必要性和可行性进行了严密的论述。史载：

① 朱贻庭. 中国传统伦理思想史 ［M］. 上海：华东师范大学出版社，2003：198-199.
② 班固. 汉书 ［M］. 北京：中华书局，1962：2495.
③ 班固. 汉书 ［M］. 北京：中华书局，1962：2498-2523.
④ 班固. 汉书 ［M］. 北京：中华书局，1962：2523.
⑤ 孔庆明. 秦汉法律史 ［M］. 西安：陕西人民出版社，1992：190.
⑥ 董仲舒. 春秋繁露 ［M］. 上海：上海古籍出版社，1989：68+69+72.

臣闻圣王之治天下也，少则习之学，长则材诸位，爵禄以养其德，刑罚以威其恶，故民晓于礼谊而耻犯其上。武王行大谊，平残贼，周公作礼乐以文之，至于成康之隆，囹圄空虚四十余年，此亦教化之渐而仁谊之流，非独伤肌肤之效也。至秦则不然。师申商之法，行韩非之说，憎帝王之道，以贪狼为俗，非有文德以教训于下也。诛名而不察实，为善者不必免，而犯恶者未必刑也。是以百官皆饰虚辞而不顾实，外有事君之礼，内有背上之心；造伪饰诈，趣利无耻；又好用憯酷之吏，赋敛亡度，竭民财力，百姓散亡，不得从耕织之业，群盗并起。是以刑者甚众，死者相望，而奸不息，俗化使然也。故孔子曰"导之以政，齐之以刑，民免而无耻"，此之谓也。①

董仲舒从正反两方面对"德主刑辅"思想进行了深刻的论述，强调了"德主刑辅"指导思想的积极社会意义，也间接地指出了"德主刑辅"思想应该是最高统治者施政纲领的主要参考。最后董仲舒总结说："故以德为国者，甘于饴蜜，固于胶漆，是以圣贤勉而崇本，而不敢失也。"② 这应该就是所谓"德主刑辅"思想的最终之意，其实质"就是采取一种缓和冲突的方式，巩固封建剥削制度和封建统治秩序"③。

此外，董仲舒提出以《春秋》大义决断狱讼。就是用《春秋》经义作为衡量罪与非罪、重罪与轻罪的依据。在西汉统治集团坚持实行法治主义的情况下，董仲舒采取巧妙的手法，把儒家经义引进法律，使儒家经义成为立法和司法的指导原则，使《春秋》经义同法律一样具有了法律效力。董仲舒的做法，既保留了原来的法制，又为法制确立了新的道义基础和指导原则。董仲舒的目的是要把儒家经义引进法律体系，实现礼、法的重新统一。所以当后来西汉和东汉的统治者把"礼"纳入法律体系之后，"春秋决狱"就完成了它的历史使命。于是儒家的"礼治"思想与法家的"法治"思想就巧妙地结合了起来。封建的伦理道德和礼治便成了汉代法律的灵魂。"春秋决狱"使断案判刑更重于"情理"，给刑罚的具体使用增添了许多伦理性色彩。这种"情理"看起来是比法律规定更加宽平，但它更深入地体现了封建伦理道德，

---

① 班固. 汉书［M］. 北京：中华书局，1962：2510-2511.

② 董仲舒. 春秋繁露［M］. 上海：上海古籍出版社，1989：38.

③ 孔庆明. 秦汉法律史［M］. 西安：陕西人民出版社，1992：192.

使礼与法有机地统一起来。总之，"春秋决狱"从原则上和灵活性两方面都使法律更好地体现了统治阶级的意志。在汉武帝时期思想家董仲舒提出的"德主刑辅"思想和"春秋决狱"都产生了极大的社会影响，但这是不是说"德主刑辅"思想从此在汉代确立了呢？这有待于下面对相关内容做进一步考察。

第四节　汉昭帝时期盐铁会议上礼法之争的再认识

汉昭帝始元六年（前81年）贤良文学与御史大夫桑弘羊等针对盐铁官营、均输、平准等政策展开了辩论。会上贤良文学一方对西汉王朝的现行政策进行了全面的批评，会后西汉桓宽根据会议记录编著成《盐铁论》一书。

《盐铁论》记载大夫曰："令者所以教民也，法者所以督奸也。令严而民刻肌肤而民不逾矩。"是说加强法律建设在"教民禁奸"方面的实际作用。而文学则对曰："道德众，人不知所由；法令众，民不知所辟。故王者之制法，昭乎如日月，故民不迷；旷乎若大路，故民不惑。……昔秦法繁于秋荼，而网密于凝脂，然而上下相遁，奸伪萌生，有司治之，若救烂扑焦，而不能禁；非网疏而罪漏，礼义废而刑罚任也。方今律令百有余篇，文章繁，罪名重，郡国用之疑惑，或浅或深，自吏明习者，不知所处，而况愚民乎！……故治民之道，务笃其教而已。"① 即使法律再严密，也不能杜绝违法犯罪行为，进而指出"治民"重在伦理道德的"教化"。从这场关于"德与法关系问题"的辩论内容判断，西汉政权的文景、武昭各朝统治集团始终在继续坚持法治主义路线。不过从中也可以看出，贾谊、董仲舒和贤良文学之士一直极力宣扬的儒家伦理道德和礼治思想已经形成了强大的社会舆论，其思想影响显然已经深入人心。从辩论中还可以看出，儒家和法家都明确主张运用法律，都承认法律具有镇压人民群众和约束内部的实际作用。

除此之外，《盐铁论》记载大夫曰："文学言王者立法，旷若大路。今驰道不小也，而民公犯之，以其罚罪之轻也。千仞之高，人不轻凌，千钧之重，人不轻举。商君刑弃灰于道，而秦民治。"意思是说，只有轻罪重罚才能达到处罚的效果，从而时刻警示人们不可轻易犯法。而文学则曰："今驰道经营陵陆，纡周天下，是以万里为民阱也。……人主立法而民犯之，亦可以为逆而轻主约乎？深之可以死，轻之可以免，非法禁之意也。法者缘人情而制，非

---

① 桓宽．盐铁论［M］．上海：上海人民出版社，1974：113-114.

设罪以陷人也。故春秋之治狱，论心定罪。志善而违于法者免，志恶而合于法者诛。"① 意思是说，制定法律的本意并不是为了处罚人民，因此主张"论心定罪"，其主旨在于强调积极实行封建伦理道德教化。这场辩论表明，一方面法治不能放弃，只能更加严密，这完全符合汉初以来的实际；另一方面以伦理道德为内容的礼治已经被逐步接受，它将成为汉代法制建设的指导原则和重要内容，汉代道德与法律从而在一个新的高度上实现了结合。

第五节 东汉时期在礼法合体进程中德与法的关系问题

在法律思想和法律制度上，西汉王朝经过道、法结合的法治路线，逐步走上儒、法、道相结合的礼、法合体的法律体制。东汉王朝建立后，全盘接受了这个法律体制，进一步推进了礼、法合体的过程。在此期间，东汉的许多地主阶级政治家和思想家结合东汉王朝的法律实践，又进一步总结历史经验，对西汉以来法律制度的变革进行评判，形成了全力推崇儒、法结合的法律思想，并影响着东汉的法律实践。在东汉推进礼、法合体的代表人物有桓谭、王充、班固、王符、荀悦等。笔者在此逐次予以论述。

（一）桓谭是两汉之际的唯物主义思想家，他在刘秀称帝之后被召为议郎给事中，著有《新论》一书。桓谭在此书中明确指出："唯王霸二盛之义，以定古今之理焉。"② 桓谭认为，所谓的"王道之治"即"先除人害，而足其衣食，然后教以礼义，而威以刑诛，使知好恶去就，是故大化四凑，天下安乐，此王者之术。"而所谓的"霸道"即是"尊君卑臣，权统由一，政不二门，赏罚必信，法令著明，百官修理，威令必行，此霸者之术"③。在《新论·王霸》篇的最后，桓谭总结道："王道纯粹，其德如彼；霸道驳杂，其功如此；俱有天下，而君万民，垂统子孙，其实一也。"④ 据此可知，"王道"执行的应该是儒家主张的礼治思想路线，而"霸道"执行的应该是法家主张的法治思想路线。

此外，思想家桓谭还认为："盖善政者，视俗而施教，察失而立防，威德

---

① 桓宽. 盐铁论［M］. 上海：上海人民出版社，1974：114-115.

② 桓谭. 新论［M］. 上海：上海人民出版社，1977：2.

③ 桓谭. 新论［M］. 上海：上海人民出版社，1977：2.

④ 桓谭. 新论［M］. 上海：上海人民出版社，1977：2.

更兴，文武迭用，然后政调于时，而躁人可定。"① 也就是说，治国施政应该需要德治、法治并用，而且要视具体情况而定，做到具体问题具体分析。桓谭还曾建议光武帝应当"申明旧令"②，以加强法律制度建设。总之，在桓谭的思想中既强调了法治建设，也提出了伦理道德不可偏废的思想，希望实现二者相结合并统一于治国理政之中。

（二）王充是东汉前期的唯物主义思想家。他明确提出，"礼"是社会法则的体现，是治国的根本思想。他认为："国之所以存者，礼义也。民无礼义，倾国危主。"（《论衡·非韩》）只有重礼爱义，人民方可为善，爱其君上，避免衰乱。在王充的思想中，礼的作用侧重于"勉其前"，通过礼义教育使人性向善，防患于未然。他批判韩非不明白治国任德的重要，只知道"任刑独以治世""专意于刑"。其结果招致"多伤害之操，则交党疏绝，耻辱至身"（《论衡·非韩》）的结局。所以说，治国完全不可废德弃义，即使治理衰乱之世也不能不要德、礼，在此桓谭也再次强调了儒家重视伦理道德教化的传统思想。

王充之所以把礼或德政看得如此重要，有其理论上的根据，这就是他的人性论。他说："情性者，人治之本，礼乐所由生也。故原情性之极，礼为之防，乐为之节。"（《论衡·本性》）又说："性有卑谦辞让，故制礼以适其宜；情有好恶喜怒哀乐，故作乐以通其敬。礼所以制，乐所以作者，情与性也。"（《论衡·本性》）在王充看来，治国之所以需要礼制，乃是人的性情的需要。王充把封建礼仪说成了普遍的自然法则，这是由他地主阶级的立场决定的。

王充在强调伦理道德、礼义作用的同时，也充分肯定了法律的作用。他认为礼是"本"，法是"末"，即所谓"学校勉其前，法禁防其后"（《论衡·率性》）。法是处理具体社会问题的最后手段，通过惩罚，以儆效尤。他说自古以来礼、律就密不可分，有多少礼的规定，也就有相应的刑的条款，礼与法互为表里、相辅相成，即"古礼三百，威仪三千，刑亦正刑三百，科条三千。出于礼，入于刑，礼之所去，刑之所取，故其多少同一数也"（《论衡·谢短》）。也就是说，凡是礼所禁止的，也是法所不允许的，违礼就用刑来制裁。按照王充的这种观点，礼与法完全合为一体了。所以礼、法不可分割。只有礼没有法也不行，所谓"夫德不可独任以治国"（《论衡·非韩》），必

① 范晔. 后汉书［M］. 北京：中华书局，1965：957.
② 范晔. 后汉书［M］. 北京：中华书局，1965：958.

须有法以辅之，即所谓"德主刑辅"或礼法结合。

（三）班固在东汉前期章帝时曾任兰台令史，修《汉书》。他在所撰《白虎通德论》中说："圣人治天下必有刑罚何？所以佐德助治，顺天之度也；故悬爵赏者，示有劝也；设刑罚者，明有所惧也。"① 班固在此不仅强调了儒家的德治思想，同时也指出了法治的重要意义。另外，班固在《汉书》中针对社会世风日下的局面指出："法令者，治之具，而非制治清浊之源也。"② 同时，班固还对当时东汉王朝法网严密和酷法滥刑的情况进行了批判。他在《汉书》中指出："原狱刑所以蕃若此者，礼教不立，刑法不明，民多贫穷，豪杰务私，奸不辄得，狱豻不平之所致也。"③ 由此可以看出，班固也极力主张在统治阶级内部和整个社会加强伦理道德、礼义和法治的建设。

（四）王符是东汉中期的思想家，他在其著作《潜夫论》中非常强调伦理道德建设。王符说："人君之治，莫大于道，莫盛于德，莫美于教，莫神于化。"对待人民，他说应该"顺其心而理其行。心精苟正，则奸匿无所生，邪意无所载矣"，又"是故，上圣不务治民事，而务治民心"，又"务厚其情，而明则务义，民亲爱则无相害伤之意，动思义则无奸邪之心。夫若此者，非法律之所使也，非威刑之所强也，此乃教化之所至也"，又"圣人甚尊德礼而卑刑罚"。（《德化》）王符在《潜夫论》中同时还强调了法律的重要性。他在《潜夫论》中指出："夫法令者，君之所以用其国也"，又"夫法令者，人君之衔辔棰策也，而民者，君之舆马也"。他还批判了一种片面观点，即"议者必将以为刑杀当不用，而德化可独任"，认为"此非变通者之论也，非叔世者之言也"（《衰制》）。他强调指出："法者，君之命也。"又指出"法令行则国治，法令弛则国乱"（《述赦》）。他还认为，刑罚的目的在于"劝善""塞源"，而不是滥施刑杀，即所谓刑法"自非杀伤盗臧，文罪之法，轻重无常，各随时宜，要取足用劝善消恶而已"。又言："夫制法之意，若为藩篱沟堑，以有防矣"。（《断讼》）王符的这些观点从礼、法两个方面都加深了对问题的认识，表明了地主阶级要借此二者努力巩固自己阶级统治的基本立场。

（五）荀悦在东汉末年汉献帝时曾任黄门侍郎和秘书监。他在所著《申鉴》中说："君子以情用，小人以刑用；荣辱者，赏罚之精华也；故礼教荣辱以加君子，化其情也；桎梏鞭朴以加小人，治其刑也；君子不犯辱，况于刑

---

① 班固. 白虎通德论［M］. 上海：上海古籍出版社，1990：68.
② 班固. 汉书［M］. 北京：中华书局，1962：3645.
③ 班固. 汉书［M］. 北京：中华书局，1962：1109.

乎？小人不忌刑，况于辱乎？若夫中人之伦，则刑礼兼焉。教化之废，推中人而坠于小人之域；教化之行，引中人而纳于君子之涂，是谓章化。"他也从人性上立论，从人有君子、小人、中人之性的观点出发，确认必须礼、法兼用，并且还要"唯慎庶狱，以昭人情"（《政体》）。他在《申鉴》中又说道："德刑并用，常典也。"又"教化之隆，莫不兴行，然后责备；刑法之定，莫不避罪，然后求密。未可以备，谓之虚教；未可以密，谓之峻刑；虚教伤化，峻刑害民，君子弗由也。设必违之教，不量民力之未能，是招民于恶也，故谓伤化。设必犯之法，不度民情之不堪，是陷民于罪也，故谓之害民。"（《时事》）中性之人占多数，礼义教化可以决定中性之人的善恶，所以礼义教化非常重要。因为有小人之性，所以刑法也是必备。总之，必须礼、法结合，法律本身也要稳定①，做到严而不乱。

综上所述，总结汉朝德与法的关系，其一，西汉初期法治主义占绝对优势，之后以法家为主辅之以道、儒思想。随着汉代统治阶级对"以孝治天下"的不断倡导，《孝经》一书的出现表明了儒家"以德治国"思想的影响在不断扩大。正如学者所说："（汉初）随着封建社会一家一户个体自然经济的巩固和发展，宗法等级制度在每个家庭中也进一步确立，孝的道德观念成为社会最重要的道德规范，宣扬封建孝德《孝经》的出现，正是适应了这一社会需求。"② 东汉时期，法、儒之间进一步融合。在理论界基本主张"德主刑辅"的思想，或者并重并用。但是，在实践中，儒法思想日益融合、渗透，成为统治阶级的指导思想。其二，王充提出的乱世用重典而废弃道德，这是不对的，此理论值得重视。随着汉代不同时期的思想家对于道德与法律关系不断进行探讨，关于二者关系的认识也日益接近和统一，这不仅标志着汉代思想家认识水平的逐步提高，也标志着德、法二者的辩证关系

---

① 汉代所谓的"大赦"就曾在相当程度上造成汉代法制和社会秩序的混乱，故时人对此多有评论。东汉政论家王符曾说："今日贼良民之甚者，莫大于数赦；赦赎数，则恶人昌而善人伤矣。"（王符：《潜夫论·述赦》）东汉政论家崔寔在《政论》中也曾指出："大赦之造，乃圣王受命而兴，讨乱除残，诛其鲸鲵，赦其臣民，渐染化者耳……顷间以来，岁且一赦，百姓忸忕，轻为奸非，每迫春节，徼幸之会，犯恶尤多，近前年一期之中，大小四赦，谚曰：'一岁再赦，奴儿喑恶。'况不轨之民，孰不肆意！遂以赦为常俗，初期望之，过期不至，亡命蓄积，群辈屯聚，为朝廷忧，如是则劫，不得不赦，赦以趣奸，奸以趣赦，转相驱蹴，两不得息，虽日赦之，乱甫繁耳……"（崔寔：《政论》）

② 陈瑛，温克勤，唐凯麟，等 . 中国伦理思想史［M］. 贵阳：贵州人民出版社，1985：217.

作为汉代观念文化①的重要内容已经日臻成熟。

本部分总结

汉朝道德与法律的关系研究是关于汉朝哲学政治伦理学的重要研究内容之一。对于一个时代或者一个朝代来说，道德与法律的关系问题关乎国运的兴与衰。小而言之，它涉及汉代基层社会秩序是否稳定与安宁；大而言之，它也能深刻影响到汉代的统治基础稳固与否。从汉朝建立开始，关于道德与法律的关系问题的讨论一直就没有停止过，甚至社会发展到今天，这个问题依然还是一个常谈常新的话题。在汉朝历史上，每当社会处于重大变革或者社会出现动荡时，封建统治阶级都十分重视关于国家发展方面的政治指导思想，道德与法律的关系问题就是其中之一。因为政治指导思想在很大程度上决定着具体政策和措施的走向，故此不容忽视。西汉初年的"文景之治"、成帝时期某些地方出现"道不拾遗"② 的良好社会秩序和东汉安帝永初年间"巴、庸清静，吏民生为立祠"③ 的情形都是封建统治阶级津津乐道的，是不同时期政治指导思想的实践成果。由此可见，汉朝的统治阶级一般都比较重视政治指导思想的建设问题。所谓"国泰民安"一直是封建统治阶级努力追求的目标，汉代历史前后延续四百余年，这和汉朝统治阶级所实行的政治指导思想关系密切，因此研究汉代道德与法律的关系是了解汉代历史的重要途径之一。同时，汉代道德与法律的关系作为哲学政治伦理学范畴的问题，也表明该问题的研究在学术层次上有所超越。从某种意义上说，汉代关于道德与法律关系的连续探讨为后世各朝代提供了借鉴，具有承上启下的历史作用。因此，汉代道德与法律的关系在今天同样颇具研究价值。

汉朝道德与法律的关系研究以汉代的伦理道德建设和法律建设，以及具体历史事件中涉及的道德与法律的关系问题为研究范围。为此，本文围绕汉代道德与法律的关系这个研究中心安排了论文的基本结构。第一，介绍了西汉初年的社会伦理道德问题，并在一定程度上探讨了汉初道德与法律的关系问题。主要从父子伦理关系与"孝"道德观念，君臣伦理关系与"忠君"观念，夫妇伦理关系与两性道德观念，仁、义、信等道德观念的践行情况四方

---

① 冯天瑜曾说："观念文化记录着人类累代的文化创造和文化传播的内容，是不停流逝的广义文化的摹本。"参见冯天瑜. 中国文化史纲［M］. 北京：北京语言出版社，1994：2.
② 班固. 汉书［M］. 北京：中华书局，1962：3266.
③ 范晔. 后汉书［M］. 北京：中华书局，1965：1105.

面进行了考察。第二，通过考察汉代"劫质"案例，进而探讨了汉代道德与法律的关系问题。本章主要分汉代有关"劫质"案件情况概述、从西汉一宗"劫质"案例看道德与法律的关系、从东汉一宗"劫质"案例看道德与法律的关系三部分予以阐述。第三，从汉代"持质"法的演变看道德与法律的关系。主要对从汉初的"劫人"法谈起、"持质"法中的人性化特征、犯罪升级之后"持质法"的变通、忠义托起的法律之剑四方面进行了认真考察。第四，主要通过《轻侮法》颁布与废止问题来考察汉代道德与法律的关系。具体考察了《轻侮法》颁布与废止的角度选择、汉代道德与法律关系的纠结、《轻侮法》的颁布是"德主刑辅"治国理念的极端体现这三方面。第五，通过对汉代社会"五伦"中的朋友关系研究深入探讨了道德与法律的关系。主要分汉代朋友的类型及道德规范、汉代朋友之间的道德观念与法律意识、汉代朋友之间关于道德与法律关系的认识三部分。第六，从道德与法律关系角度考察汉代针对归附匈奴、乌桓和羌人的管理问题。主要分为汉朝针对归附匈奴的管理措施和道德教化、汉朝针对降附乌桓的管理措施与道德教化、汉朝在羌区的行政防控措施与道德教化三部分内容。第七，关于汉代道德与法律关系观点的再认识，这部分主要是考察具有代表性的汉代政治家和思想家的言论。本章主要分为关于汉高祖和陆贾在德与法关系上认识的考察、关于汉文帝与贾谊在德与法关系上认识的考察、汉武帝时期"独尊儒术"与董仲舒"德主刑辅"思想、汉昭帝时期盐铁会议上礼法之争的再认识；东汉时期在礼法合体进程中德与法的关系问题五部分，同时也代表汉代的五个历史发展阶段。

本部分以汉朝道德与法律关系的研究为起点，论证过程紧扣"汉代道德与法律的关系"这个中心。本文通过以上几个主要方面较为深入地考察、论证了汉代道德与法律的关系问题的基本发展过程。最后结论是汉代道德与法律的关系经历了西汉初年"法为主、德为辅"、西汉中期的"德与法并用"以及西汉后期和东汉时期"德为主、法为辅"的三个基本历史发展阶段。

本部分主要创新

1. 本部分首次通过考察汉代典型"劫质"案例的方式，探讨了汉代道德与法律关系的一般问题。

2. 本部分从汉代"持质"法的演变看道德与法律的关系对汉代德法关系的研究，也有一定的补充意义。

3. 本部分通过《轻侮法》的颁布与废止问题进行汉代道德与法律关系在具体研究领域的角度比较。

4. 本部分通过对汉代社会"五伦"中的朋友关系的研究，深入探讨了道德与法律的关系。这部分内容是笔者多年关注的一个论题，也是本文的一个亮点。

5. 本部分从道德与法律关系的角度考察了汉朝对边疆地区归附匈奴、乌桓和羌人的管理问题。这部分内容是笔者在合作导师张锡勤先生的启发下尝试考察的一个领域。

6. 本部分最后专门设置了《关于汉代道德与法律关系的几个观点的再认识》章节，主要考察具有代表性的汉代政治家和思想家的言论。笔者希望借此从思想意识领域进一步强化汉代道德与法律关系在汉代历史发展过程中的律动，从而在形式上体现出文章的一种独立设计。

余论

钱穆先生曾说过："要能发挥中国民族文化以往之真面目与真精神，阐明其文化经历之真过程，以期解释现在，指示未来。"① 这应该是所有社会科学工作者不断追求的境界，当然也是本课题研究的目标。因此，汉代道德与法律的关系研究仍然需要不断完善与创新。

在涉及汉代道德与法律关系问题的研究中，有些内容笔者尽管还准备继续考察，但是限于研究能力和时间等一系列原因，本文关于汉代道德与法律的关系研究只能算作起步阶段。学习与研究永无止境，在本课题研究过程中还有一些与汉代道德与法律的关系联系比较密切的题目，如"从汉代复仇之风盛行看汉代道德与法律的关系""从汉代社会中子为父隐现象看汉代道德与法律的关系"等。因此，本部分今后在已有的研究基础上，还要继续深入考察这些内容，同时笔者在此基础上也将进一步拓展考察的范围，从而进一步完善汉代道德与法律关系的研究。在此特别需要强调的是，汉代的伦理道德毕竟具有一定的时代落后性和鲜明的阶级局限性以及保守、排外等不良性②，这是目前学界一个全新的认识，是今后在相关领域研究过程中应该特别注意

---

① 钱穆. 中国历史研究法·朱子学提纲 [M]. 桂林：广西师范大学出版社，2005：116.

② 学者吴灿新说："由于中国社会是带着氏族制的脐带迈入文明时代的门槛的，因此，建立在血缘关系和宗法制度基础上的祖先崇拜观念特别发达。在祖先崇拜观念的指引下，在内（家）讲究以'孝'为核心的尊祖敬宗；在外（国）推行以'忠'为核心的先王崇拜；这些根本观念沉淀为一种普遍的崇古心理。这种崇古心理的流变，演化出好古、守旧、唯上、唯书、敬老等一系列相应的道德心理，并造就了保守、排外等不良的国民性，客观上阻滞了中国社会的进步发展。"参见吴灿新. 中国伦理精神 [M]. 广州：广东人民出版社，2007：16.

的一个问题。

　　汉代道德与法律的关系问题是汉代哲学政治伦理学中的一个十分重要的问题。因为本学科的相关研究已取得了很大进展，其他相关学科、领域对一些涉及汉代道德与法律关系的问题也有了较为深入的研究。这种局面确实不容乐观，因此笔者在汉代道德与法律关系课题研究的最初阶段还是感到了一些艰难，但是几位好友和一些同门师兄都给了我很多的指导、帮助和鼓励，于是我逐步增强了克服困难的信心，最后完成了本部分内容的撰写。本部分以创作思路来设计、安排写作结构并在写作实践中努力体现研究的主题，但相关研究中一定会有缺点或不足，诚请各位专家学者批评指正。

参考文献

一、基本文献

[1] 司马迁. 史记 [M]. 北京：中华书局，1982.

[2] 班固. 汉书 [M]. 北京：中华书局，1962.

[3] 班固. 白虎通德论 [M]. 上海：上海古籍出版社，1990.

[4] 陈寿. 三国志 [M]. 北京：中华书局，1982.

[5] 司马光. 资治通鉴 [M]. 北京：中华书局，1956.

[6] 陈桥驿. 水经注校证 [M]. 北京：中华书局，2007.

[7] 范晔. 后汉书 [M]. 北京：中华书局，1965.

[8] 房玄龄. 晋书 [M]. 北京：中华书局，1974.

[9] 韩非. 韩非子 [M]. 上海：上海古籍出版社，1989.

[10] 桓宽. 盐铁论 [M]. 上海：上海古籍出版社，1974.

[11] 桓谭. 新论 [M]. 上海：上海人民出版社，1977.

[12] 王符. 潜夫论笺校正 [M]. 北京：中华书局，1985.

[13] 王充. 论衡 [M]. 上海：上海古籍出版社，1990.

[14] 阚骃. 十三州志 [M]. 北京：中华书局，1985.

[15] 荀悦. 东观汉记 [M]. 北京：中华书局，1985.

[16] 刘向. 说苑校证 [M]. 北京：中华书局，1987.

[17] 董仲舒. 春秋繁露 [M]. 上海：上海古籍出版社，1989.

[18] 孙星衍，等. 汉官六种 [M]. 北京：中华书局，1990.

[19]《十三经注疏》整理委员会. 十三经注疏 [M]. 北京：北京大学出版社，1999.

[20] 沈家本. 历代刑法考 [M]. 北京：中华书局，1985.

二、简牍与考古资料

[1] 李均明，何双全. 散见简牍合辑 [M]. 北京：文物出版社，1990.

[2] 内蒙古自治区博物馆文物工作队. 和林格尔汉墓壁画 [M]. 北京：

文物出版社，1978.

[3] 睡虎地秦墓竹简整理小组. 睡虎地秦墓竹简［M］. 北京：文物出版社，1978.

[4] 谢桂华，李均明，朱国炤. 居延汉简释文合校［M］. 北京：文物出版社，1987.

[5] 张家山二四七号汉墓竹简整理小组. 张家山汉墓竹简［二四七号墓］（释文修订本）［M］. 北京：文物出版社，2006.

[6] 荆门市博物馆编. 郭店楚墓竹简［M］. 北京：文物出版社，1998.

三、学者著作

[1] 翦伯赞. 中国史纲要［M］. 北京：人民出版社，1979.

[2] 郭沫若. 中国史稿：第二册［M］. 北京：人民出版社，1978.

[3] 郭沫若. 中国古代社会研究［M］. 石家庄：河北教育出版社，2004.

[4] 安作璋，熊铁基. 秦汉官制史稿［M］. 济南：齐鲁书社，1984.

[5] 安作璋，陈乃华. 秦汉官吏法研究［M］. 济南：齐鲁书社，1993.

[6] 卜宪群. 秦汉官僚制度［M］. 北京：社会科学文献出版社，2002.

[7] 钱穆. 中国历史研究法·朱子学提纲［M］. 桂林：广西师范大学出版社，2005.

[8] 储槐植，许章润. 犯罪学［M］. 北京：法律出版社，1997.

[9] 费孝通. 乡土中国生育制度［M］. 北京：北京大学出版社，1998.

[10] 费孝通. 乡土中国［M］. 北京：三联书店，1986.

[11] 高恒. 秦汉法制论考［M］. 厦门：厦门大学出版社，1994.

[12] 高恒. 汉简牍中法制文书辑考［M］. 北京：社会科学文献出版社，2008.

[13] 黄盛璋. 历史地理论集［M］. 北京：人民出版社，1982.

[14] 康树华. 犯罪学：历史·现状·未来［M］. 北京：群众出版社，1998.

[15] 孔庆明. 秦汉法律史［M］. 西安：陕西人民出版社，1992.

[16] 雷依群，施铁靖. 中国古代史［M］. 北京：高等教育出版社，1999.

[17] 孙家洲. 秦汉法律文化研究［M］. 北京：中国人民大学出版社，2007.

[18] 王牧. 犯罪学 [M]. 长春：吉林大学出版社，1992.

[19] 翁独健. 中国民族关系史纲要 [M]. 北京：中国社会科学出版社，1990.

[20] 于语和. 民间法 [M]. 上海：复旦大学出版社，2008.

[21] 吴来苏，安风云. 中国传统伦理思想评价 [M]. 北京：首都师范大学出版社，2002.

[22] 张岱年. 中国伦理思想研究 [M]. 北京：中国人民大学出版社，2011.

[23] 张岱年. 中国文化概论 [M]. 北京：北京师范大学出版社，1996.

[24] 张国华，饶鑫贤. 中国法律思想史纲（上）[M]. 兰州：甘肃人民出版社，1984.

[25] 张锡勤，孙实明，饶良伦. 中国伦理思想通史 [M]. 哈尔滨：黑龙江教育出版社，1992.

[26] 张锡勤，柴文华. 中国伦理道德变迁史稿 [M]. 北京：人民出版社，2008.

[27] 张锡勤. 中国传统道德举要 [M]. 哈尔滨：黑龙江大学出版社，2008.

[28] 张远煌. 犯罪学原理 [M]. 北京：法律出版社，2001.

[29] 朱绍侯. 中国古代治安制度史 [M]. 郑州：河南大学出版社，1996.

[30] 朱绍侯. 中国古代史 [M]. 福州：福建人民出版社，1985.

[31] 朱贻庭. 中国传统伦理思想史 [M]. 上海：华东师范大学出版社，2003.

[32] 陈鸿彝. 中国治安史 [M]. 北京：中国人民公安大学出版社，2002.

[33] 于振波. 秦汉法律与社会 [M]. 长沙：湖南人民出版社，2000.

[34] 吴灿新. 中国伦理精神 [M]. 广州：广东人民出版社，2007.

[35] 林语堂. 中国人 [M]. 杭州：浙江人民出版社，1988.

[36] 林永强. 汉代地方社会治安研究 [M]. 北京：社会科学文献出版社，2012.

[37] 罗国杰. 中国传统道德 [M]. 北京：中国人民大学出版社，1995.

[38] 陈少峰. 中国伦理学史 [M]. 北京：北京大学出版社，1996.

[39] 陈瑛，温克勤，唐凯麟，等. 中国伦理思想史 [M]. 贵阳：贵州

人民出版社，1985.

[40] 田继周. 秦汉民族史 [M]. 成都：四川民族出版社，1996.

[41] 徐旭生. 中国古代的传说时代 [M]. 北京：科学出版社，1961.

[42] 余西云. 西阴文化：中国文明的滥觞 [M]. 北京：科学出版社，2006.

[43] 周天游. 古代复仇面面观 [M]. 西安：陕西人民教育出版社，1992.

[44] 瞿同祖. 中国法律与中国社会 [M]. 北京：中华书局，1981.

[45] 曹旅宁. 张家山汉简研究 [M]. 北京：中华书局，2005.

[46] 冯天瑜. 中国文化史纲 [M]. 北京：北京语言出版社，1994.

[47] 李抗美. 中国伦理道德 [M]. 合肥：安徽教育出版社，2003.

[48] 杨鹤皋. 中国法律思想史 [M]. 北京：北京大学出版社，1998.

[49] 金春峰. 汉代思想史 [M]. 北京：中国社会科学出版社，1997.

[50] 任剑涛. 伦理政治研究 [M]. 中山：中山大学出版社，1999.

四、学者论文

[1] 田余庆. 说张楚：关于"亡秦必楚"问题的探讨 [J]. 历史研究，1989（02）：134-150.

[2] 钱元凯，程维荣. 中国封建法律儒家化的历史发展过程 [J]. 法学，1986（04）：53-54.

[3] 刘宝村. 秦汉间的儒法合流及其影响 [J]. 孔子研究，2001（03）：38-45.

[4] 侯欣一. 孝与汉代法制 [J]. 法学研究，1998（04）：133-146.

[5] 李晓明. 先秦礼法之争及其法哲学解析 [J]. 法史研究，2001（09）：66-69.

[6] 李曙光. 论儒家思想对中国封建法律的影响 [J]. 政法论坛，1985（02）：62-66+23.

[7] 朱绍侯. 《尹湾汉墓简牍》解决了汉代官制中几个疑难问题 [J]. 许昌师专学报（社会科学版），1999（01）：80-82.

[8] 林永强. 汉朝羌区军政防控措施考论 [J]. 军事历史研究，2010（04）：90-95.

[9] 于语和. 论汉代的经学与法律 [J]. 南开学报，1997（04）：37-42.

［10］孙家洲. 论汉代执法思想中的理性因素［J］. 南都学坛（人文社会科学学报），2005（01）：11-17.

［11］夏国珍. 虞姬形神人格美论略［J］. 项羽文化，2012（02）：1-24.